"十二五"全国高校动漫游戏专业课程权威教材

1 DVD

全彩印刷

U0202238

中文版

3ds Max

建模 全实例

蒋志远 周萍萍 编著

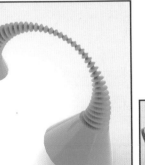

- **200**个经典模型制作
- **209**个范例制作视频
- **200**个作品效果

海洋出版社

2014年·北京

内 容 简 介

　　本书通过 200 个典型实例详细介绍了 3ds Max 2013 的各种建模方法。全书共分为 10 章。第 1 章介绍了在 3ds Max 中使用基本对象编辑方法建模的技巧；第 2 章介绍了使用 3ds Max 提供的各种基本几何体和扩展基本体建模的方法；第 3 章介绍了通过 3ds Max 预设的样条线和手动创建样条线建模的方法；第 4 章介绍了对多个对象使用复合建模的方法；第 5 章介绍了应用 3ds Max 提供的各种修改器建模的方法；第 6 章综合介绍了面片、网格和 NURBS 建模的方法；第 7 章和第 8 章介绍了目前最流行的多边形建模的方法；第 9 章介绍了 3ds Max 2013 具备的 graphite 工具建模（也称石墨建模）的方法；第 10 章通过 3 个综合实例的建模，巩固并加深了使用 3ds Max 进行建模的操作。

　　本书特点：结构层次分明，条理清晰，图文并茂，语言通俗易懂；书中包含大量可直接引用的操作范例，极大地方便读者阅读和操作；配套光盘收集了全书所有实例的素材、效果文件，以及各个实例的操作动画文件，方便读者可以同步进行演练和对比。

　　适用范围：本书可作为职业院校 3ds Max 三维建模课教材，3ds Max 爱好者和各行各业涉及到使用此软件的人员作为参考书学习，同时也可作为计算机培训学校的培训教材。

图书在版编目(CIP)数据

中文版 3ds Max 建模全实例/蒋志远，周萍萍编著. —北京：海洋出版社，2014.7
ISBN 978-7-5027-8885-8

Ⅰ.①中⋯ Ⅱ.①蒋⋯②周⋯ Ⅲ.①三维动画软件 Ⅳ.①TP391.41

中国版本图书馆 CIP 数据核字（2014）第 117904 号

总 策 划：刘　斌
责任编辑：刘　斌
责任校对：肖新民
责任印制：赵麟苏
排　　版：海洋计算机图书输出中心　申彪

出版发行：海洋出版社

地　　址：北京市海淀区大慧寺路 8 号（716 房间）
　　　　　100081

经　　销：新华书店

技术支持：（010）62100055　hyjccb@sina.com
发 行 部：（010）62174379（传真）（010）62132549
　　　　　（010）68038093（邮购）（010）62100077
网　　址：www.oceanpress.com.cn
承　　印：北京画中画印刷有限公司
版　　次：2019 年 2 月第 1 版第 2 次印刷
开　　本：787mm×1092mm　1/16
印　　张：20.5
字　　数：492 千字
定　　价：68.00 元（含 1DVD）

本书如有印、装质量问题可与发行部调换

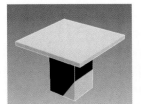
实例001　简易休闲桌

实例002　环形铁链

实例003　佛珠手串

实例004　室内装饰品

实例005　花瓶摆件

实例006　木制小方桌

实例007　保温杯

实例008　瓷罐

实例009　护耳套

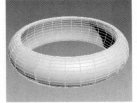
实例010　玉镯

实例011　艺术装饰品

实例012　百叶窗隔断

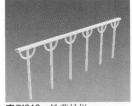
实例013　铁艺护栏

实例017　气泡保护膜

实例018　水晶项链

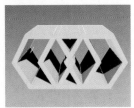
实例019　时尚茶几

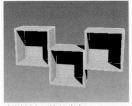
实例020　墙挂书架

实例021　汽车车标

实例022　插头模型

实例023　可调节台灯

实例024　多层相框

实例025　西餐餐刀

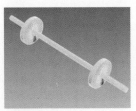
实例028　杠铃模型

实例029　现代简约床头柜

实例030　现代简约餐桌

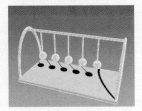
实例032　室内装饰品

实例033　青花瓷茶具

实例034　室外路灯

实例035　水晶摆件

实例036　不锈钢管件

实例037　室外凉亭

实例038　现代水晶灯

实例039　布艺沙发

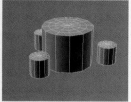
实例040　室外圆木桌椅

实例041　铅笔

实例042　休闲桌

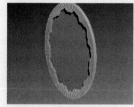
实例043　花边圆镜

实例044　室外垃圾桶

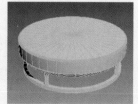
实例046　简约茶几

实例047　简易书桌

实例053　旋转楼梯

实例054　欧式罗马柱

实例055　陶艺花瓶

实例056　时尚休闲椅

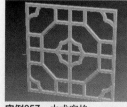
实例057　中式窗格

实例058　铁艺书架

实例059　不锈钢水果篮

实例060　欧式简易壁画

实例061　开关面板

实例062　金属门锁

实例063　现代玻璃茶几

实例064　儿童水杯

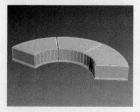
实例065　弧形现代简易沙发

实例066　中式抽纸筒

实例067　室外广告牌

实例068　蛋形浴缸

实例069　现代卧室门

实例070　梳妆镜

实例071　现代餐厅吊灯

实例072　金属齿轮

实例073　吊牌钥匙扣

实例075　简易收纳箱

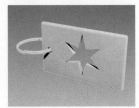
实例077　时尚钥匙牌

实例082　牙膏

实例083　陶瓷烟灰缸

实例085　塑胶哑铃

实例089　时尚吧凳

实例090　高脚红酒杯

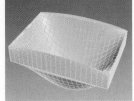
实例091　陶瓷面盆

实例092　苹果模型

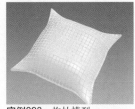
实例093　抱枕模型

实例096　石头

实例097　不锈钢炒锅

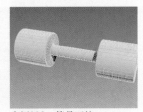
实例098　简易哑铃

实例099　杯垫

实例100　"U"形磁铁

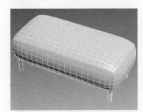
实例105　软包凳

实例106　波浪瓦模型

实例107　陶土花盆

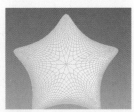
实例108　卡通五角星

实例109　沙发靠垫

实例110　锁把手

实例111　洗衣机软管

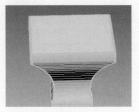
实例112　户外石桌

实例113　卡通剪刀

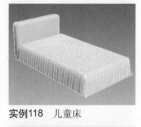

实例114　轴承

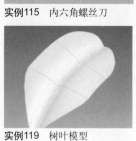

实例115　内六角螺丝刀

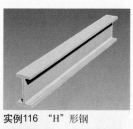

实例116　"H"形钢

实例117　水桶

实例118　儿童床

实例119　树叶模型

实例120　冲水开关

实例121　欧式抽屉

实例122　纸盒

实例123　足球

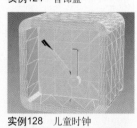

实例124　首饰盒

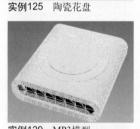

实例125　陶瓷花盘

实例126　镂空戒指

实例127　国际象棋

实例128　儿童时钟

实例129　MP3模型

实例130　轮胎模型

实例131　面包吸顶灯

实例132　碗模型

实例133　朋克手环

实例134　欧式落地灯

实例135　欧式床尾凳

实例136　钻石模型

实例137　射灯模型

实例138　软包墙面

实例139　室外邮箱

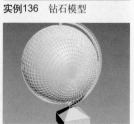

实例140　地球仪模型

实例141　南瓜模型

实例143　时尚格子卧室门

实例144　室内垃圾桶模型

实例147　弧形吧台

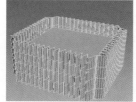
实例149　布艺吸顶灯模型

实例150　单人沙发

实例151　巧克力模型

实例152　装饰盒模型

实例153　简易鞋柜

实例154　水壶模型

实例155　抽油烟机

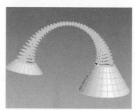
实例156　时尚台灯

实例157　咖啡杯

实例158　石膏壁画

实例159　冰淇淋蛋卷

实例160　镂空水果篮

实例161　时尚墨镜

实例162　圆珠笔模型

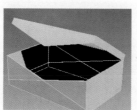
实例163　鞋盒模型

实例164　电视柜模型

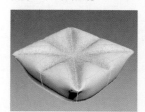
实例165　软垫模型

实例166　雕花笔筒

实例167　插线板模型

实例168　软包电视墙

实例169　胶囊模型

实例170　哨子模型

实例171　鸭舌帽模型

实例172　冰淇淋模型

实例173　牛仔帽

实例174　牛角号

实例175　工艺竹篮

实例176　文化石板

实例177　水龙头模型

实例178　工业照明灯

实例179　工业吊灯

实例180　饮料瓶子

实例181　路由器模型

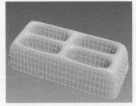
实例182　香皂盒模型

实例183　木桶模型

实例184　时尚手环

实例185　欧式石柱

实例186　电视机模型

实例187　浮雕饼干

实例188　欧式烛台

实例189　风扇模型

实例190　电饭煲内胆

实例191　欧式花盆

实例192　发胶瓶

实例193　不锈钢垃圾桶

实例194　欧式凉亭

实例195　电池模型

实例196　方形花瓶

实例197　手机模型

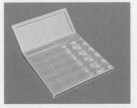
实例198　计算器模型

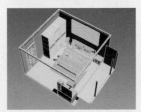
实例199　室内卧室模型

实例200　精致手表模型

　　将本书附赠光盘放入光驱中，光盘将自动运行并打开主界面。若没有自动运行，可打开"我的电脑"窗口，双击光驱盘符图标，然后双击其中的"Autorun.exe"文件手动运行光盘，主界面如下图所示。

主界面

功能界面

- **"视频演示"按钮：**将进入视频演示界面。选择界面左侧的章节名称将展开该章节下包含的视频信息，选择具体的视频内容即可在界面右侧同步播放电影的视频演示内容。单击视频演示内容可进入全屏播放状态，再次单击则可从全屏状态恢复到原界面。
- **"光盘简介"按钮：**显示本书及光盘的内容简介。
- **"素材文件"按钮：**打开提供的"素材文件"文件夹窗口。
- **"效果文件"按钮：**打开提供的"效果文件"文件夹窗口。
- **"退出光盘"按钮：**退出光盘。

视频演示界面

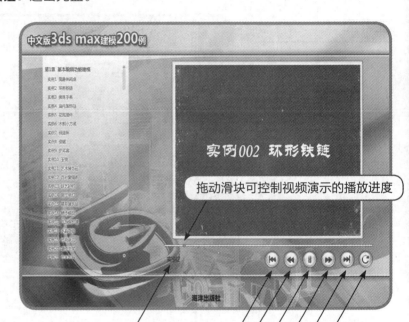

拖动滑块可控制视频演示的播放进度

显示当前视频演示的名称

浏览上一个视频演示内容

浏览当前视频演示的上一帧操作

暂停当前视频演示的播放，再次单击可继续播放

浏览当前视频演示的下一帧操作

浏览下一个视频演示内容

退出视频演示界面

　　本光盘中的视频演示文件为swf文件，若想直接播放这些文件，需该其从光盘中复制到电脑上，并确保已安装有支持swf格式的程序，如Flash Player、暴风影音等，利用这些软件便可正常播放和观看视频内容了。

　　3ds Max是由Autodesk公司开发的三维物体建模和动画制作软件，是目前进行三维动画设计的最主流软件之一，广泛应用于影视作品、建筑设计、广告片头、产品宣传以及游戏动画等领域。3ds Max超强的建模等功能，被誉为"万模之王"，深受广大用户青睐。为了方便用户更加轻松、顺利地认识并制作出各种精美的模型，本书通过200个精美实用的案例，全面且详细地介绍了3ds Max 2013建模的各种方法。

　　本书以由浅入深、循序渐进的方式，讲解3ds Max 2013的各种基础建模方法及相应建模操作，完全摒弃了教程类书籍理论重于实践的编写方法，全书通过丰富的实例，以图析文的讲解方式，让用户可以在更加轻松的环境下学习3ds Max的建模功能及使用方法。

　　全书共分10章，各章内容分别如下。

　　第1章：介绍3ds Max 2013基本编辑功能建模的方法，包括对象的选择、移动、旋转、缩放、克隆、阵列、间隔、镜像、对齐和组操作以及捕捉工具的使用等。

　　第2章：介绍3ds Max 2013提供的标准基本体、扩展基本体和建筑对象等基本体建模的方法，包括长方体、圆柱体、球体、圆环等多达25种基本体。

　　第3章：介绍3ds Max 2013提供的样条线功能建模的方法，包括样条线的创建、设置、编辑以及圆、矩形、螺旋线、圆环等各种预设二维图形建模。

　　第4章：介绍3ds Max 2013提供的复合建模功能建模的方法，包括一致、散布、布尔运算、ProBoolean（超级布尔运算）、放样等。

　　第5章：介绍3ds Max 2013提供的各种修改器建模的方法，包括FFD、弯曲、扭曲、壳、噪波、锥化、网格平滑和涡轮平滑等。

　　第6章：介绍面片、网格和NURBS建模的方法，包括四边形面片建模、面片修改器、可编辑网格、向量投影曲线、规则曲面等。

　　第7章：介绍多边形建模中的点、边和边界层级的建模方法，包括顶点的移除、断开、挤出、焊接、切角，边的插入、连接、挤出、切角以及边界的封口、桥接、连接等。

　　第8章：介绍多边形建模中的多边形层级以及其他常用多边形建模的方法，包括多边形的轮廓、倒角、切角以及多边形建模中的切片平面、切割、细化、试图对齐等。

第9章：介绍使用Graphite工具建模的方法，包括软选择、塌陷堆栈、生成拓扑以及各种快捷选择方式。

第10章：通过创建计算机模型、室内卧室模型及精致手表模型3个综合实例，进一步巩固3ds Max 2013建模的各种方法。

本书由蒋志远、周萍萍编著，李静、陈锐、曾秋悦、刘毅、邓曦、陈林庆、胡凯、林俊、李益兵、程文丽、曾蕊、谢锅锘、杨许、张洪、陈艳、王旭娟、杨雯轶、汤昭挚、万文泉、王凌菲等参与编写。编者在编写本书的过程中倾注了大量心血，但恐百密一疏，恳请广大读者及专家指正。衷心希望广大3ds Max爱好者及从业人员在本书的帮助下，能够全面且熟练地掌握3ds Max 2013的各项基础建模技能，设计并制作出高水准的三维模型。

编　者

Contents
目录

第1章 基本编辑功能建模

第2章 几何体建模

第6章　面片、网格、NURBS建模

第7章　多边形建模（一）

第8章　多边形建模（二）

第9章　Graphite建模

第10章　综合实例建模

第1章
基本编辑功能建模

　　本章将通过大量建模实例来熟悉并巩固对象的各种基本编辑操作，这些基本编辑主要包括选择、移动、旋转、缩放、镜像、对齐、克隆、阵列、间隔和组等，只有非常熟练地掌握了这些基本的编辑功能，才能更有效地利用3ds Max 2013提供的各种强大建模工具，完成各种复杂模型的创建和编辑。

素材文件	光盘/素材/第1章/实例1.max
效果文件	光盘/效果/第1章/实例1.max
动画演示	光盘/视频/第1章/001.swf
操作重点	利用坐标轴移动模型

模型图　　　　　　效果图

　　移动是3ds Max建模中最基本的操作，此操作几乎是建模时不可避免的操作之一。本实例将使用3ds Max 2013的移动工具来创建一个简易休闲桌模型，其具体操作如下。

01 打开素材提供的"实例1.max"文件，在工具栏中单击"选择并移动"按钮 🔧。

02 在顶视图中选中左侧小的长方体，向右拖动出现在所选模型上的X轴，将其水平移动到如图1-1所示的位置。

03 右击前视图，在其中向上拖动Y轴到如图1-2所示的位置，完成模型的建立。

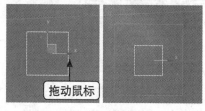

图1-1　水平移动

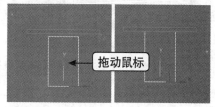

图1-2　垂直移动

专家课堂

　　将鼠标指针移至X轴和Y轴的交叉区域，当出现黄色高亮区域且鼠标指针变为 ✛ 形状时，拖动该区域可将所选模型移动到视图中的任意位置（即同时调整X轴和Y轴方向的位置）。

素材文件	光盘/素材/第1章/实例2.max
效果文件	光盘/效果/第1章/实例2.max
动画演示	光盘/视频/第1章/002.swf
操作重点	精确旋转模型

模型图　　　　　　效果图

　　旋转模型是建模中经常用到的操作，通过旋转对象可以随意调整模型的角度，以得到需要的模型效果。本实例将通过旋转功能来创建一个环形铁链模型，其具体操作如下。

01 打开素材提供的"实例2.max"文件，在顶视图中按住【Ctrl】键加选如图1-3所示的圆环。

02 在工具栏的"选择并旋转"按钮 ⟳ 上单击鼠标右键，在打开的"旋转变换输入"对话框的"绝对：世界"栏的"X"文本框中输入"45"，表示将所选对象在X轴方向旋转45°，如图1-4所示。最后关闭对话框即可，模型将同步应用旋转设置。

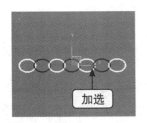

图1-3 加选圆环　　　　　　图1-4 设置旋转角度

专家课堂

　　应用"选择并旋转"工具后，也可像移动模型的操作，直接在所需坐标轴上拖动鼠标便能快速旋转该模型，只是精确度不易控制。

Example 实例 003 佛珠手串

素材文件	光盘/素材/第1章/实例3.max	
效果文件	光盘/效果/第1章/实例3.max	
动画演示	光盘/视频/第1章/003.swf	
操作重点	均匀缩放模型	模型图　　　　　效果图

　　均匀缩放可以沿所有三个轴以相同的数量缩放对象，同时保持对象的原始比例不变形。本实例将使用均匀缩放来创建佛珠手串模型，其具体操作如下。

01 打开素材提供的"实例3.max"文件，在顶视图中按住【Ctrl】键加选如图1-5所示的球体。

02 在工具栏的"选择并均匀缩放"按钮 上单击鼠标右键，在打开的"缩放变换输入"对话框的"绝对：局部"栏中，依次在"X"、"Y"和"Z"文本框中输入"50"、"50"、"50"，如图1-6所示，最后单击"关闭"按钮 ，关闭对话框完成模型的建立。

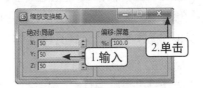

图1-5 加选球体　　　　　　图1-6 缩放对象

Example 实例 004 室内装饰品

素材文件	光盘/素材/第1章/实例4.max	
效果文件	光盘/效果/第1章/实例4.max	
动画演示	光盘/视频/第1章/004.swf	
操作重点	非均匀缩放模型	模型图　　　　　效果图

　　非均匀缩放功能可以根据活动轴约束模型，并以非均匀方式进行缩放。本实例将使用

非均匀缩放功能来创建室内装饰品模型，其具体操作如下。

01 打开素材提供的"实例4.max"文件，在工具栏的"选择并均匀缩放"按钮🔲上按住鼠标左键不放，在弹出的下拉列表中选择"选择并非均匀缩放"按钮🔲。

02 在前视图中选中大的球体，在Y轴方向向上拖动，将其拖至如图1-7所示的形状。

03 继续在前视图中选中小的球体，在X轴方向向右拖动，将其拖至如图1-8所示的形状，完成模型的建立。

图1-7 缩放球体　　　　　图1-8 缩放球体

专家课堂

在工具栏的空白区域单击鼠标右键，在弹出的快捷菜单中选择"轴约束"命令，此时将打开"轴约束"对话框，在其中单击相应坐标轴按钮后，可在约束该坐标轴的前提下缩放模型。

Example 实例 005 花瓶摆件

素材文件	光盘/素材/第1章/实例5.max
效果文件	光盘/效果/第1章/实例5.max
动画演示	光盘/视频/第1章/005.swf
操作重点	选择并挤压模型

模型图　　　　　效果图

"选择并挤压"工具在缩放模型时，会出现在一个轴上按比例缩小，同时在另两个轴上均匀地按比例增大的效果，常用于创建动画中的"挤压和拉伸"样式。本实例将使用缩放并挤压来创建花瓶摆件模型，其具体操作如下。

01 打开素材提供的"实例5.max"文件，在工具栏的"选择并非均匀缩放"按钮🔲上按住鼠标左键不放，在弹出的下拉列表中选择"选择并挤压"按钮🔲。

02 在前视图中选中罐状模型，并在Y轴向上拖动，将其拖至如图1-9所示的形状即可。

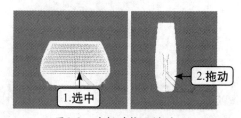

图1-9 选择并挤压模型

专家课堂

"选择并挤压"工具不受"轴约束"工具栏的限制，但一般情况下缩放模型时，都会使用"选择并均匀缩放"以及"选择并非均匀缩放"工具来操作。

　木制小方桌

素材文件	光盘/素材/第1章/实例6.max
效果文件	光盘/效果/第1章/实例6.max
动画演示	光盘/视频/第1章/006.swf
操作重点	复制克隆

模型图　　　　　效果图

　　复制克隆可对对象进行复制操作，提高建模效率，避免重复建模。本实例将使用复制克隆来创建木制小方桌模型，其具体操作如下。

01 打开素材提供的"实例6.max"文件，在顶视图中选中圆柱体，按住【Shift】键沿Y轴向下拖动鼠标，释放鼠标后将自动打开"克隆选项"对话框，在"对象"栏中选中"复制"单选项，在"副本数"数值框中输入"3"，单击 确定 按钮，如图1-10所示。

02 利用移动工具将复制克隆出的3个圆柱体在顶视图中分别放置在棱形的4个角上，完成模型的建立，如图1-11所示。

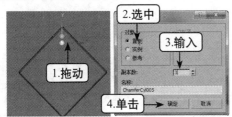

图1-10　复制克隆对象　　　　　图1-11　移动模型

专家课堂

　　复制克隆也可通过以下操作实现：在选择的模型上单击鼠标右键，在弹出的快捷菜单中选择"克隆"命令，此时也将打开"克隆选项"对话框，按相同方法设置即可。

　保温杯

素材文件	光盘/素材/第1章/实例7.max
效果文件	光盘/效果/第1章/实例7.max
动画演示	光盘/视频/第1章/007.swf
操作重点	实例克隆

模型图　　　　　效果图

　　当需要随时调整克隆出的模型时，可使用实例克隆的方法来操作，使用实例克隆出的对象，可在更改任意对象时，达到其他对象同时自动更改的效果。下面使用此克隆方法创建保温杯模型，其具体操作如下。

01 打开素材提供的"实例7.max"文件，在前视图中选中圆环，按住【Shift】键沿Y轴向上拖动鼠标，释放鼠标后打开"克隆选项"对话框，在"对象"栏中选中"实例"单选项，在"副本数"数值框中输入"3"，单击 确定 按钮，如图1-12所示。

02 在前视图中任意选中一个圆环，单击操作界面右侧的"修改"选项卡，在修改面板的"参数"卷展栏中将"半径1"修改为"36"即可，如图1-13所示。

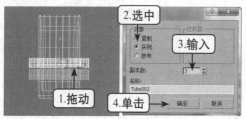

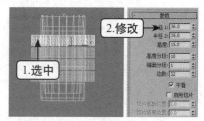

图1-12 实例克隆对象　　　　　　　　图1-13 修改参数

专家课堂

克隆操作中还有一种参考克隆方式，其功能与实例克隆类似，区别在于参考克隆出的对象只能在修改原对象参数时才会跟随变化，而克隆出的对象无法进行参数修改。

Example 实例 008 瓷罐

素材文件	光盘/素材/第1章/实例8.max
效果文件	光盘/效果/第1章/实例8.max
动画演示	光盘/视频/第1章/008.swf
操作重点	镜像对象

模型图　　　　效果图

镜像功能可以沿指定坐标轴对模型快速进行翻转。本实例将使用镜像操作来创建一个瓷罐模型，其具体操作如下。

01 打开素材提供的"实例8.max"文件，在前视图中选中罐子模型，然后在工具栏中单击"镜像"按钮。

02 在打开的"镜像：屏幕 坐标"对话框的"镜像轴"栏中选中"Y"单选项，单击 确定 按钮即可，如图1-14所示。

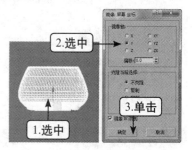

图1-14 镜像罐子

专家课堂

镜像模型时，不仅可以指定单方向的坐标轴为镜像参照，也可以指定二维平面为参照，所谓二维平面，即图1-14中的对话框中的"XY"、"YZ"或"ZX"单选项所代表的参数。

Example 实例 009 护耳套

素材文件	光盘/素材/第1章/实例9.max
效果文件	光盘/效果/第1章/实例9.max
动画演示	光盘/视频/第1章/009.swf
操作重点	复制镜像

模型图　　　　效果图

复制镜像是指在镜像的同时对镜像的模型进行克隆操作。本实例将使用复制镜像方式创建一个护耳套模型，其具体操作如下。

01 打开素材提供的"实例9.max"文件，在前视图中选中模型，然后在工具栏中单击"镜像"按钮，在打开的"镜像：屏幕 坐标"对话框的"镜像轴"栏中选中"X"单选项，在"克隆当前选择"栏中选中"复制"单选项，最后单击 确定 按钮关闭对话框，如图1-15所示。

02 在前视图中利用移动工具适当移动复制镜像出的模型即可，如图1-16所示。

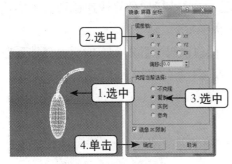

图1-15　复制镜像对象

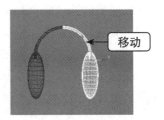

图1-16　调整位置

Example 实例 010　玉镯

素材文件	光盘/素材/第1章/实例10.max	模型图	效果图
效果文件	光盘/效果/第1章/实例10.max		
动画演示	光盘/视频/第1章/010.swf		
操作重点	偏移镜像	模型图	效果图

偏移镜像可以精确控制镜像模型的偏移量。本实例将使用偏移镜像创建一个玉镯模型，其具体操作如下。

01 打开素材提供的"实例10.max"文件，在顶视图中选中模型，然后在工具栏中单击"镜像"按钮，打开"镜像：屏幕 坐标"对话框，在"镜像轴"栏中选中"X"单选项，在"偏移"数值框中输入"－2"，如图1-17所示。

02 在"克隆当前选择"栏中选中"复制"单选项，最后单击 确定 按钮，完成模型的建立，如图1-18所示。

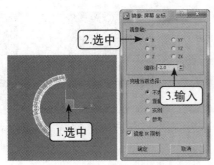

图1-17　设置偏移量

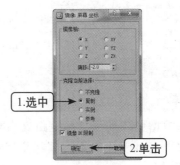

图1-18　复制克隆

Example 实例 011 艺术装饰品

素材文件	光盘/素材/第1章/实例11.max
效果文件	光盘/效果/第1章/实例11.max
动画演示	光盘/视频/第1章/011.swf
操作重点	对齐模型

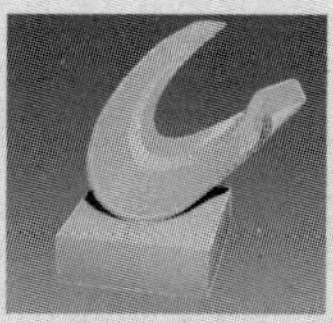
模型图

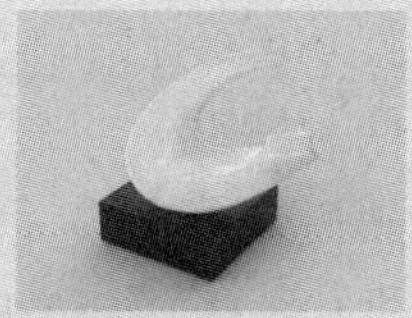
效果图

对齐功能可以精准控制多个模型的位置，使其按指定位置快速排列。本实例将使用对齐操作来创建一个艺术装饰品模型，其具体操作如下。

01 打开素材提供的“实例11.max”文件，在前视图中选中上方的对象，然后在工具栏中单击“对齐”按钮，并单击下方的长方体对象，如图1-19所示。

02 打开“对齐当前选择”对话框，在“对齐位置（屏幕）”栏中仅选中“Y位置”复选框，在“当前对象”栏中选中“最小”单选项，在“目标对象”栏中选中“最大”单选项，最后单击 确定 按钮关闭对话框，完成模型的建立，如图1-20所示。

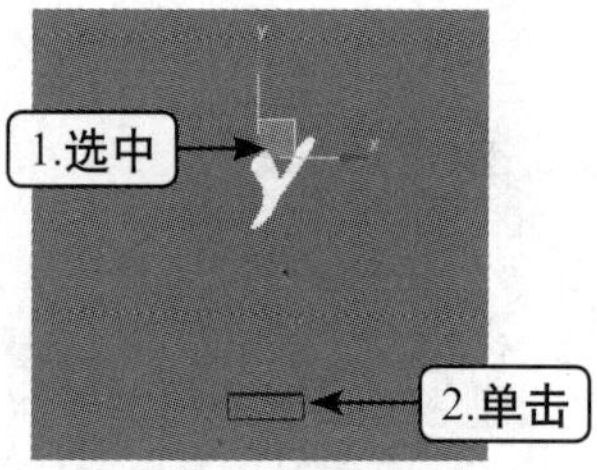

图1-19 选择对齐对象

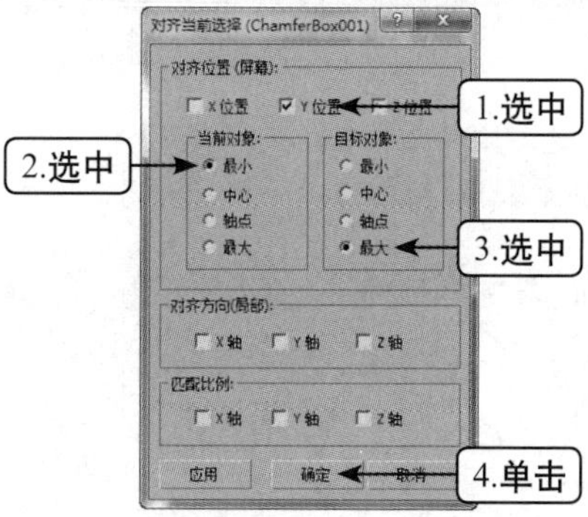

图1-20 设置对齐参数

专家课堂

“对齐当前选择”对话框中的“对齐位置（屏幕）”栏表示对齐参照的坐标轴；“当前对象”栏表示需对齐当前对象的位置；“目标对象”栏表示需对齐目标对象的位置。

Example 实例 012 百叶窗隔断

素材文件	光盘/素材/第1章/实例12.max
效果文件	光盘/效果/第1章/实例12.max
动画演示	光盘/视频/第1章/012.swf
操作重点	一维增量阵列

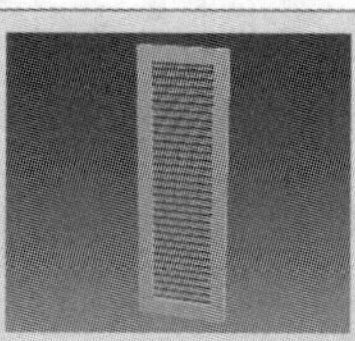
模型图

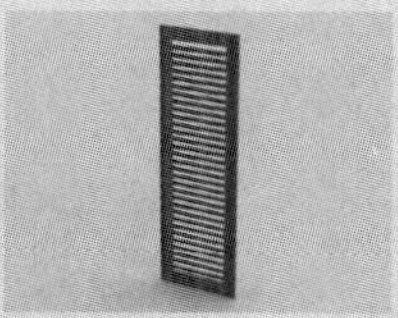
效果图

一维增量阵列可以预设距离与数量，通过克隆的方式快速编辑出具有指定距离和数量的多个相同对象。本实例将使用一维增量阵列来创建一个百叶窗隔断模型，其具体操作如下。

01 打开素材提供的"实例12.max"文件，在前视图中选中下方小的长方体，然后选择【工具】/【阵列】菜单命令，如图1-21所示。

02 打开"阵列"对话框，在"增量"栏的"移动"数值框中将Y轴增量设置为"60"，在"阵列维度"栏中选中"1D"单选项，并将"数量"设置为"31"，最后单击 确定 按钮即可，如图1-22所示。

图1-21 选择阵列工具

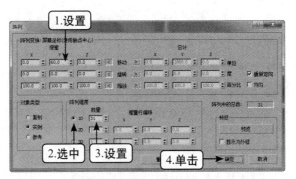

图1-22 设置一维阵列参数

Example 实例 013 铁艺护栏

素材文件	光盘/素材/第1章/实例13.max
效果文件	光盘/效果/第1章/实例13.max
动画演示	光盘/视频/第1章/013.swf
操作重点	一维总计阵列

模型图　　　　　　效果图

一维总计阵列可通过输入总距离与克隆数量来自动按相同间隔排列复制出的多个对象。本实例将使用一维总计阵列来创建铁艺护栏模型，其具体操作如下。

01 打开素材提供的"实例13.max"文件，在左视图中选中下方的对象，然后选择【工具】/【阵列】菜单命令，如图1-23所示。

02 打开"阵列"对话框，单击"移动"栏右侧的 > 按钮，然后在"总计"栏中将X轴的总计设置为"1050"，在"阵列维度"栏中选中"1D"单选项，将"数量"设置为"6"，最后单击 确定 按钮，完成模型的建立，如图1-24所示。

图1-23 选择阵列工具

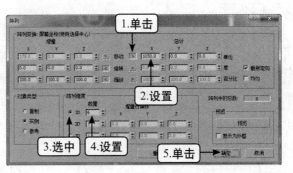

图1-24 设置一维总计参数

Example 实例 014 **客厅吊灯**

素材文件	光盘/素材/第1章/实例14.max
效果文件	光盘/效果/第1章/实例14.max
动画演示	光盘/视频/第1章/014.swf
操作重点	旋转阵列

模型图　　　　效果图

　　旋转阵列可将模型进行旋转并克隆，使用方法与之前介绍的移动阵列相似。本实例将使用旋转阵列来创建客厅吊灯模型，其具体操作如下。

01 打开素材提供的"实例14.max"文件，确保"使用中心"工具处于"使用轴点中心"状态 ，在前视图中选中下方的对象，然后选择【工具】/【阵列】菜单命令，如图1-25所示。

02 打开"阵列"对话框，在"增量"栏的"旋转"文本框中将Y轴增量设置为"140"，在"阵列维度"栏中选中"1D"单选项，并将"数量"设置为"5"，单击 确定 按钮即可，如图1-26所示。

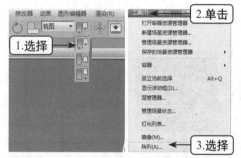

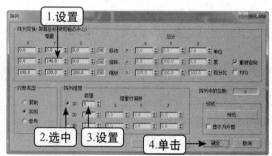

图1-25　选择阵列工具　　　　图1-26　设置旋转阵列参数

专家课堂

　　旋转阵列也可通过总计来设置，方法为：在"阵列"对话框中单击"旋转"栏右侧的 ▶ 按钮，然后在"总计"栏中设置总计数量，选中"1D"单选项，并设置"数量"即可。

Example 实例 015 **塔形装饰品**

素材文件	光盘/素材/第1章/实例15.max
效果文件	光盘/效果/第1章/实例15.max
动画演示	光盘/视频/第1章/015.swf
操作重点	缩放阵列

模型图　　　　效果图

　　缩放阵列可将阵列出的模型具有缩放效果，本实例将综合使用移动阵列、旋转阵列和缩放阵列来创建塔形装饰品模型，其具体操作如下。

01 打开素材提供的"实例15.max"文件，在顶视图中选中正方体对象，然后选择【工具】/【阵列】菜单命令,如图1-27所示。

02 打开"阵列"对话框,单击 重置所有参数 按钮。在"增量"栏的"移动"文本框中将Y轴移动增量设置为"30",在"旋转"文本框中将Y轴旋转增量设置为"60",在"缩放"文本框中分别将X轴和Z轴的缩放增量设置为"90",在"阵列维度"栏中选中"1D"单选项,并将"数量"设置为"10",单击 确定 按钮即可,如图1-28所示。

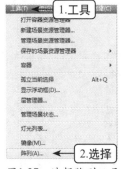

图1-27　选择阵列工具

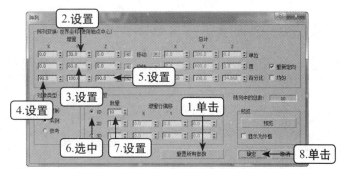

图1-28　设置阵列参数

Example 实例 016 阶梯模型

素材文件	光盘/素材/第1章/实例16.max	
效果文件	光盘/效果/第1章/实例16.max	
动画演示	光盘/视频/第1章/016.swf	
操作重点	二维阵列	

| 模型图 | 效果图 |

二维阵列与一维阵列相比,可以对增量出的对象进行偏移设置,得到二维平面偏移克隆的效果。本实例将使用二维阵列来创建阶梯模型,其具体操作如下。

01 打开素材提供的"实例16.max"文件,在顶视图中选中长方体对象,然后选择【工具】/【阵列】菜单命令,如图1-29所示。

02 打开"阵列"对话框,单击 重置所有参数 按钮。在"阵列维度"栏中选中"2D"单选项,并将"数量"设置为"10",在"增量行偏移"栏中分别将Y轴和Z轴的偏移量设置为"200"和"80",最后单击 确定 按钮完成模型的建立,如图1-30所示。

图1-29　选择阵列工具

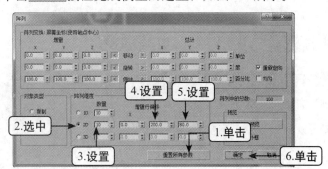

图1-30　设置二维阵列参数

专家课堂

　　一般而言，需要阵列对象时，所有阵列出的对象都具有相同的属性，因此在"阵列"对话框的"对象类型"栏中，一般会以"实例"方式进行克隆，以便后期能快速地对阵列对象进行编辑。

Example 实例 017 气泡保护膜

素材文件	光盘/素材/第1章/实例17.max
效果文件	光盘/效果/第1章/实例17.max
动画演示	光盘/视频/第1章/017.swf
操作重点	三维阵列

模型图　　　　效果图

　　三维阵列可以指定沿阵列第三维的每个轴方向，并设置具体的增量偏移距离。本实例将使用三维阵列来创建气泡保护膜模型，其具体操作如下。

01 打开素材提供的"实例17.max"文件，在顶视图中选中半球形对象，然后选择【工具】/【阵列】菜单命令，如图1-31所示。

02 打开"阵列"对话框，重置所有参数。在"增量"栏的"移动"文本框中将X轴增量设置为"12"，将"阵列维度"栏的"1D"单选项后的"数量"设置为"20"，选中"3D"单选项，将其后的"数量"设置为"11"，在"增量行偏移"栏中将Y轴偏移量设置为"－15"，最后单击 确定 按钮完成模型的建立，如图1-32所示。

图1-31　选择阵列工具

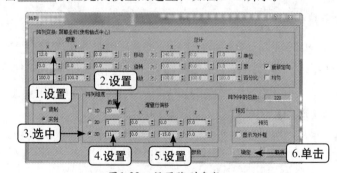

图1-32　设置阵列参数

Example 实例 018 水晶项链

素材文件	光盘/素材/第1章/实例18.max
效果文件	光盘/效果/第1章/实例18.max
动画演示	光盘/视频/第1章/018.swf
操作重点	路径间隔分布

模型图　　　　效果图

　　路径间隔分布可根据指定的路径对克隆出的模型按设置的间距进行排列。本实例将使用路径间隔分布来创建水晶项链模型，其具体操作如下。

01 打开素材提供的"实例18.max"文件，在顶视图中选中球体，然后选择【工具】/【/对齐】/【间隔工具】菜单命令，如图1-33所示。

02 打开"间隔工具"对话框，在"参数"栏中选中"计数"复选框，将"数量"设置为"45"，然后单击 拾取路径 按钮，再在顶视图中单击样条线，最后单击 应用 按钮关闭对话框即可，如图1-34所示。

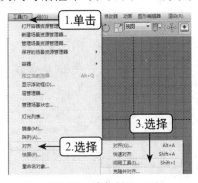

图1-33 选择间隔工具

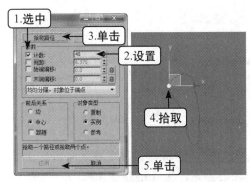

图1-34 设置间隔参数

Example 实例 019 时尚茶几

素材文件	光盘/素材/第1章/实例19.max
效果文件	光盘/效果/第1章/实例19.max
动画演示	光盘/视频/第1章/019.swf
操作重点	按点间隔分布

模型图　　　　效果图

按点间隔分布可根据指定的点将克隆出的模型进行排列。本实例将使用按点间隔分布创建一个时尚茶几模型，其具体操作如下。

01 打开素材提供的"实例19.max"文件，在顶视图中选中多边形，然后选择【工具】/【对齐】/【间隔工具】菜单命令，如图1-35所示。

02 打开"间隔工具"对话框，在"参数"栏中选中"计数"复选框，并将"数量"设置为"3"，然后单击 拾取点 按钮，在顶视图多边形内框左侧单击鼠标创建路径起点，继续在内框右侧单击鼠标创建终点，最后单击 应用 按钮创建模型，如图1-36所示。

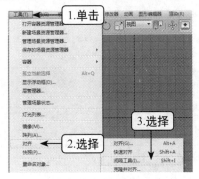

图1-35 选择间隔工具

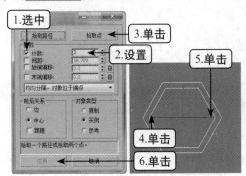

图1-36 设置间隔参数

专家课堂

　　如果需要对排列出的模型间隔进行调整，可在"间隔工具"对话框中选中"始端偏移"复选框与"末端偏移"复选框，并通过调整数值来得到较好的效果。另外也可选中"间距"复选框，通过设置固定的排列间隔数值来控制排列距离。

Example 实例 020 墙挂书架

素材文件	光盘/素材/第1章/实例20.max
效果文件	光盘/效果/第1章/实例20.max
动画演示	光盘/视频/第1章/020.swf
操作重点	2D捕捉

模型图　　　　　效果图

　　2D捕捉可在单面精确捕捉到三维对象的顶点、中点、网格等元素，利用2D捕捉可精确地移动组合模型。本实例将使用2D捕捉来创建墙挂书架模型，其具体操作如下。

01 打开素材提供的"实例20.max"文件，在工具栏的"捕捉开关"按钮 上单击鼠标右键，打开"栅格和捕捉设置"对话框，选中"顶点"复选框与"中点"复选框，然后单击 按钮关闭对话框，如图1-37所示。

02 在"捕捉开关"按钮 上按住鼠标左键不放，在弹出的下拉列表中选择"2D"按钮 ，打开2D捕捉。在前视图中移动鼠标到第二个长方体左边中间位置以捕捉其中点，然后将其拖动到第一个长方体右下方捕捉其顶点。

03 按相同方法捕捉第三个长方体左边中点，并将其移动到第二个长方体右顶点进行捕捉，完成模型的建立，如图1-38所示。

图1-37　设置捕捉参数

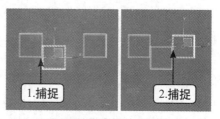

图1-38　捕捉顶点和中点

Example 实例 021 汽车车标

素材文件	光盘/素材/第1章/实例21.max
效果文件	光盘/效果/第1章/实例21.max
动画演示	光盘/视频/第1章/021.swf
操作重点	2.5D捕捉

模型图　　　　　效果图

　　2.5D捕捉可在2D捕捉的基础上捕捉到三维对象所有面的顶点、中点、网格等元素，而并不局限在单面上。本实例将使用2.5D捕捉来创建汽车车标，其具体操作如下。

01 打开素材提供的"实例21.max"文件,在工具栏的"捕捉开关"按钮上单击鼠标右键,在打开的"栅格和捕捉设置"对话框中选中"顶点"复选框,取消选中"中点"复选框,然后单击 × 按钮关闭对话框,如图1-39所示。

02 在"捕捉开关"按钮上按住鼠标左键不放,在弹出的下拉列表中选择"2.5D"按钮,打开2.5D捕捉。在前视图中捕捉到棱形模型最上方的顶点,将其拖动到圆环内侧,捕捉圆环内侧上方的顶点,释放鼠标完成模型的建立,如图1-40所示。

图1-39 设置捕捉参数

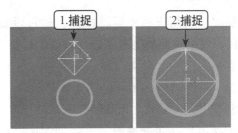

图1-40 捕捉顶点

Example 实例 022 插头模型

素材文件	光盘/素材/第1章/实例22.max
效果文件	光盘/效果/第1章/实例22.max
动画演示	光盘/视频/第1章/022.swf
操作重点	3D捕捉

模型图　　　　效果图

　　3D捕捉在2.5D捕捉的基础上可同时移动捕捉到另一个三维对象所有面的顶点、中点、网格等元素。本实例将使用3D捕捉来创建插头模型,其具体操作如下。

01 打开素材提供的"实例22.max"文件,在工具栏的"捕捉开关"按钮上单击鼠标右键,在打开的"栅格和捕捉设置"对话框中选中"顶点"复选框和"中点"复选框,然后单击 × 按钮关闭对话框,如图1-41所示。

02 在"捕捉开关"按钮上按住鼠标左键不放,在弹出的下拉列表中选择"3D"按钮,打开3D捕捉。在透视图中捕捉到左侧插头左前侧中点,将其拖动捕捉上方对应插孔左前侧顶点。

03 继续以相同的方式将右方的插头捕捉对齐到对应的插孔后完成模型的建立,如图1-42所示。

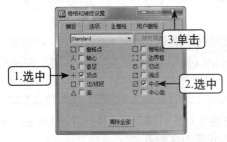

图1-41 设置捕捉参数

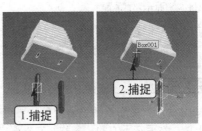

图1-42 捕捉移动

Example 实例 023 可调节台灯

素材文件	光盘/素材/第1章/实例23.max
效果文件	光盘/效果/第1章/实例23.max
动画演示	光盘/视频/第1章/023.swf
操作重点	角度捕捉

模型图　　　　效果图

角度捕捉主要用于模型旋转操作，通过设置角度捕捉可精确地对模型的角度进行旋转。本实例将使用角度捕捉来创建可调节台灯模型，其具体操作如下。

01 打开素材提供的"实例23.max"文件，在工具栏的"角度捕捉切换"按钮 🧲 上单击鼠标右键，打开"栅格和捕捉设置"对话框，在"角度"文本框输入"90"，然后单击 ❌ 按钮关闭对话框，如图1-43所示。

02 单击 🧲 按钮打开角度捕捉，在透视图中选中台灯右侧的灯管，然后在工具栏中单击"选择并旋转"按钮 ⟳，在左视图中利用旋转工具向上旋转一次完成模型的建立，如图1-44所示。

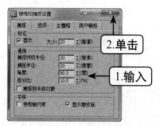

图1-43　设置角度参数

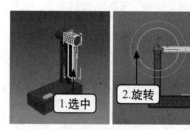

图1-44　旋转对象

Example 实例 024 多层相框

素材文件	光盘/素材/第1章/实例24.max
效果文件	光盘/效果/第1章/实例24.max
动画演示	光盘/视频/第1章/024.swf
操作重点	成组

模型图　　　　效果图

成组建模可将多个组件模型组合为一个模型并对其编辑名称，在复杂模型中能更好地进行管理。本实例将使用成组来创建多层相框模型，其具体操作如下。

01 打开素材提供的"实例24.max"文件，在前视图中选中圆柱体，利用移动工具将其移动到如图1-45所示的位置。

02 继续在前视图中框选所有对象，选择【组】/【成组】菜单命令，打开"组"对话框，在"组名"文本框中输入"多层相框"，单击 确定 按钮完成模型的建立，如图1-46所示。

专家课堂

成组模型后，如果想重新设置组名，可选择成组的对象，然后单击操作界面右侧的"修改"选项卡 🔧，然后在下方的"名称"文本框中重新设置组名即可。

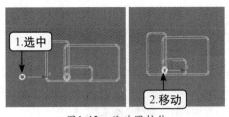

图1-45　移动圆柱体

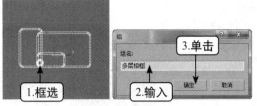

图1-46　成组命名

Example 实例 025　西餐餐刀

素材文件	光盘/素材/第1章/实例25.max		
效果文件	光盘/效果/第1章/实例25.max		
动画演示	光盘/视频/第1章/025.swf		
操作重点	打开、关闭组	模型图	效果图

打开、关闭组可将已成组的模型打开进行编辑后再关闭成组，从而避免解组后重新成组的麻烦。本实例将使用打开、关闭组来创建西餐餐刀模型，其具体操作如下。

01 打开素材提供的"实例25.max"文件，在顶视图中选中组对象，选择【组】/【打开】菜单命令，如图1-47所示。

02 继续在顶视图中利用移动工具将刀把移动到如图1-48所示的位置，然后选择【组】/【关闭】菜单命令完成模型的建立。

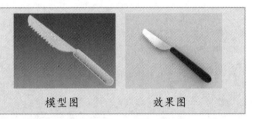

图1-47　打开组　　　　　图1-48　关闭组

Example 实例 026　落地台灯

素材文件	光盘/素材/第1章/实例26.max		
效果文件	光盘/效果/第1章/实例26.max		
动画演示	光盘/视频/第1章/026.swf		
操作重点	附加组	模型图	效果图

附加组可将单个对象附加到已成组的对象中成为一个组对象。本实例将使用附加组来创建落地台灯模型，其具体操作如下。

01 打开素材提供的"实例26.max"文件，在前视图中选中最上方的灯罩对象，然后选择【组】/【附加】菜单命令，如图1-49所示。

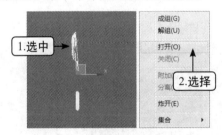

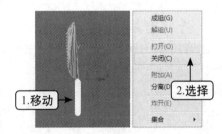

02 继续在前视图中单击下方的灯座将其附加成为一个组，从而完成模型的建立，如图1-50所示。

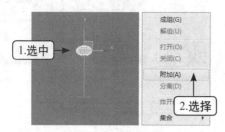
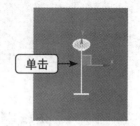

图1-49　附加组　　　　　　　　　　图1-50　附加组对象

Example 实例 027　饭厅吊灯

素材文件	光盘/素材/第1章/实例27.max
效果文件	光盘/效果/第1章/实例27.max
动画演示	光盘/视频/第1章/027.swf
操作重点	分离组

模型图　　　　效果图

　　分离组可在打开的组对象中分离出单个对象，以便随时在不解组的情况下有目的地除去不需要的部分模型。本实例将使用分离组创建饭厅吊灯模型，其具体操作如下。

01 打开素材提供的"实例27.max"文件，在前视图中选中组对象，然后选择【组】/【打开】菜单命令，如图1-51所示。

02 继续在前视图中选中最下方的灯罩，然后选择【组】/【分离】菜单命令，按【Delete】键将分离出的灯罩模型删除，最后关闭组即可，如图1-52所示。

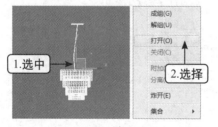
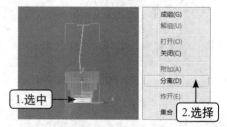

图1-51　打开组　　　　　　　　　　图1-52　分离组

Example 实例 028　杠铃模型

素材文件	光盘/素材/第1章/实例28.max
效果文件	光盘/效果/第1章/实例28.max
动画演示	光盘/视频/第1章/028.swf
操作重点	炸开组

模型图　　　　效果图

　　炸开组可将所有组对象炸开成为单个独立的对象。本实例将使用炸开组来创建杠铃模型，其具体操作如下。

01 打开素材提供的"实例28.max"文件，在左视图中选中组对象，然后选择【组】/【炸开】菜单命令，如图1-53所示。

02 继续在左视图中选中杠杆，利用移动工具向上移动至如图1-54所示的位置，完成模型的建立。

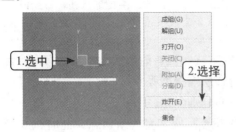

图1-53　炸开组　　　　　　　　　　　图1-54　移动模型

专家解疑

1. 问：旋转或缩放单个模型甚至多个模型时，如何控制旋转或缩放的中心呢？

答：3ds Max 2013在工具栏中提供了"使用中心"工具，可以解决这个问题，该工具主要包括3个按钮，分别是"使用轴点中心"按钮 、"使用选择中心"按钮 和"使用变换坐标中心"按钮 ，其作用分别为：围绕多个对象各自的轴点进行旋转或缩放；围绕多个对象共同的几何中心进行旋转或缩放；围绕当前坐标系的中心对所选对象进行旋转或缩放，效果如图1-55所示。

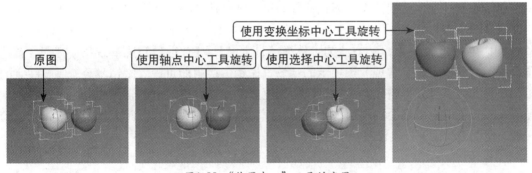

图1-55　"使用中心"工具的应用

2. 问：当场景中有很多模型时，有没有什么快捷且准确的方法来选择需要的某个对象？

答：一般来讲，复杂模型中都包含大量的细小对象，此时选择这些对象将变得很麻烦，为有效地解决这一问题，3ds Max 2013提供了"按名称选择"功能的方式进行选择，其使用方法为：在工具栏中单击"按名称选择"按钮 ，打开"从场景选择"对话框，在"名称"列表框中选择对象对应的名称，并单击 确定 按钮即可选择该对象，如图1-56所示。

图1-56　按名称选择对象

专家课堂

"从场景选择"对话框还提供了按类型显示当前场景对象的功能，以便更容易快速找到需要的对象。使用方法如下：在对话框上方的工具栏中单击相应类型的按钮，当按钮呈高亮显示时，表示对话框中将显示对应类型的对象，再次单击该按钮将取消该类型对象的显示。

3. 问：**框选模型是选择模型时最常用的方法，但有时当模型数量太多时会经常误选到其他对象，怎么才能更好地运用框选方法选择所需模型呢？**

答：有两种方法可以控制框选结果，下面分别介绍。

（1）在工具栏中单击"窗口/交叉"按钮，使其变为状态，此时框选模型时，只有完全框选某个对象的所有部分才能将其成功选择，框选区与对象交叉时便不能选择对象了。再次单击按钮，重新恢复"窗口/交叉"功能后，无论完全框选还是部分框选，均能选择对象。

（2）选择【自定义】/【首选项】菜单命令，打开"首选项设置"对话框，单击"常规"选项卡，选中"按方向自动切换窗口/交叉"复选框，并按操作习惯选中下方对应方向的单选项，如选中"右—>左=>交叉"单选项，单击 确定 按钮。此后从左到右框选部分对象将不能将其选择，而从右到左框选部分对象则可将其选择，此方法在操作中非常实用，可根据个人操作习惯进行设置。

4. 问：**3ds Max 2013具备撤销与恢复功能吗？应该如何使用呢？**

答：在3ds Max 2013中，按【Ctrl+Z】组合键可撤销最近一步操作，连续按该组合键便可连续撤销最近一系列操作。要想恢复撤销，则可按【Ctrl+Y】组合键执行重做操作，连续按【Ctrl+Y】组合键可重做最近一系列的撤销操作。另外，可以根据实际情况设置3ds Max 2013撤销功能步数，其方法为：选择【自定义】/【首选项】菜单命令，打开"首选项设置"对话框，在"常规"选项卡的"场景撤销"栏中即可设置撤销步数。需要注意的是，该步数级别设置得越大，虽然可以撤销更多的操作，但对电脑资源的占用也会很大，配置相对较低的电脑则会出现运行不流畅甚至频繁死机的现象。因此撤销步数应根据电脑配置的情况进行设置，建议在15～20步为宜。

第2章
几何体建模

　　3ds Max中的几何体建模是3ds Max重要的建模基础，熟练地运用几何体建模可以避免使用繁琐的建模方法创建出室内外、工业、动画等各个领域的模型。本章将重点介绍运用几何体建模的各种功能，包括使用标准基本体、扩展基本体等创建模型。通过本章学习，可以熟练掌握几何体建模的各种方法和技巧。

Example 实例 029 现代简约床头柜

素材文件	无
效果文件	光盘/效果/第2章/实例29.max
动画演示	光盘/视频/第2章/029.swf
操作重点	长方体建模

模型图　　　　　　效果图

　　长方体能生成最简单的基本体，并可通过改变缩放比例来制作不同形状的对象。本实例将使用多个长方体分别制作柜体、抽屉、拉手等组件，然后组装为一个完整的床头柜模型，其具体操作如下。

01 新建场景，在命令面板中单击"创建"选项卡，然后单击"几何体"按钮◎，在下拉列表框中选择"标准基本体"选项，并单击 长方体 按钮。

02 在前视图中创建长方体作为柜体，单击"修改"选项卡，在"参数"卷展栏中将"长度"、"宽度"、"高度"分别设置为"550"、"500"、"500"，如图2-1所示。

03 继续在前视图中创建长方体作为抽屉，将"长度"、"宽度"、"高度"分别设置为"200"、"460"、"18"，结合左视图和前视图将长方体移动到如图2-2所示的位置。

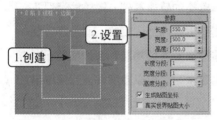
图2-1　创建柜体

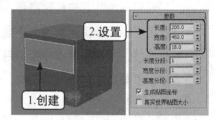
图2-2　创建抽屉

04 按住【Shift】键将已创建好的抽屉在前视图中沿Y轴向下以"实例"的方式克隆出一个长方体作为另一个抽屉，如图2-3所示。

05 继续创建长方体作为抽屉拉手，将"长度"、"宽度"、"高度"分别设置为"20"、"100"、"20"，并移动到如图2-4所示的位置。

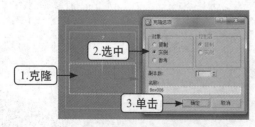
图2-3　克隆抽屉

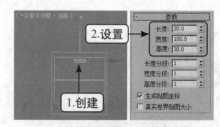
图2-4　创建抽屉拉手

06 在工具栏的"角度捕捉切换"按钮◎上单击鼠标右键，打开"栅格和捕捉设置"对话框，单击"选项"选项卡，将"角度"设置为"45"，并关闭对话框。

07 单击"角度捕捉切换"按钮◎，并单击"选择并旋转"按钮◎，在前视图中选择已创建好的抽屉拉手，沿Y轴向下旋转45度，如图2-5所示。

08 将已创建好的抽屉拉手在前视图中沿Y轴向下以"实例"的方式克隆出另一个抽屉拉

手，将其调整到合适的位置即可完成模型的创建，如图2-6所示。

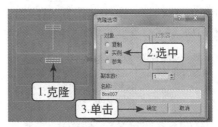

图2-5 旋转拉手　　　　　　　　　　图2-6 克隆拉手

Example 实例 030 现代简约餐桌

素材文件	无		
效果文件	光盘/效果/第2章/实例30.max	模型图	效果图
动画演示	光盘/视频/第2章/030.swf		
操作重点	圆柱体建模		

　　圆柱体也是几何体中最简单的基本体之一，与其他几何体搭配使用能创建出较多的模型。本实例将使用长方体和圆柱体制作一个现代简约餐桌模型，其具体操作如下。

01 新建场景，在顶视图创建一个长方体作为餐桌桌面，并将长宽高分别设置为"1000"、"1500"、"50"，如图2-7所示。

02 在命令面板中单击"创建"选项卡，然后单击"几何体"按钮，在下拉列表框中选择"标准基本体"选项，并单击 圆柱体 按钮。

03 在顶视图中创建圆柱体作为餐桌桌脚，单击"修改"选项卡，在"参数"卷展栏中将"半径"设置为"35"、"高度"设置为"800"，并移动到如图2-8所示的位置。

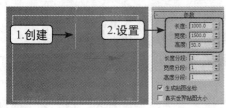
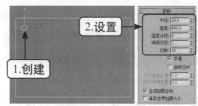

图2-7 创建桌面　　　　　　　　　　图2-8 创建桌脚

04 在顶视图中选择已创建好的桌脚沿X轴以"实例"的方式克隆另一个桌脚放在如图2-9所示的位置。

05 在顶视图中选择已创建好的2个桌脚沿Y轴向下以"实例"的方式克隆另外2个桌脚放在如图2-10所示的位置。

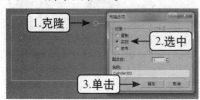
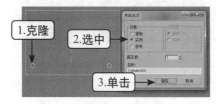

图2-9 克隆桌脚　　　　　　　　　　图2-10 克隆桌脚

06 在前视图中调整好桌脚与桌面的位置，如图2-11所示。

07 框选所有对象，选择【组】/【成组】菜单命令，打开"组"对话框，在"组名"文本框中输入"餐桌2"，单击 确定 按钮完成模型的建立，如图2-12所示。

图2-11　调整位置

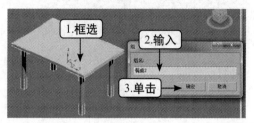

图2-12　成组

专家课堂

创建圆柱体后可以在"修改"选项卡中选中"启用切片"复选框，此时可通过调整"切片起始位置"和"切片结束位置"来修改圆柱体形状。

Example 实例 031　球形台灯

素材文件	无
效果文件	光盘/效果/第2章/实例31.max
动画演示	光盘/视频/第2章/031.swf
操作重点	球体建模

模型图　　　效果图

球体可生成完整的球体、半球体或球体的其他部分。本实例将使用球体并结合圆柱体制作一个球形台灯，其具体操作如下。

01 新建场景，在命令面板中单击"创建"选项卡，然后单击"几何体"按钮 ，在下拉列表框中选择"标准基本体"选项，并单击 球体 按钮。

02 在顶视图中创建出一个球体，将"半径"设置为"100"、"半球"参数修改为"0.5"，如图2-13所示。

03 在顶视图中创建出一个圆柱体作为台灯灯柱，"半径"设置为"15"、"高度"设置为"400"，如图2-14所示。

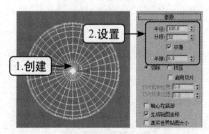

图2-13　创建灯脚

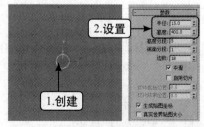

图2-14　创建灯柱

04 继续在顶视图中创建球体作为台灯灯罩，将"半径"设置为"150"、"半球"参数修改为"0"，如图2-15所示。

05 在前视图中放置好创建的对象，完成台灯模型的创建，如图2-16所示。

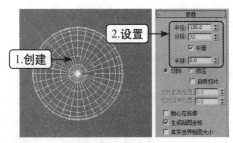

图2-15 创建灯罩

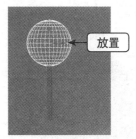

图2-16 放置位置

专家课堂

若想精确移动对象，可充分利用"对齐"工具来实现，方法为：选择对象后按【Alt+A】组合键，然后选择需对齐的对象，并在打开的对话框中通过不同坐标轴方向进行对齐即可。

Example 实例 032 室内装饰品

素材文件	无	
效果文件	光盘/效果/第2章/实例32.max	
动画演示	光盘/视频/第2章/032.swf	
操作重点	圆环建模	模型图　　　　　效果图

圆环几何体可生成圆形横截面的环，并可通过缩放、旋转等基本编辑操作来改变其形状。本实例将使用圆环、圆柱体等模型制作一个室内装饰品，其具体操作如下。

01 新建场景，在顶视图中创建一个长方体，并将"长度"、"宽度"、"高度"分别设置为"100"、"200"、"5"，如图2-17所示。

02 在命令面板中单击"创建"选项卡，然后单击"几何体"按钮，在下拉列表框中选择"标准基本体"选项，并单击 圆环 按钮。

03 在左视图中创建一个圆环，单击"修改"选项卡，在"参数"卷展栏中将"半径1"设置为"45"、"半径2"设置为"2"，选中"启用切片"复选框，将"切片起始位置"与"切片结束位置"分别设置为"90"、"270"，结合前视图将其放置到如图2-18所示的位置。

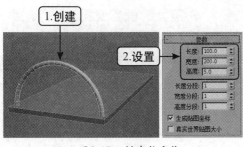

图2-17 创建长方体

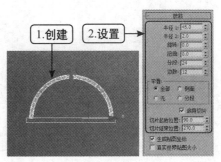

图2-18 创建圆环

04 在工具栏中单击"选择并均匀缩放"按钮 ，选中已创建好的圆环，并沿Y轴向上进行缩放，如图2-19所示。

05 在顶视图中选中圆环，以"实例"的方式向右方克隆，并放置好位置，如图2-20所示。

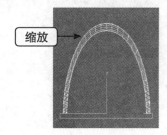

图2-19　缩放圆环　　　　　　　　　　图2-20　克隆圆环

06 在左视图中创建一个圆柱体作为横梁，将"半径"设置为"2"、"高度"设置为"195"，并结合前视图将其放置到如图2-21所示的位置。

07 进入顶视图再次创建一个圆柱体作为连接线，将"半径"设置为"1"、"高度"设置为"50"，并结合前视图将其放置到第一个圆柱体下方，如图2-22所示位置。

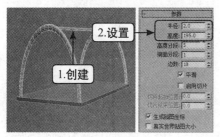
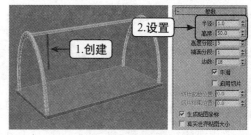

图2-21　创建圆柱体　　　　　　　　　图2-22　创建圆柱体

专家课堂

　　　若想精确地缩放物体，可用鼠标右键单击"选择并均匀缩放"按钮 ，打开"缩放变换输入"对话框，在其中可对X轴、Y轴、Z轴以及整体进行精确缩放。

08 继续在顶视图中创建一个球体，将"半径"参数设置为"8"，并结合前视图将其放置到对应的位置，如图2-23所示。

09 按住【Ctrl】键在透视图中加选连接线与对应的圆柱体，然后按住【Shift】键，沿X轴向右以"实例"的方式，克隆4个对象，完成模型的创建，如图2-24所示。

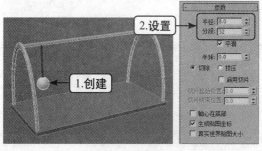
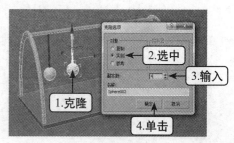

图2-23　创建球体　　　　　　　　　　图2-24　克隆对象

Example 实例 033 青花瓷茶具

素材文件	无
效果文件	光盘/效果/第2章/实例33.max
动画演示	光盘/视频/第2章/033.swf
操作重点	茶壶建模

模型图　　　效果图

　　茶壶几何体可快速生成一个茶壶形状几何体，并可通过参数设置制作整个茶壶或其中的部分模型。本实例将使用茶壶模型创建一套青花瓷茶具，其具体操作如下。

01 新建场景，在命令面板中单击"创建"选项卡，然后单击"几何体"按钮，在下拉列表框中选择"标准基本体"选项，并单击 茶壶 按钮。

02 在顶视图中创建出一个茶壶模型，单击"修改"选项卡，将"半径"参数设置为"150"，如图2-25所示。

03 再次在顶视图中创建一个茶壶，单击"修改"选项卡，将"半径"参数设置为"50"，并在"茶壶部件"栏中取消选中"壶嘴"与"壶盖"复选框，如图2-26所示。

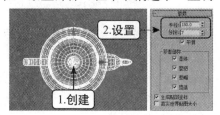 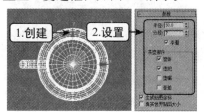

图2-25　创建茶壶　　　　　图2-26　创建茶杯

04 选中已创建好的茶杯，在顶视图中以"实例"的方式克隆出3个茶杯，再将其放置到茶壶周围，如图2-27所示。

05 单击"选择并旋转"按钮，然后在顶视图分别对所有茶杯进行适当旋转，完成模型的创建，如图2-28所示。

 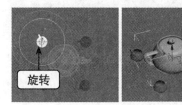

图2-27　克隆茶杯　　　　　图2-28　旋转茶杯

Example 实例 034 室外路灯

素材文件	无
效果文件	光盘/效果/第2章/实例34.max
动画演示	光盘/视频/第2章/034.swf
操作重点	圆锥体建模

模型图　　　效果图

圆锥体可以轻松创建出倒立或直立的圆锥体，并能随意控制锥尖的位置，本实例将使用圆锥体、圆环以及球体制作室外路灯模型，其具体操作如下。

01 新建场景，在命令面板中单击"创建"选项卡，然后单击"几何体"按钮，在下拉列表框中选择"标准基本体"选项，并单击 圆锥体 按钮。

02 在顶视图中创建一个圆锥体，单击"修改"选项卡，将"半径1"、"半径2"分别设置为"100"、"50"，"高度"设置为"3000"，如图2-29所示。

03 进入前视图创建一个圆环，将"半径1"、"半径2"分别设置为"150"、"15"，并结合顶视图将其放置到如图2-30所示的位置。

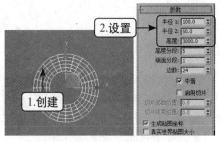
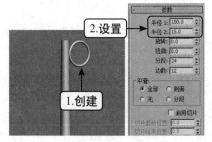

图2-29 创建圆锥体　　　　　　　　　　图2-30 创建圆环

04 继续在前视图的圆环中间创建一个球体，将"半径"参数设置为"80"，并结合顶视图将其放置到如图2-31所示的位置。

05 按住【Ctrl】键的同时选中圆环和球体，单击工具栏中的"镜像"按钮，打开"镜像：屏幕 坐标"对话框，在"镜像轴"栏中选中"X"单选项，并在"克隆当前选择"栏中选中"实例"单选项，单击 确定 按钮镜像选中的对象。

06 将镜像出的对象放置到如图2-32所示的位置，完成模型建立。

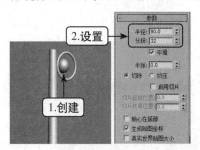
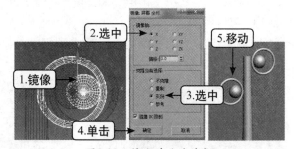

图2-31 创建球体　　　　　　　　　　图2-32 镜像并移动对象

Example 实例 035 水晶摆件

素材文件	光盘/素材/第2章/实例35.max	
效果文件	光盘/效果/第2章/实例35.max	
动画演示	光盘/视频/第2章/035.swf	
操作重点	几何球体建模	模型图　　　　效果图

几何球体不同于球体，它是基于三类规则的多面球体，能更加直观地体现球体上的棱

角效果。本实例将使用几何球体制作一个水晶摆件，其具体操作如下。

01 打开提供的素材文件"实例35.max"。在命令面板中单击"创建"选项卡，然后单击"几何体"按钮◎，在下拉列表框中选择"标准基本体"选项，并单击 几何球体 按钮。

02 在顶视图中创建一个几何球体，将"参数"栏中"半径"设置为"35"，在"基点面类型"栏中选中"八面体"单选项，并取消选中"平滑"复选框，如图2-33所示。

03 结合前视图和顶视图，将创建好的几何球体放置在场景中原有模型的上方，调整好它们的位置，完成整个模型的建立。如图2-34所示。

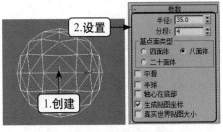
图2-33　创建几何球体

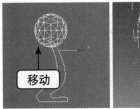
图2-34　放置位置

专家课堂

　　球体与几何球体这两种基本几何体在表面上看似乎没有差别，但在视图中按【F4】键切换到"边面"显示状态时，就能清楚地发现二者的区别，即球体由矩形构成，而构成几何球体的曲面没有极点，这样在应用一些修改器时就显得更加方便，比如应用FFD修改器就不会像普通球体受到很明显的约束。

Example 实例 036 不锈钢管件

素材文件	光盘/素材/第2章/实例36.max		
效果文件	光盘/效果/第2章/实例36.max	模型图	效果图
动画演示	光盘/视频/第2章/036.swf		
操作重点	管状体建模		

　　管状体是一种中空的圆柱体，类似于水管造型。本实例将使用管状体制作一根工业水管，其具体操作如下。

01 打开提供的素材文件"实例36.max"。在命令面板中单击"创建"选项卡，然后单击"几何体"按钮◎，在下拉列表框中选择"标准基本体"选项，并单击 管状体 按钮。

02 在前视图中创建管状体，将参数"半径1"设置为"20"、"半径2"设置为"18"、"高度"设置为"600"，如图2-35所示。

03 进入左视图继续创建管状体，将参数"半径1"设置为"20"、"半径2"设置为"18"、"高度"设置为"200"，如图2-36所示。

04 结合顶视图和前视图，将创建好的两个管状模型与场景中原有的对象连接起来，完成模型的建立，如图2-37所示。

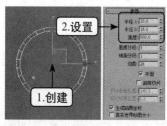

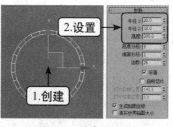

图2-35 创建管状体　　　　　　图2-36 创建管状体　　　　　　图2-37 放置位置

Example 实例 037 室外凉亭

素材文件	无
效果文件	光盘/效果/第2章/实例37.max
动画演示	光盘/视频/第2章/037.swf
操作重点	四棱锥建模

模型图　　　　　效果图

四棱锥基本体拥有方形或矩形底部和三角形侧面，类似于金字塔结构。本实例将使用四棱锥制作一个室外凉亭，其具体操作如下。

01 新建场景，在顶视图中创建一个长方体，将"长度"、"宽度"、"高度"参数分别设置为"1500"、"1500"、"100"，如图2-38所示。

02 继续在顶视图中创建一个圆柱体，将"半径"设置为"50"、"高度"设置为"2000"，并移动到如图2-39所示的位置。

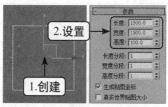

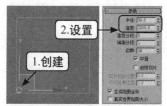

图2-38 创建长方体　　　　　　　　图2-39 创建圆柱体

03 将创建好的圆柱体以"实例"的方式克隆出4份，并结合前视图将其放置在长方体的4个角的位置，如图2-40所示。

04 在命令面板中单击"创建"选项卡，然后单击"几何体"按钮，在下拉列表框中选择"标准基本体"选项，并单击 四棱锥 按钮。

05 进入顶视图创建四棱锥，将"参数"栏中"宽度"、"深度"、"高度"分别设置为"2000"、"2000"、"400"，最后放置好对应位置完成建模，如图2-41所示。

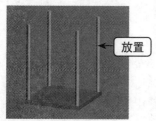

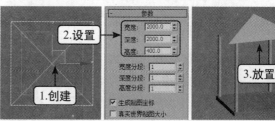

图2-40 放置圆柱体　　　　　　　图2-41 创建四棱锥

Example 实例 038 现代水晶灯

素材文件	光盘/素材/第2章/实例38.max
效果文件	光盘/效果/第2章/实例38.max
动画演示	光盘/视频/第2章/038.swf
操作重点	异面体建模

模型图	效果图

异面体是由几个系列的多面体生成的对象，该几何体可以创建各种结构的多面模型。本实例将使用"扩展基本体"中的异面体创建现代水晶灯的水晶吊坠，其具体操作如下。

01 打开提供的素材文件"实例38.max"。在顶视图中创建一个圆柱体作为水晶灯的吊线1，将"半径"参数设置为"1"、"高度"设置为"200"，如图2-42所示。

02 以"复制"的方式在顶视图中克隆创建的圆柱体，将"高度"更改为"300"，如图2-43所示。

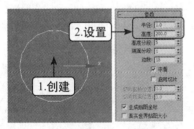

图2-42　创建圆柱体1

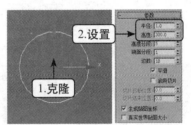

图2-43　克隆圆柱体2

03 在顶视图中创建一个几何球体作为水晶灯吊线串珠，将"半径"参数设置为"8"，并通过对齐操作将其放置在吊线1的中心位置，如图2-44所示。

04 进入前视图选中几何球体，并以"实例"的方式沿Y轴向下克隆出10个对象，并调整好对象的位置，如图2-45所示。

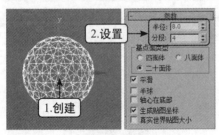

图2-44　创建几何球体

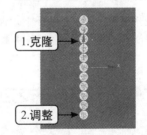

图2-45　克隆几何球体

05 在命令面板中单击"创建"选项卡，然后单击"几何体"按钮○，在下拉列表框中选择"扩展基本体"选项，并单击 异面体 按钮。

06 进入顶视图中创建异面体，单击"修改"面板，在"参数"展卷栏下的"系列"栏中选中"十二面体/二十面体"单选项，再将"半径"设置为"25"，最后将其放置在吊线1最下方位置作为水晶吊坠，完成一根水晶灯吊线的创建，如图2-46所示。

07 以同样的方式创建吊线2上的水晶珠（克隆15个）和吊坠，完成后在顶视图中框选吊线1、吊线2，并分别放置在场景中原对象的下方，如图2-47所示。

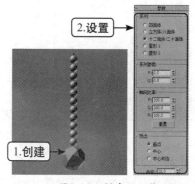

2.设置

1.创建

图2-46 创建异面体

1.创建

2.放置

图2-47 创建吊线2

08 在顶视图中框选吊线1、吊线2，并以"实例"的方式沿Y轴向上克隆两份，如图2-48所示。

09 在顶视图中框选最左边竖列的3根吊线，再次以"实例"的方式沿X轴向右克隆1份，放置到最右方，如图2-49所示。

10 再次框选中间的竖列的3根吊线，以"实例"的方式沿X轴向右克隆5份，完成模型的建立，如图2-50所示。

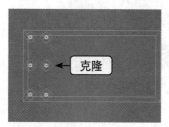

克隆

图2-48 克隆吊线

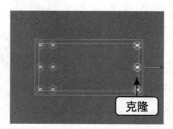

克隆

图2-49 克隆吊线

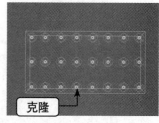

克隆

图2-50 克隆吊线

专家课堂

在场景模型较复杂的情况下，也可以在框选对象后通过选择【组】/【成组】菜单命令，将某些模型创建成组，这样可以提高操作效率。如上例中可分别将吊线1和吊线2创建成组再克隆。

Example 实例 **039** **布艺沙发**

素材文件	无	
效果文件	光盘/效果/第2章/实例39.max	
动画演示	光盘/视频/第2章/039.swf	
操作重点	切角长方体建模	模型图　　　　　　效果图

切角长方体可快速创建出有切角或圆形边的长方体，是很常用的几何体之一。本实例将使用切角长方体创建沙发模型，其具体操作如下。

01 新建场景，在命令面板中单击"创建"选项卡，然后单击"几何体"按钮 ，在下拉列表框中选择"扩展基本体"选项，并单击 切角长方体 按钮。

02 在顶视图中创建切角长方体，将"长度"、"宽度"、"高度"分别设置为"600"、"1200"、"150"，"圆角"设置为"20"，如图2-51所示。

03 在前视图中选中长方体，以"复制"的方式沿Y轴向上克隆出另外一个长方体，并将"高度"参数修改为"100"，其余参数不变，如图2-52所示。

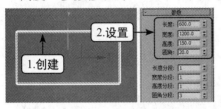 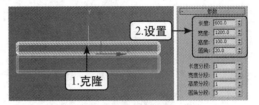

图2-51 创建切角长方体　　　　　　　　图2-52 克隆切角长方体

04 进入顶视图，在已创建好的对象右边继续创建切角长方体，将"长度"、"宽度"、"高度"分别设置为"600"、"100"、"400"，"圆角"设置为"20"，并放置到如图2-53所示的位置。

05 选中上一步创建好的切角长方体，以"实例"方式沿X轴向左克隆出一个切角长方体，并放置好位置，如图2-54所示。

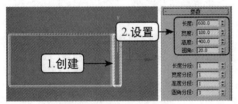 

图2-53 创建切角长方体　　　　　　　　图2-54 克隆切角长方体

06 进入前视图，再次创建切角长方体，将"长度"、"宽度"、"高度"分别设置为"500"、"1400"、"100"，"圆角"设置为"20"，如图2-55所示。

07 最后将创建出的所有切角长方体对象放置到合适的位置，完成模型的建立，如图2-56所示。

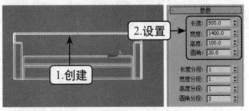 

图2-55 创建切角长方体　　　　　　　　图2-56 放置位置

Example 实例 040 室外圆木桌椅

素材文件	无
效果文件	光盘/效果/第2章/实例40.max
动画演示	光盘/视频/第2章/040.swf
操作重点	油罐建模

模型图　　　效果图

油罐可创建带有凸面封口的圆柱体。本实例将使用油罐创建室外圆木桌椅模型，其具体操作如下。

01 新建场景，在命令面板中单击"创建"选项卡，然后单击"几何体"按钮，在下拉列表框中选择"扩展基本体"选项，并单击 油罐 按钮。

02 在顶视图中创建出一个油罐作为桌子，将"半径"参数设置为"400"、"高度"设置为"600"、"封口高度"设置为"10"，如图2-57所示。

03 继续在顶视图中创建一个油罐作为凳子，将"半径"参数设置为"150"、"高度"设置为"300"、"封口高度"设置为"10"，如图2-58所示。

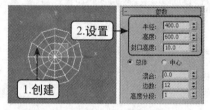
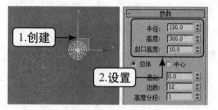

图2-57 创建桌子　　　　　　　　　　　图2-58 创建凳子

04 选中凳子，以"实例"的方式克隆出另外两个凳子，如图2-59所示。

05 将克隆出的凳子放置在桌子周围，完成模型的建立，如图2-60所示。

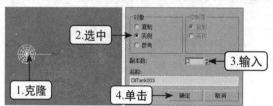

图2-59 克隆凳子　　　　　　　　　　图2-60 放置凳子

Example 实例 041 铅笔

素材文件	无		
效果文件	光盘/效果/第2章/实例41.max		
动画演示	光盘/视频/第2章/041.swf		
操作重点	纺锤建模	模型图	效果图

纺锤几何体可创建带有圆锥形封口的圆柱体。本实例将使用纺锤与切角长方体创建铅笔与橡皮擦模型，其具体操作如下。

01 新建场景，在命令面板中单击"创建"选项卡，然后单击"几何体"按钮，在下拉列表框中选择"扩展基本体"选项，并单击 纺锤 按钮。

02 在前视图中创建出一个纺锤作为铅笔，将"半径"参数设置为"5"、"高度"设置为"150"、"封口高度"设置为"20"，取消选中"平滑"复选框，如图2-61所示。

03 进入顶视图创建出一个切角长方体作为橡皮擦，将"长度"、"宽度"、"高度"分别设置为"30"、"20"、"10"，"圆角"设置为"2"，完成后将模型放置铅笔旁即可，如图2-62所示。

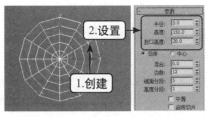

图2-61 创建铅笔

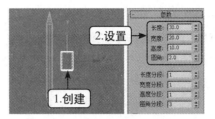

图2-62 创建橡皮擦

Example 实例 042 休闲桌

素材文件	光盘/素材/第2章/实例42.max
效果文件	光盘/效果/第2章/实例42.max
动画演示	光盘/视频/第2章/042.swf
操作重点	球棱柱建模

模型图　　效果图

球棱柱可以通过可选的圆角面边创建挤出的规则面多边形。本实例将使用球棱柱创建休闲桌的台面与底座，其具体操作如下。

01 打开提供的素材文件"实例42.max"。在命令面板中单击"创建"选项卡，然后单击"几何体"按钮○，在下拉列表框中选择"扩展基本体"选项，并单击 球棱柱 按钮。

02 在顶视图中创建球棱柱，将"边数"设置为"8"、"半径"设置为"400"、"圆角"和"高度"分别设置为"50"、"50"，"侧面分段"与"高度分段"为"4"、"圆角分段"为"7"，并选中"平滑"复选框。结合前视图将其移动到如图2-63所示的位置。

03 在前视图中选中球棱柱，以"复制"的方式沿Y轴向下克隆出另一球棱柱，单击"修改"选项卡，将"边数"修改为"4"、"半径"修改为"300"、圆角设置不变、"高度"修改为"20"，完成后将其放置到如图2-64所示的位置即可。

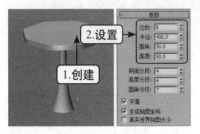

图2-63 创建球棱柱

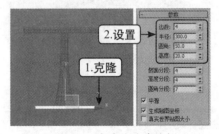

图2-64 克隆修改球棱柱

Example 实例 043 花边圆镜

素材文件	无
效果文件	光盘/效果/第2章/实例43.max
动画演示	光盘/视频/第2章/043.swf
操作重点	环形波建模

模型图　　效果图

环形波可以创建不规则内部和外部边的模型，常用于在动画中表现冲击波的效果。本实例将使用环形波与圆柱体创建花边圆镜，其具体操作如下。

01 新建场景，在命令面板中单击"创建"选项卡，然后单击"几何体"按钮 ⬡ ，在下拉列表框中选择"扩展基本体"选项，并单击 环形波 按钮。

02 在前视图中创建环形波，单击"修改"选项卡，在"参数"展卷栏下"环形波大小"栏中将"半径"设置为"100"、"环形宽度"设置为"15"、"高度"设置为"10"，如图2-65所示。

03 继续在前视图中创建圆柱体，将"半径"设置为"95"、"高度"设置为"5"，并结合左视图将其放置在环形波中间，嵌入到环形波内侧，如图2-66所示。

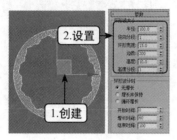

图2-65　创建环形波

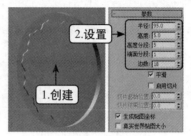

图2-66　创建圆柱体

04 同时选择环形波与圆柱体，选择【组】/【成组】菜单命令，打开"组"对话框，在"组名"文本框中输入"圆镜"，单击 确定 按钮，如图2-67所示。

05 进入前视图选中组对象，在工具栏中单击"选择并均匀缩放"按钮 ⬚ ，并沿Y轴向上进行缩放成椭圆形后完成模型建立，如图2-68所示。

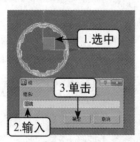

图2-67　成组模型

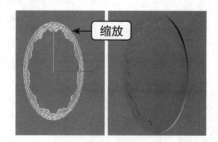

图2-68　缩放模型

Example 实例 044　室外垃圾桶

素材文件	光盘/素材/第2章/实例44.max	
效果文件	光盘/效果/第2章/实例44.max	
动画演示	光盘/视频/第2章/044.swf	
操作重点	棱柱建模	模型图　　　效果图

使用棱柱可创建带有独立分段面的三面棱柱。本实例将使用棱柱创建一个卡通垃圾桶，其具体操作如下。

01 打开提供的素材文件"实例44.max"。在命令面板中单击"创建"选项卡，然后单击

"几何体"按钮◎，在下拉列表框中选择"扩展基本体"选项，并单击 棱柱 按钮。

02 进入前视图创建棱柱，单击"修改"选项卡，将"参数"展卷栏下的"侧面1长度"、"侧面2长度"、"侧面3长度"分别设置为"900"、"700"、"700"，"高度"设置为"700"，如图2-69所示。

03 结合顶视图，将创建好的棱柱放置在场景原模型的上方即可，如图2-70所示。

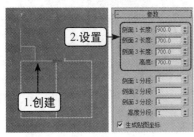
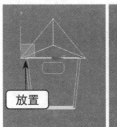

图2-69 创建棱柱　　　　　　　　　图2-70 放置位置

Example 实例 045 时尚玻璃小茶几

素材文件	无
效果文件	光盘/效果/第2章/实例45.max
动画演示	光盘/视频/第2章/045.swf
操作重点	环形结建模

　　　　　　　　　模型图　　　　效果图

　　使用环形结可以通过在正常平面中围绕3D曲线绘制2D曲线来创建复杂或带结的环形。本实例将使用环形结与圆环、圆柱体共同制作玻璃小茶几，其具体操作如下。

01 新建场景，在顶视图中创建一个圆环，将"半径1"设置为"200"、"半径2"设置为"4"、"分段"设置为"40"，如图2-71所示。

02 继续在顶视图中创建一个圆柱体，将"半径"设置为"200"、"高度"设置为"5"、"边数"设置为"30"，并结合前视图将其放置在圆环中心位置，如图2-72所示。

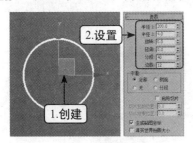
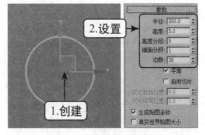

图2-71 创建圆环　　　　　　　　　图2-72 创建圆柱体

03 在命令面板中单击"创建"选项卡，然后单击"几何体"按钮◎，在下拉列表框中选择"扩展基本体"选项，并单击 环形结 按钮。

04 在顶视图中创建环形结，单击"修改"选项卡，在"参数"卷展栏的"基础曲线"栏中将"半径"设置为"80"、"P"设置为"2"、"Q"设置为"3"，再将"横切面"栏中的"半径"设置为"8"，如图2-73所示。

05 在工具栏中单击"选择并均匀缩放"按钮 ![img]，在前视图中选中已创建好的环形结，并沿Y轴向上进行缩放，结合顶视图将其放置在圆柱体的下方，完成模型的创建，如图2-74所示。

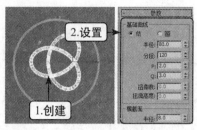
图2-73　创建环形结

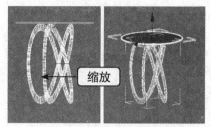
图2-74　缩放环形结

Example 实例 046 简约茶几

素材文件	无		
效果文件	光盘/效果/第2章/实例46.max	模型图	效果图
动画演示	光盘/视频/第2章/046.swf		
操作重点	切角圆柱体建模		

　　切角圆柱体可创建具有切角或圆形封口边的圆柱体。本实例将使用切角圆柱体制作茶几模型，其具体操作如下。

01 新建场景，在命令面板中单击"创建"选项卡，然后单击"几何体"按钮 ![img]，在下拉列表框中选择"扩展基本体"选项，并单击 切角圆柱体 按钮。

02 进入顶视图创建切角圆柱体，将"半径"设置为"800"、"高度"设置为"200"、"圆角"设置为"20"、"圆角分段"设置为"10"、"边数"设置为"40"，如图2-75所示。

03 继续在顶视图中创建管状体，将"半径1"设置为"750"、"半径2"设置为"700"、"高度"设置为"50"、"边数"设置为"40"，并结合前视图将其放置在切角圆柱体下方，如图2-76所示的位置。

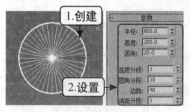
图2-75　创建切角圆柱体

图2-76　创建管状体

04 在顶视图中创建圆柱体，将"半径"设置为"25"、"高度"设置为"200"，将其放在管状体下方，并以"实例"的方式克隆出3个，并结合前视图将所有圆柱体放置在如图2-77所示的位置。

05 在前视图中选中管状体，以"实例"的方式沿Y轴向下克隆出一个对象，并放置在如图2-78所示的位置，完成模型的创建。

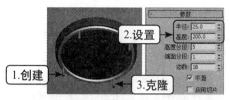

图2-77 创建、克隆圆柱体

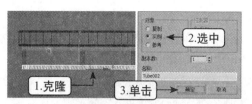

图2-78 克隆管状体

Example 实例 047 简易书桌

素材文件	无		
效果文件	光盘/效果/第2章/实例47.max	模型图	效果图
动画演示	光盘/视频/第2章/047.swf		
操作重点	胶囊建模		

　　使用胶囊体可创建带有半球状封口的圆柱体。本实例将使用多个胶囊体来组合创建一个简易书桌，其具体操作如下。

01 新建场景，在顶视图中创建一个切角长方体，将其"长度"、"宽度"、"高度"参数分别设置为"600"、"800"、"30"，"圆角"设置为"10"，如图2-79所示。

02 在命令面板中单击"创建"选项卡，然后单击"几何体"按钮 ，在下拉列表框中选择"扩展基本体"选项，并单击 胶囊 按钮。

03 在顶视图中创建胶囊体，将"半径"设置为"20"、"高度"设置为"700"，如图2-80所示。

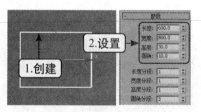

图2-79 创建切角长方体

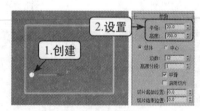

图2-80 创建胶囊体

04 选中胶囊体，以"实例"的方式克隆出3个，并结合前视图将其放置在如图2-81所示的位置。

05 进入前视图创建胶囊体，将"半径"设置为"20"、"高度"设置为"500"，并放置在如图2-82所示的位置。

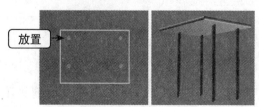

图2-81 放置胶囊体

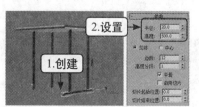

图2-82 创建胶囊体

06 选中上一步创建的胶囊体，以"实例"的方式沿X轴向右克隆1个，并放置在如图2-83

所示的位置。

07 进入左视图创建胶囊体，将"半径"设置为"10"、"高度"设置为"650"，并放置在如图2-84所示的位置。

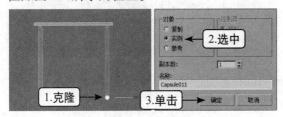
图2-83 克隆胶囊体

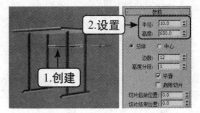
图2-84 创建胶囊体

08 选中刚才创建的胶囊体，在前视图中以"实例"的方式沿Y轴向下克隆出1个，如图2-85所示。

09 再次进入顶视图创建胶囊体，将"半径"设置为"10"、"高度"设置为"140"，再以"实例"的方式克隆出1个，最后放置在如图2-86所示的位置，完成建模。

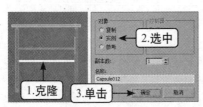
图2-85 克隆胶囊体

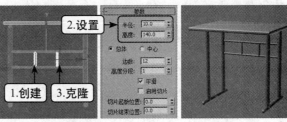
图2-86 创建并克隆胶囊体

Example 实例 **048** "L"形墙

素材文件	无	
效果文件	光盘/效果/第2章/实例48.max	
动画演示	光盘/视频/第2章/048.swf	
操作重点	L-Ext建模	模型图　　　效果图

　　L-Ext可创建出"L"形的几何体对象，适用于"L"形墙体建模。本实例将使用L-Ext体来创建一个室内"L"形墙，其具体操作如下。

01 新建场景，在命令面板中单击"创建"选项卡，然后单击"几何体"按钮，在下拉列表框中选择"扩展基本体"选项，并单击 L-Ext 按钮。

02 进入顶视图创建"L"形墙，将"侧面长度"与"前面长度"分别设置为"1500"、"3000"，"侧面宽度"与"前面宽度"统一设置为"240"，"高度"设置为"3000"，如图2-87所示。

03 在命令面板中单击"创建"选项卡，然后单击"几何体"按钮，在下拉列表框中选择"标准基本体"选项，并单击 平面 按钮。

04 在顶视图中创建一个平面作为地板，将"长度"、"宽度"分别设置为"5000"、"5000"，完成模型的创建，如图2-88所示。

图2-87　创建"L"形墙

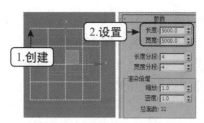

图2-88　创建地板

Example 实例 049　"U"形墙

素材文件	无
效果文件	光盘/效果/第2章/实例49.max
动画演示	光盘/视频/第2章/049.swf
操作重点	C-Ext建模

模型图　　　　效果图

C-Ext可创建出"C"形的几何体对象，适用于"U"形墙体建模。本实例将使用C-Ext体来创建一个室内"U"形墙，其具体操作如下。

01 新建场景，在命令面板中单击"创建"选项卡，然后单击"几何体"按钮 ，在下拉列表框中选择"扩展基本体"选项，并单击 C-Ext 按钮。

02 进入顶视图创建"U"形墙，将"背面长度"、"侧面长度"与"前面长度"统一设置为"3000"，再将"背面宽度"、"侧面宽度"、"前面宽度"统一设置为"240"，"高度"设置为"3000"，如图2-89所示。

03 在命令面板中单击"创建"选项卡，然后单击"几何体"按钮 ，在下拉列表框中选择"标准基本体"选项，并单击 平面 按钮。

04 在顶视图中创建一个平面作为地板，将"长度"、"宽度"分别设置为"5000"、"5000"，完成模型的创建，如图2-90所示。

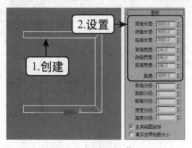

图2-89　创建"U"形墙

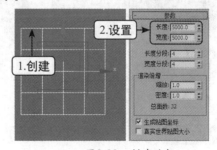

图2-90　创建地板

Example 实例 050　现代台灯

素材文件	光盘/素材/第2章/实例50.max
效果文件	光盘/效果/第2章/实例50.max
动画演示	光盘/视频/第2章/050.swf
操作重点	软管建模

模型图　　　　效果图

软管是一个能连接两个对象的弹性建模工具，类似于弹簧。本实例将使用软管来创建一个现代台灯模型，其具体操作如下。

01 打开提供的素材文件"实例50.max"。在命令面板中单击"创建"选项卡，然后单击"几何体"按钮，在下拉列表框中选择"扩展基本体"选项，并单击 软管 按钮。

02 在顶视图中创建软管，单击"修改"选项卡，在"软管参数"展卷栏下面的"自由软管参数"栏中将"高度"设置为"400"，选中"软管形状"栏中的"圆形软管"单选项，并将"直径"设置为"70"、"边数"设置为"30"，如图2-91所示。

03 在顶视图中创建切角圆柱体，将"半径"设置为"100"、"高度"设置为"30"、"圆角"设置为"5"、"边数"设置为"30"，创建好后放于底部作为台灯灯座，如图2-92所示。

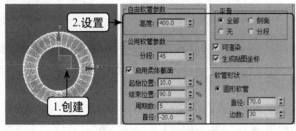

图2-91 创建软管

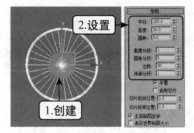

图2-92 创建切角圆柱体

04 继续在顶视图中创建一个管状体，将"半径1"设置为"30"、"半径2"设置为"25"、"高度"设置为"50"，并放置在软管上方作为灯泡座，如图2-93所示。

05 创建一个球体，将"半径"设置为"25"，将其放置在灯泡座上面作为灯泡，如图2-94所示。最后将场景中的原模型作为灯罩放置到合适的位置即可。

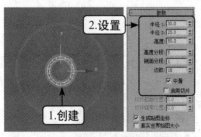

图2-93 创建管状体

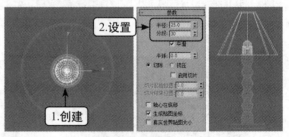

图2-94 创建球体

Example 实例 051 简欧卧室门

素材文件	光盘/素材/第2章/实例51.max		
效果文件	光盘/效果/第2章/实例51.max		
动画演示	光盘/视频/第2章/051.swf	模型图	效果图
操作重点	枢轴门建模		

枢轴门可直接创建门的模型，还可通过设置快速制作双开门模型等。本实例将使用枢轴门来创建常用的卧室门模型，其具体操作如下。

01 新建场景，在命令面板中单击"创建"选项卡，然后单击"几何体"按钮◎，在下拉列表框中选择"门"选项，并单击 枢轴门 按钮。

02 在顶视图中创建出一个枢轴门，进入"修改"面板，在"参数"卷展栏下将"高度"、"宽度"、"深度"分别设置为"2100"、"800"、"100"，然后在"门框"栏下将"宽度"设置为"50"、"深度"设置为"20"，如图2-95所示。

03 继续在"页扇参数"卷展栏下将"厚度"、"门挺/顶梁"、"底梁"统一设置为"30"，"垂直窗格数"设置为"3"，"镶板间距"设置为"30"，如图2-96所示。

04 选中"页扇参数"卷展栏中"镶板"栏的"有倒角"单选项，再将"倒角角度"设置为"10"、"厚度1"设置为"0"、"厚度2"设置为"10"、"中间厚度"设置为"0"、"宽度1"与"宽度2"统一设置为"20"，如图2-97所示。

05 将场景中的门锁模型放置在门的中间位置，完成模型的创建，如图2-98所示。

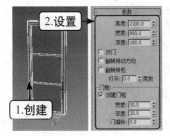   

图2-95 创建枢轴门　　图2-96 设置参数　图2-97 设置参数　图2-98 放置模型

专家课堂

　　3ds Max 2013提供了"枢轴门"、"推拉门"、"折叠门"等多种门模型，它们的创建与设置是基本相同的，可根据需要善用这些功能，创建出各种风格的卧室门、衣柜门、阳台门等模型。

Example 实例 052 推拉窗户

素材文件	无
效果文件	光盘/效果/第2章/实例52.max
动画演示	光盘/视频/第2章/052.swf
操作重点	推拉窗建模

模型图　　效果图

　　推拉窗建模功能可直接创建出半掩或全掩的多种窗户模型。本实例将使用推拉窗来创建常用的窗户模型，其具体操作如下。

01 新建场景，在命令面板中单击"创建"选项卡，然后单击"几何体"按钮◎，在下拉列表框中选择"窗"选项，并单击 推拉窗 按钮。

02 在左视图中创建出一个推拉窗，进入"修改"面板，在"参数"卷展栏下将"高度"、"宽度"、"深度"分别设置为"800"、"1000"、"50"，随后在"窗框"栏下将"水平宽度"、"垂直宽度"、"厚度"分别设置为"30"、"30"、"5"，再将"玻璃"栏下的"厚度"设置为"5"，如图2-99所示。

03 继续在"窗格"栏下将"窗格宽度"设置为"5",并在"打开窗"栏下选中"悬挂"复选框,最后在"打开"文本框中输入数值"30",完成半开推拉窗户模型的创建,如图2-100所示。

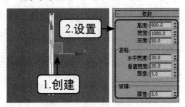 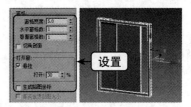

图2-99 创建推拉窗   图2-100 设置参数

Example 实例 **053** 旋转楼梯

素材文件	无	
效果文件	光盘/效果/第2章/实例53.max	
动画演示	光盘/视频/第2章/053.swf	
操作重点	螺旋楼梯建模	模型图 效果图

3ds Max 2013提供了多种楼梯建模工具,可快速创建出各种楼梯模型。本实例将使用螺旋楼梯来创建室内旋转楼梯的模型,其具体操作如下。

01 新建场景,在命令面板中单击"创建"选项卡,然后单击"几何体"按钮◎,在下拉列表框中选择"楼梯"选项,并单击 螺旋楼梯 按钮。

02 在顶视图中创建出一个螺旋楼梯,单击"修改"选项卡,在"参数"卷展栏下的"类型"栏中选中"封闭式"单选项,然后在"生成几何体"栏下的"扶手"栏与"扶手路径"栏中同时选中"内表面"、"外表面"复选框,如图2-101所示。

03 在"布局"栏下将"半径"设置为"1000"、"宽度"设置为"800",然后在"梯级"栏中将"总高"设置为"2400",如图2-102所示。

04 展开"栏杆"卷展栏,将"高度"设置为"1000"、"偏移"设置为"50"、"分段"设置为"20"、"半径"设置为"50",如图2-103所示。

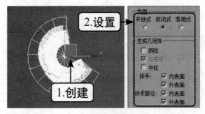 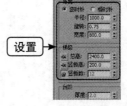 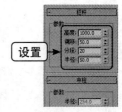

图2-101 创建螺旋楼梯   图2-102 设置参数   图2-103 设置参数

05 在命令面板中单击"创建"选项卡,然后单击"几何体"按钮◎,在下拉列表框中选择"扩展基本体"选项,并单击 软管 按钮。

06 在顶视图中创建软管,单击"修改"选项卡,在"软管参数"卷展栏下的"自由软管参数"栏中将"高度"设置为"1200",然后在"软管形状"栏中选中"圆形软管"单选项,再将"直径"设置为"80"、"边数"设置为"30",如图2-104所示。

07 在前视图中选中已创建好的软管，选择【工具】/【对齐】/【间隔工具】菜单命令，打开"间隔工具"对话框，在"参数"栏的"计数"文本框中输入数值"5"，单击 拾取路径 按钮。找到螺旋楼梯外侧扶手中间的路径线，单击该路径线后继续单击"间隔工具"对话框中的 应用 按钮，如图2-105所示。

08 修改"计数"文本框中的数值为"3"，以相同的步骤对螺旋楼梯内侧扶手进行同样的操作。

09 在前视图中选中所有软管，向下移动到如图2-106所示的位置即可。

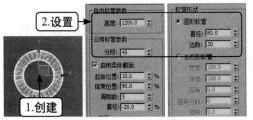
图2-104 创建软管

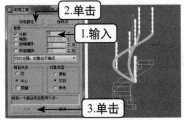

图2-105 间隔对齐

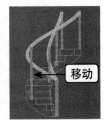
图2-106 移动软管

专家解疑

1. 问：使用几何体建模时，不同模型的创建方法和顺序有什么区别呢？

答：不同模型的创建方法肯定有所不同，但大致操作是相似的，都是单击相应的几何体模型按钮后，在某个视图中按住鼠标左键不放并拖动鼠标创建模型的第一个参数，然后移动鼠标并单击确定第二个参数，以此类推即可。为便于学习，下面将各几何体模型的创建顺序归纳到表2-1中，以供学习和参考。

表2-1 几何体各模型的创建顺序

几何体模型	创建顺序
长方体	长和宽→高
球体	半径
圆柱体	半径→高度
圆环	外半径（半径1）→内半径（半径2）
茶壶	半径
圆锥体	锥底大小（半径1）→高度→锥尖大小（半径2）
几何球体	半径
管状体	外半径（半径1）→内半径（半径2）→高度
四棱锥	宽度和深度→高度
平面	长度和宽度
异面体	大小
切角长方体	长度和宽度→高度→圆角
油罐	半径→高度→封口高度
纺锤	半径→高度→封口高度
球棱柱	半径→高度→圆角

（续表）

几何体模型	创建顺序
环形波	半径→环形宽度
棱柱	侧面1长度→侧面2长度和侧面3长度
四棱锥	宽度和深度→高度
环形结	挤出曲面半径→横截面半径
切角圆柱体	半径→高度→圆角
环形结	挤出曲面半径→横截面半径
胶囊	半径→高度
L-Ext	侧面长度和前面长度→高度→侧面宽度和前面宽度
C-Ext	背面长度和侧面长度与前面长度→高度→背面宽度和侧面长度与前面宽度
软管	直径→高度
窗	宽度→深度→高度
直线楼梯	长度→宽度→总高与竖板高
L形楼梯	长度1→长度2和偏移→总高与竖板高
U形楼梯	长度1与长度2→宽度和偏移→总高与竖板高
螺旋楼梯	半径与宽度→总高与竖板高

2. 问：利用【Ctrl】键可以加选场景中的模型，那应该怎样减选模型呢？

答：在已选中的多个模型对象中，按住【Alt】键不放，利用"选择与移动"等工具单击不需要选中的模型即可取消其选中状态，即执行减选操作。

3. 问：当场景中存在多个模型对象时，无论在哪种视图中都很难对其中某个对象进行编辑，有没有什么方法可以解决这个问题呢？

答：很简单，将需要编辑的一个或多个对象孤立出来单独编辑即可，方法为：选择一个或多个对象，按【Alt+Q】组合键即可，完成编辑后再次按【Alt+Q】组合键退出孤立编辑状态。

4. 问：创建一些几何体时，会涉及分段数的设置，这个参数的作用是什么？

答：对象的分段数越高，显示就越圆滑，如对于球体而言，分段数越高，球面就显得越圆滑；分段数越低，球面棱角感就越强烈。另外，分段数设置得越高，后期利用修改器等功能编辑模型时就更加方便。但需要注意的是，分段数越高的同时，系统被占用的资源也越大，软件运行的负担就会加重，因此分段数的设置并不是越高越好，而是根据实际需要进行合理设置。

5. 问：创建门、窗、楼梯等模型时，会涉及大量参数的设置，如果下一次需要创建相同参数的对象，难道又只能重复设置这些相同的参数吗？

答：3ds Max 2013会自动记忆上一次操作中设置的参数信息，当创建多个相同的对象时，只需直接创建即可，后面创建的对象会自动应用第一个对象上的所有参数。

6. 问：怎么创建随对象位置变化而变化的软管模型呢？

答：选择该软管，在命令面板中单击"修改"选项卡 ☑，在"端点方法"栏中选中"绑定到对象轴"单选项，并在"绑定对象"栏中设置需绑定的顶部对象和底部对象即可。

中文版
3ds M ax
建模全实例

第3章
样条线建模

　　3ds Max中的样条线建模也称为二维图形建模，它是指通过创建平面图形后，利用各种修改器命令将图形转换为三维图形的建模方法。样条线建模是创建复杂模型的有效建模途径，本章将通过多个实例介绍样条线的圆角、轮廓、修剪、切角等编辑操作以及各种样条线基本图形的创建，快速掌握样条线建模的各种方法。

Example 实例 054 **欧式罗马柱**

素材文件	无
效果文件	光盘/效果/第3章/实例54.max
动画演示	光盘/视频/第3章/054.swf
操作重点	线建模

模型图　　　　　　效果图

　　3ds Max中的线是由多个分段组成的自由形式样条线，它也是样条线建模中最基础、最灵活的建模工具。本实例将使用线配合车削修改器来创建一个罗马柱，其具体操作如下。

01 新建场景，在命令面板中单击"创建"选项卡，然后单击"图形"按钮，在下拉列表框中选择"样条线"选项，并单击　　线　　按钮。

02 在前视图中单击鼠标创建线的起始顶点，向左移动鼠标单击创建第二个顶点，依次向下创建出20个顶点，单击鼠标右键完成线的创建，如图3-1所示。

03 加选如图3-2所示的顶点，单击鼠标右键，在弹出的快捷菜单中选择"Bezier"命令，并利用选择工具拖动控制柄将顶点调节成圆弧形状。

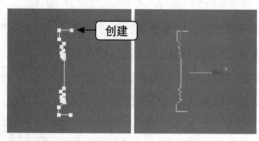

图3-1　创建线

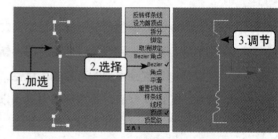

图3-2　调整顶点

04 在"修改器列表"下拉列表框中选择"车削"命令，然后单击"修改"选项卡，在修改器堆栈中单击"车削"选项左侧的"展开"按钮，在展开的列表中选择"轴"层级，如图3-3所示。

05 在"参数"卷展栏的"分段"文本框中输入"32"，单击　最大　按钮，完成模型的建立，如图3-4所示。

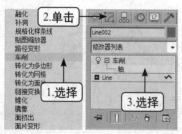

图3-3　选择轴层级

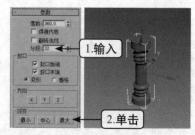

图3-4　设置分段数

专家课堂

　　在创建线的过程中，按住【Shift】键可创建出直线；单击鼠标创建顶点后按住鼠标左键不放，拖动鼠标可创建出曲线。

素材文件	无
效果文件	光盘/效果/第3章/实例55.max
动画演示	光盘/视频/第3章/055.swf
操作重点	线的轮廓、圆角

模型图　　　　　　效果图

　　圆角可对线的顶点进行圆弧设置；轮廓可将线对象创建成为面对象。本实例将使用线的样条线层级中的轮廓、圆角命令，并配合车削修改器来创建陶艺花瓶，其具体操作如下。

01 新建场景，在命令面板中单击"创建"选项卡，然后单击"图形"按钮 ，在下拉列表框中选择"样条线"选项，并单击 线 按钮。

02 在前视图中从上向下创建出一条由4个顶点连接的线，如图3-5所示。

03 选中中间的顶点，单击鼠标右键，在弹出的快捷菜单中选择"Bezier"命令，并利用选择工具拖动控制柄将顶点调节成如图3-6所示的形状。

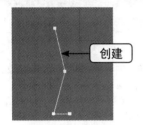

图3-5　创建线　　　　　　　　　　　　图3-6　调整顶点

04 单击"修改"选项卡，在修改器堆栈中单击"Line"选项左侧的"展开"按钮 ，在展开的列表中选择"顶点"层级，如图3-7所示。

05 选中左下角的顶点，然后在"几何体"卷展栏中"圆角"文本框中输入"4"，再单击 圆角 按钮，如图3-8所示。

06 在修改器堆栈中选择"样条线"层级，然后在"几何体"卷展栏的"轮廓"文本框中输入"2"，再单击 轮廓 按钮，如图3-9所示。

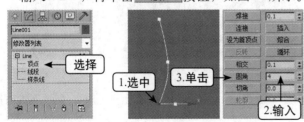

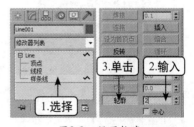

图3-7　选择顶点层级　　　　图3-8　设置圆角　　　　　　　图3-9　设置轮廓

07 回到顶点层级，框选最上方的2个顶点，然后在"几何体"卷展栏的"圆角"文本框中输入"2"，再单击 圆角 按钮，如图3-10所示。

08 在"修改器列表"下拉列表框中选择"车削"命令，然后单击"修改"选项卡，在修改器堆栈中单击"车削"选项左侧的"展开"按钮 ，在展开的列表中选择"轴"层级，如图3-11所示。

09 在"参数"卷展栏中"分段"文本框中输入"32",然后单击[最大]按钮,完成模型的建立,如图3-12所示。

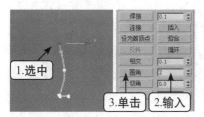
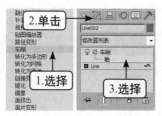
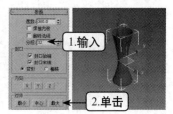

图3-10 设置圆角　　　　图3-11 选择轴层级　　　　图3-12 设置分段数

Example 实例 056 时尚休闲椅

素材文件	无		
效果文件	光盘/效果/第3章/实例56.max		
动画演示	光盘/视频/第3章/056.swf		
操作重点	渲染样条线(径向)	模型图	效果图

　　渲染样条线可直接将线转换成三维图形,是制作各种条形、管状等模型的常用建模方法。本实例将使用线的渲染样条线配合倒角修改器来创建时尚休闲椅,其具体操作如下。

01 新建场景,在命令面板中单击"创建"选项卡,然后单击"图形"按钮,在下拉列表框中选择"样条线"选项,并单击[线]按钮。

02 在前视图中从上向下创建出一条由3个顶点连接的一条线,如图3-13所示。

03 进入顶点层级,选中中间的顶点并单击鼠标右键,在弹出的快捷菜单中选择"Bezier角点"命令,然后利用【Shift】键和选择工具拖动控制柄将线段调节成如图3-14所示的形状。

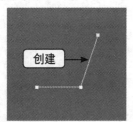
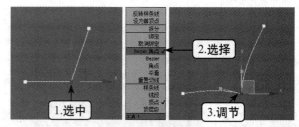

图3-13 创建线　　　　图3-14 调整顶点

04 保持该顶点的选中状态,在"几何体"卷展栏下"圆角"文本框中输入"6",然后单击[圆角]按钮,如图3-15所示。

05 选择"样条线"层级,在"几何体"卷展栏下"轮廓"文本框中输入"10",然后单击[轮廓]按钮,如图3-16所示。

专家课堂

　　设置顶点圆角时,可在单击[圆角]按钮后,直接在所选顶点位置上下拖动鼠标来直观地调整顶点的圆角程度。对样条线的轮廓设置等操作也可按此方法进行。

图3-15　设置圆角

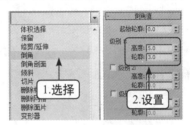
图3-16　设置轮廓

06　选择"顶点"层级，加选图形左下和上方顶点，单击鼠标右键，在弹出的快捷菜单中选择"平滑"命令，如图3-17所示。

07　在"修改器列表"下拉列表框中选择"倒角"命令，然后在"倒角值"卷展栏"级别1"栏的"高度"文本框中输入"5"，在"轮廓"文本框中输入"3"，如图3-18所示。

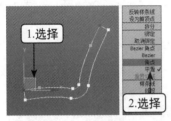
图3-17　平滑顶点

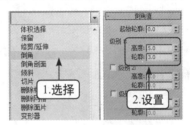
图3-18　设置倒角

08　继续选中"级别2"复选框，在其下的"高度"文本框中输入"70"，然后选中"级别3"复选框，在"高度"文本框中输入"5"，在"轮廓"文本框中输入"－3"，如图3-19所示。

09　进入前视图，在图形下方创建出一条如图3-20所示的样条线。

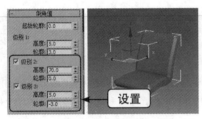
图3-19　设置倒角

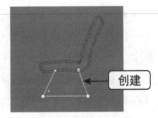
图3-20　创建线

10　单击"修改"面板，在"渲染"卷展栏中选中"在视图中启用"复选框、"在视口中启用"复选框，然后选中"径向"单选项，在"厚度"文本框中输入"5"，在"边"文本框中输入"32"，如图3-21所示。

11　进入顶视图，选中三角形线，以"实例"的方式向另一边克隆出对象，并放置在如图3-22所示的位置，完成模型的建立。

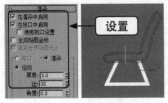
图3-21　渲染样条线

图3-22　克隆对象

素材文件	光盘/素材/第3章/实例57.max
效果文件	光盘/效果/第3章/实例57.max
动画演示	光盘/视频/第3章/057.swf
操作重点	线的拆分、创建、修剪

模型图　　　　　效果图

　　线的拆分、创建、修剪等操作，是样条线常用的编辑操作。本实例将使用这几种功能创建一个中式窗格，其具体操作如下。

01 打开素材提供的"实例57.max"文件。选择场景中的对象，单击"修改"选项卡，在修改器堆栈中单击"可编辑样条线"选项左侧的"展开"按钮 ，在展开的列表中选择"线段"层级，如图3-23所示。

02 在前视图中框选所有线段，在"几何体"卷展栏"拆分"文本框中输入"2"，然后单击 拆分 按钮，如图3-24所示。

图3-23　选择线段层级

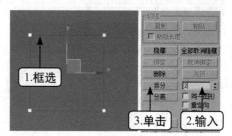

图3-24　拆分线段

03 在工具栏的"捕捉开关"按钮 上单击鼠标右键，打开"栅格和捕捉设置"对话框，在其中仅选中"顶点"复选框，并单击"关闭"按钮 ，如图3-25所示。设置完成后再次单击"捕捉开关"按钮 进入3D捕捉状态。

04 在"几何体"卷展栏下单击 创建线 按钮，然后将鼠标移动到图形上方中间顶点位置，当鼠标指针变成十字状时单击鼠标创建线的起始顶点，移动鼠标到下方对应的顶点再次单击鼠标创建线，如图3-26所示。然后单击鼠标右键确认线段的创建。

图3-25　捕捉设置

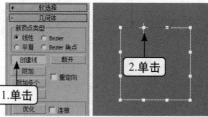
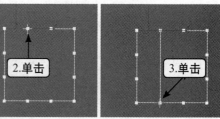

图3-26　捕捉创建

05 按相同方法，通过捕捉功能对图形上下左右各自对应的顶点进行创建，如图3-27所示。

06 单击"捕捉开关"按钮 关闭捕捉，进入"样条线"层级，在"几何体"卷展栏下单击 修剪 按钮，单击不需要的线段，将图形修剪成如图3-28所示的形状。

07 进入"顶点"层级，加选窗格中央左下与右上的顶点，单击鼠标右键，在弹出的快捷菜单中选择"Bezier"命令，如图3-29所示。

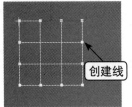
图3-27 创建线

图3-28 修剪线段

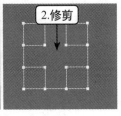
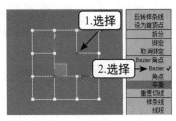
图3-29 选择Bezier

08 将两个顶点用移动工具分别向后移动成为如图3-30所示的形状。

09 在"几何体"卷展栏下单击 **创建线** 按钮，并在工具栏中单击"捕捉开关"按钮 ，以捕捉创建的方式在窗格左上方与右下方的两个顶点中间创建出一条线，如图3-31所示。

10 选择已创建好的图形，在工具栏中单击"镜像"按钮 ，打开"镜像:屏幕 坐标"对话框，在"镜像"栏中选中"Y"单选项，在"克隆当前选择"栏中选中"实例"单选项，最后单击 **确定** 按钮完成镜像，如图3-32所示。

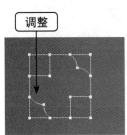
图3-30 调整顶点形状

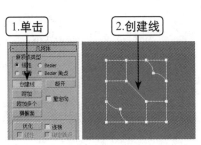
图3-31 创建线

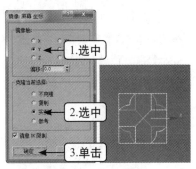
图3-32 镜像图形

11 选择移动工具，移动鼠标捕捉到克隆图形左上角顶点，按住鼠标左键不放拖动鼠标，移动图形并捕捉到原对象右上角顶点将两个图形对齐，如图3-33所示。

12 框选所有对象，继续沿"Y"镜像轴，以"实例"的方式镜像出对象，并以相同的捕捉方式将对象对齐成如图3-34所示的形状。

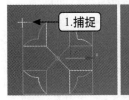
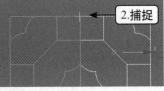
图3-33 对齐图形

图3-34 放置位置

13 单击"捕捉开关"按钮 关闭捕捉。框选所有对象，在修改面板"渲染"卷展栏下分别选中"在渲染中启用"复选框和"在视口中启用"复选框，并选中"径向"单选项，将"厚度"设置为"30"、"边"设置为"6"，完成模型的建立，如图3-35所示。

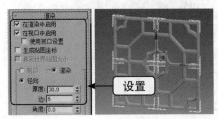
图3-35 创建线

在调整"Bezier"、"Bezier角点"的控制柄时，若出现无法向某一个方向拖动的情况，可通过按【F8】键转换坐标轴约束来解决。

Example 实例 058 铁艺书架

素材文件	光盘/素材/第3章/实例58.max	
效果文件	光盘/效果/第3章/实例58.max	模型图 效果图
动画演示	光盘/视频/第3章/058.swf	
操作重点	渲染样条线（矩形）、线的插入	

在线的末端或始端顶点处插入线后，在插入的顶点处将会与新插入线的起点连接成为一个顶点，此功能可以更加自主和方便地调整样条线的形状。本实例将使用线的插入、渲染样条线命令创建一个铁艺书架，其具体操作如下。

01 打开素材提供的"实例58.max"文件。进入前视图中单击创建起始顶点，利用【Shift】键从下向上创建一条"L"形的线，如图3-36所示。

02 在修改器堆栈中选择"顶点"层级，在"几何体"卷展栏下单击 插入 按钮，如图3-37所示。

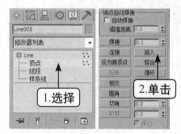

图3-36　创建线　　　　　　　　　图3-37　插入线

03 移动鼠标到线的起始顶点位置重合，单击鼠标插入顶点，继续向右创建出一条螺旋形线，如图3-38所示。完成后单击鼠标右键退出插入顶点的状态。

04 框选线的螺旋形状处全部顶点，单击鼠标右键，在弹出的快捷菜单中选择"Bezier"命令，如图3-39所示。

05 通过调节Bezier的控制柄，将顶点调节至平滑形态，如图3-40所示。

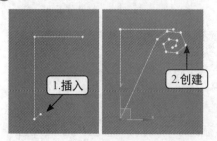

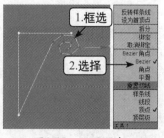

图3-38　创建插入的样条线形状　　　图3-39　设置顶点　　　图3-40　调整顶点

⑥ 退出顶点层级，选中整个对象，以"实例"的方式向上克隆一个对象，并放置在如图3-41所示的位置。

⑦ 框选两个对象，单击"修改"选项卡，在"渲染"卷展栏下分别选中"在渲染中启用"复选框、"在视口中启用"复选框，然后选中"矩形"单选项，并将下面的"长度"设置为"50"，"宽度"设置为"10"，如图3-42所示。

⑧ 在顶视图中框选两个对象，以"实例"的方式向上克隆出两个对象，然后将场景中创建的对象放置好对应的位置，完成模型的建立，如图3-43所示。

图3-41 克隆对象

图3-42 设置对象

图3-43 克隆对象

Example 实例 059 不锈钢水果篮

素材文件	光盘/素材/第3章/实例59.max		
效果文件	光盘/效果/第3章/实例59.max	模型图	效果图
动画演示	光盘/视频/第3章/059.swf		
操作重点	横截面、附加、连接		

横截面、附加和连接功能，可进行复杂的样条线设置，从而在已有的样条线上创建出更加丰富的内容。本实例将使用横截面、附加和连接功能创建不锈钢水果篮模型，其具体操作如下。

① 打开素材提供的"实例59.max"文件。选择场景中的对象，在修改器堆栈中进入"顶点"层级，在顶视图中框选正方形所有顶点，在"几何体"卷展栏的"圆角"文本框中输入"40"，然后单击 圆角 按钮，如图3-44所示。

② 退出顶点层级。进入前视图，以"复制"的方式沿Y轴向下克隆出3个长方形，如图3-45所示。

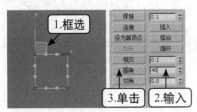

图3-44 设置圆角

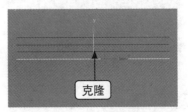

图3-45 克隆对象

③ 单击工具栏中的"选择并均匀缩放"按钮 ，将鼠标指针移至克隆的对象上，按住鼠

标左键不放，在中间三角形区域拖动鼠标依次将克隆出的3个对象缩放成如图3-46所示的形状。

04 进入顶视图，选择最内层的长方形，按住【Shift】键，同时在中间三角形区按住鼠标不放，向内拖动鼠标至适合的位置后释放鼠标，在打开的"克隆选项"对话框中选中"复制"单选项，单击 确定 按钮关闭对话框，然后以相同的方式再向内复制一个图形，如图3-47所示。

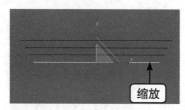

图3-46 缩放克隆对象

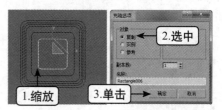

图3-47 缩放复制对象

05 进入透视图，选择最外侧的长方形并切换为"选择并移动"工具。在修改面板中进入"样条线"层级，在"几何体"卷展栏中单击 附加 按钮，依次单击其他长方形，将所有对象附加成一个对象，如图3-48所示。

06 继续在"几何体"卷展栏中单击 横截面 按钮，然后任意选择一列竖排的顶点，从上向下、从外向内，依次单击竖排顶点，如图3-49所示。

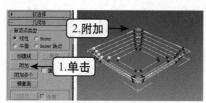

图3-48 附加对象

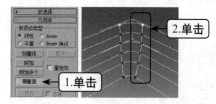

图3-49 创建横截面

07 选择"顶点"层级，在"几何体"卷展栏中单击 连接 按钮，进入顶视图，移动鼠标至最内侧左上角第二个顶点，按住鼠标左键不放，拖动鼠标至右下角的第一个顶点释放鼠标，以相同的方式将最内侧的4个顶点交叉连接至如图3-50所示的形状。

08 在"修改"面板的"渲染"卷展栏中选中"在渲染中启用"复选框和"在视口中启用"复选框，选中"径向"单选项，将"厚度"设置为"5"即可，如图3-51所示。

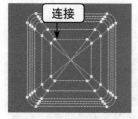

图3-50 连接顶点

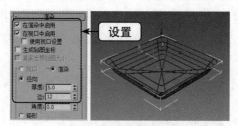

图3-51 渲染样条线

专家课堂

　　选择样条线后，可通过按数字键快速进行对应的层级，其中：【1】键代表顶点层级；【2】键代表线段层级；【3】键代表样条线层级。

Example 实例 060 欧式简易壁画

素材文件	光盘/素材/第3章/实例60.max	
效果文件	光盘/效果/第3章/实例60.max	
动画演示	光盘/视频/第3章/060.swf	
操作重点	线的优化	模型图　效果图

优化功能可实现在线段上任意添加若干顶点的目的，从而便于对线的形状进行调整。本实例将使用线的优化命令配合倒角剖面修改器制作一个欧式简易壁画，其具体操作如下。

01 打开素材提供的"实例60.max"文件。在前视图中选择小的长方形，在修改面板中进入"顶点"层级，在"几何体"卷展栏下单击 优化 按钮，如图3-52所示。

02 在前视图中移动鼠标到长方形右边的线上，单击鼠标添加6个顶点，如图3-53所示。

03 框选所有顶点，单击鼠标右键，在弹出的快捷菜单中选择"角点"命令，如图3-54所示。

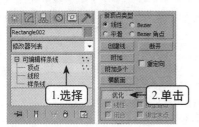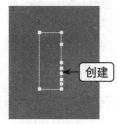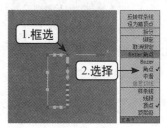

图3-52　选择优化　　图3-53　创建顶点　　图3-54　选择角点

04 用移动工具将顶点调整为如图3-55所示的形状。

05 框选弯曲的顶点，单击鼠标右键，在弹出的快捷菜单中选择"Bezier"命令，并利用控制柄将其调节成如图3-56所示的形状。

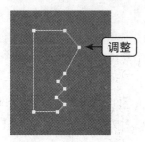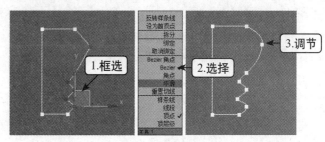

图3-55　调整顶点　　　　　图3-56　调整顶点

06 在前视图中选中大的长方形，在"修改器列表"下拉列表框中选择"倒角剖面"命令，在"参数"卷展栏下单击 拾取剖面 按钮，然后单击编辑后的长方形，如图3-57所示。

07 在工具栏中单击"角度捕捉切换"按钮，然后在其上单击鼠标右键打开"栅格和捕捉设置"对话框，在"角度"文本框中输入"90"，单击"关闭"按钮 x 关闭对话框，如图3-58所示。

08 在修改器堆栈中单击"倒角剖面"选项左侧的"展开"按钮，在展开的列表中选择"剖面Gizmo"层级，如图3-59所示。

图3-57　选择倒角剖面

图3-58　设置角度

图3-59　选择剖面层级

09 使用"选择并旋转"工具在前视图中沿Z轴向左旋转90度，如图3-60所示。

10 接下来在前视图中创建一个长方体，将"长度"、"宽度"、"高度"分别设置为"600"、"1000"、"10"，并把长方体放置在图形中间空的位置，完成模型的创建，如图3-61所示。

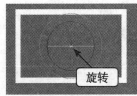
图3-60　旋转剖面

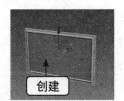
图3-61　创建长方体

Example 实例 061　开关面板

素材文件	光盘/素材/第3章/实例61.max
效果文件	光盘/效果/第3章/实例61.max
动画演示	光盘/视频/第3章/061.swf
操作重点	线的切角、布尔

模型图　　　效果图

切角可将线的顶点切角为两个顶点，并在两个顶点之间切出角点；布尔可在重合样条线中根据选择来剪切出需要的图形。本实例将使用这两个功能配合挤出修改器制作一个开关面板，其具体操作如下。

01 打开素材提供的"实例61.max"文件。在前视图中选择大的长方形，在修改器堆栈中进入"样条线"层级，在"几何体"卷展栏中单击 附加 按钮，然后单击小的长方形，将两个长方形附加成一个图形，如图3-62所示。

02 继续在"样条线"层级保持附加后图形的选中状态，在"几何体"卷展栏下单击"差集"按钮 ，如图3-63所示。

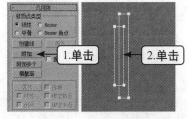
图3-62　附加长方形

图3-63　选择差集

03 选中大的长方形，然后在"几何体"卷展栏下单击 布尔 按钮，再单击小的长方形进行布尔计算，得到如图3-64所示的图形。

04 进入"顶点"层级，同时选中长方形左上角和左下角的顶点，在"几何体"卷展栏下"切角"文本框中输入"6"，然后单击 切角 按钮，如图3-65所示。

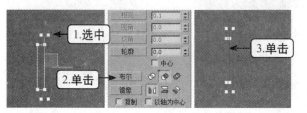
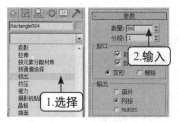

图3-64 差集对象　　　　　　　　　　图3-65 切角

05 在"修改器列表"下拉列表框中选择"挤出"命令，在"参数"卷展栏的"数量"文本框中输入"86"，如图3-66所示。

06 将场景中的开关按钮放置到模型中间，组合成完整的开关，完成模型的建立，如图3-67所示。

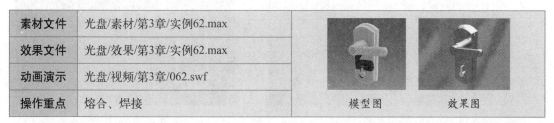

图3-66 挤出对象　　　　　　　　　图3-67 移动模型

专家课堂

除差集外，样条线的布尔运算还包括并集和交集计算，其中并集是指将两个重叠样条线组合成一个样条线，并删除重叠部分；交集是指保留两个样条线的重叠部分，删除不重叠的部分。

Example 实例 062 金属门锁

素材文件	光盘/素材/第3章/实例62.max
效果文件	光盘/效果/第3章/实例62.max
动画演示	光盘/视频/第3章/062.swf
操作重点	熔合、焊接

模型图　　　效果图

熔合与焊接功能是指首先将多个顶点移动到一起，再通过焊接将多个顶点焊接成为一个顶点的操作。本实例将使用熔合、焊接命令配合倒角剖面修改器制作一个金属门锁，其具体操作如下。

01 打开素材提供的"实例62.max"文件。在前视图中单击鼠标创建线的起始顶点，按住【Shift】键不放，向右创建第二个顶点，同时按住鼠标左键不放将直线拖动成如图3-68所示的曲线形状，最后单击鼠标右键完成创建。

02 选中曲线，在工具栏中单击"镜像"按钮，以"复制"的方式沿"Y"镜像轴进行镜像，并将镜像对象放置在原对象下方位置，如图3-69所示。

03 分别在上下弧形线中间位置创建两条直线，如图3-70所示。

图3-68 创建曲线

图3-69 镜像曲线

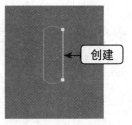
图3-70 创建直线

04 任意选择一条曲线，在修改器堆栈中进入"样条线"层级，在"几何体"卷展栏下单击 附加 按钮，然后分别单击其余线段，将其附加成一个对象。如图3-71所示。

05 选中附加好的对象，在修改器堆栈中进入"顶点"层级，框选左上角顶点，在"几何体"卷展栏中单击 熔合 按钮，然后再单击 焊接 按钮，将其焊接成为一个顶点，用相同的方式将其余3个角的顶点分别进行熔合与焊接，如图3-72所示。

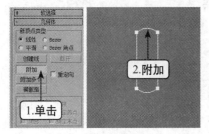
图3-71 附加对象

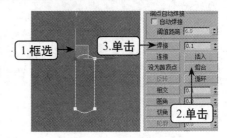
图3-72 熔合与焊接顶点

06 选中对象，在"修改器列表"下拉列表框中选择"倒角剖面"命令，然后在"参数"卷展栏下单击 拾取剖面 按钮，最后单击场景中的剖面，如图3-73所示。

07 最后将场景中的锁把和锁心分别放置在与创建对象对应的位置，完成模型的建立，如图3-74所示。

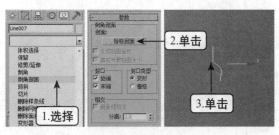
图3-73 倒角剖面

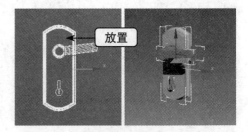
图3-74 移动模型

专家课堂

在"样条线"层级中，通过单击"几何体"卷展栏下的 镜像 按钮，也可对线段实现镜像操作完成，同时还可以选中下方的"复制"、"以轴为中心"复选框进行镜像，其效果和工具栏中的"镜像"工具相同。

素材文件	光盘/素材/第3章/实例63.max
效果文件	光盘/效果/第3章/实例63.max
动画演示	光盘/视频/第3章/063.swf
操作重点	断开

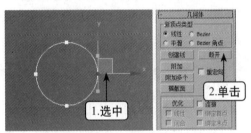

模型图　　　　　效果图

断开功能可实现将选择的顶点拆分为重叠的两个顶点，从而将顶点所在的线段断开。本实例将使用线的断开、焊接命令配合挤出修改器制作一个现代玻璃茶几模型，其具体操作如下。

01 打开素材提供的"实例63.max"文件，在前视图中选中场景中的圆形图形，在修改器堆栈中单击"可编辑样条线"选项左侧的"展开"按钮，在展开的列表中选择"顶点"层级，如图3-75所示。

02 选中圆形右方的顶点，在修改面板"几何体"卷展栏下单击 断开 按钮，如图3-76所示。

图3-75　选择顶点

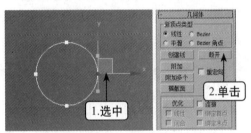

图3-76　断开顶点

03 单击断开处顶点，选中断开后上面的顶点，利用移动工具将其移动成如图3-77所示的形状。

04 选中图形，在工具栏中单击"镜像"按钮，以"复制"的方式沿"X"镜像轴进行镜像，并将镜像出来的图形与原图形放置成如图3-78所示的样子。

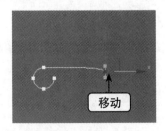

图3-77　移动顶点

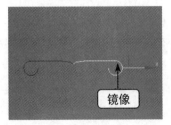

图3-78　镜像并克隆对象

05 选中其中一个图形，在修改器堆栈中进入"样条线"层级，在修改面板"几何体"卷展栏下单击 附加 按钮，然后单击另外一个图形将其附加到一起，如图3-79所示。

06 选中已附加好的图形，进入"顶点"层级，框选中间的两个顶点，在修改面板"几何体"卷展栏下单击 熔合 按钮，然后再单击 焊接 按钮后将两个顶点焊接成为一个顶点，如图3-80所示。

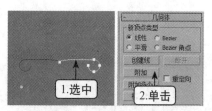

图3-79 附加对象

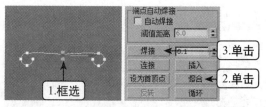

图3-80 焊接顶点

07 选中已焊接好的中间顶点,单击鼠标右键,在弹出的快捷菜单中选择"角点"命令,并将其调整成如图3-81所示的形状。

08 在前视图中按住【Shift】键不放,以从下向上,从左向右的顺序创建一条直线,如图3-82所示。

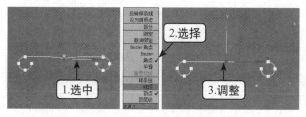

图3-81 调整顶点

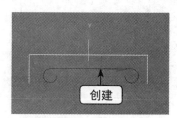

图3-82 创建线

09 选中直线,在修改器堆栈中进入"样条线"层级,在修改面板"几何体"卷展栏下单击 附加 按钮,然后单击下面的对象将其附加到一起,如图3-83所示。

10 选中附加后的对象,在"样条线"层级的修改面板"几何体"卷展栏下"轮廓"文本框中输入数值"80",然后单击 轮廓 按钮,如图3-84所示。

图3-83 附加对象

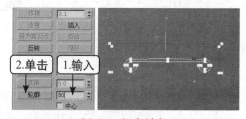

图3-84 轮廓样条线

11 选中对象,进入"顶点"层级,然后框选内侧对象中曲线处的4个顶点,在修改面板"几何体"卷展栏下"圆角"文本框中输入数值"50",最后单击 圆角 按钮,如图3-85所示。

12 最后在"修改器列表"下拉列表框中选择"挤出"命令,在"参数"卷展栏的"数量"文本框中输入"2000",完成模型的建立,如图3-86所示。

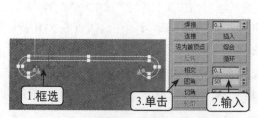

图3-85 圆角顶点

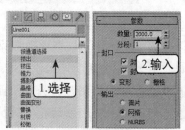

图3-86 挤出对象

Example 实例 064 儿童水杯

素材文件	无
效果文件	光盘/效果/第3章/实例64.max
动画演示	光盘/视频/第3章/064.swf
操作重点	圆

模型图　　　　效果图

圆是由4个顶点创建出来的圆形样条线。本实例将使用样条线建模中的圆并通过倒角剖面命令来创建一个儿童水杯，其具体操作如下。

01 新建场景，在命令面板中单击"创建"选项卡，然后单击"图形"按钮 ，在下拉列表框中选择"样条线"选项，并单击 [线] 按钮。

02 在顶视图中从下向上再向下创建出一条如图3-87所示的线。

03 在修改器堆栈中单击"Line"左侧的 按钮，在下拉列表中选择"顶点"层级，如图3-88所示。

04 继续在顶视图中框选如图3-89所示的顶点，在修改面板"几何体"卷展栏"圆角"文本框中输入"2"，然后单击 [圆角] 按钮。

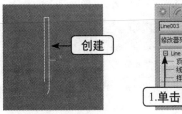

图3-87　创建线

图3-88　选择顶点层级

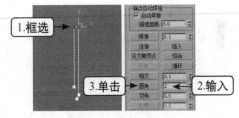

图3-89　圆角顶点

05 继续在顶视图中选中如图3-90所示的顶点，利用移动工具将其向左略微移动。

06 继续在顶视图中选中如图3-91所示的顶点，单击鼠标右键，在弹出的快捷菜单中选择"Bezier"命令。

07 在顶视图中选中如图3-92所示的顶点，利用移动工具将其向左下略微移动位置。

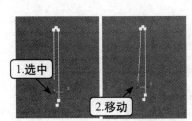

图3-90　移动顶点

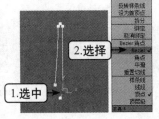

图3-91　更改顶点属性

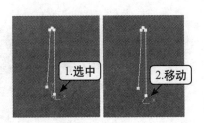

图3-92　移动顶点

08 在命令面板中单击"创建"选项卡，然后单击"图形"按钮🔘，在下拉列表框中选择"样条线"选项，并单击 圆 按钮。

09 在顶视图中创建一个圆，在修改面板中将"半径"设置为"5"，如图3-93所示。

10 选中圆，在"修改器列表"下拉列表框中选择"倒角剖面"命令，然后在修改面板"参数"卷展栏下单击 拾取剖面 按钮，最后单击拾取前面创建的图形，完成模型的建立，如图3-94所示。

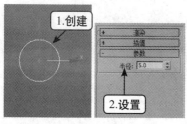

图3-93　创建圆

图3-94　倒角剖面

专家课堂

　　若想一次性附加场景中的所有对象，可在修改面板"几何体"卷展栏单击 附加多个 按钮，打开"附加多个"对话框，单击"选择全部"按钮🔳，单击 附加 按钮即可。

Example **实例** **065** **弧形现代简易沙发**

素材文件	无	
效果文件	光盘/效果/第3章/实例65.max	
动画演示	光盘/视频/第3章/065.swf	
操作重点	弧	
	模型图	效果图

　　使用弧可创建由四个顶点组成的打开和闭合的圆形或弧形。本实例将使用样条线建模中的弧并通过倒角命令来创建一个弧形沙发，其具体操作如下。

01 新建场景，在命令面板中单击"创建"选项卡，然后单击"图形"按钮🔘，在下拉列表框中选择"样条线"选项，并单击 弧 按钮。

02 在顶视图中按住鼠标左键不放创建起始点，向右移动鼠标，释放鼠标并移动鼠标的位置确定弧度，最后单击鼠标完成弧形的创建，如图3-95所示。

03 进入修改面板，在"参数"卷展栏下将"半径"设置为"800"、"从"设置为"0"、"到"设置为"150"，如图3-96所示。

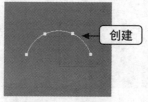

图3-95　创建弧形

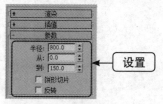

图3-96　设置参数

04 选中图形后单击鼠标右键，在弹出的快捷菜单中选择【转换为】/【转换为可编辑样条线】命令，如图3-97所示。

05 在修改器堆栈中单击"可编辑样条线"选项左侧的"展开"按钮 ■，在展开的列表中选择"样条线"层级，如图3-98所示。

06 在"样条线"层级"几何体"卷展栏下单击 炸开 按钮，如图3-99所示。

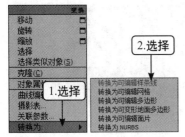

图3-97 转换为可编辑样条线　　　图3-98 进入样条线层级　　　图3-99 炸开样条线

07 框选所有样条线，在"几何体"卷展栏的"轮廓"文本框中输入数值"400"，然后单击 轮廓 按钮，如图3-100所示。

08 在修改器堆栈中选择"样条线"选项，退出样条线层级，在"修改器列表"下拉列表框中选择"倒角"命令，如图3-101所示。

09 在修改面板"倒角值"卷展栏中将"级别1"高度设置为"20"、轮廓设置为"-8"，选中"级别2"复选框，将高度设置为"150"，继续选中"级别3"复选框，将高度设置为"10"、轮廓设置为"-7"，完成模型的建立，如图3-102所示。

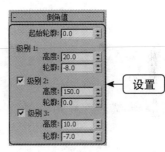

图3-100 轮廓样条线　　　图3-101 倒角命令　　　图3-102 设置倒角值

Example 实例 066　中式抽纸筒

素材文件	无	
效果文件	光盘/效果/第3章/实例66.max	
动画演示	光盘/视频/第3章/066.swf	
操作重点	多边形	模型图　　　效果图

多边形可创建具有任意面数或顶点数的闭合平面或圆形样条线。本实例将使用样条线建模中的多边形并结合倒角剖面命令来创建一个中式抽纸筒，其具体操作如下。

01 新建场景，在命令面板中单击"创建"选项卡，然后单击"图形"按钮 ⬚，在下拉列表框中选择"样条线"选项，并单击 多边形 按钮。

02 在顶视图中创建多边形，进入修改面板，在"参数"卷展栏下将"半径"设置为"50"、"角半径"设置为"5"，如图3-103所示。

03 继续在顶视图中以倒"U"形状为参照，利用【Shift】键创建出一条线，如图3-104所示。

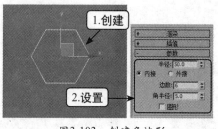 

图3-103　创建多边形　　　　　　　　图3-104　创建线

04 选中多边形，在"修改器列表"下拉列表框中选择"倒角剖面"命令，如图3-105所示。

05 在修改面板"参数"卷展栏下单击 拾取剖面 按钮，然后单击创建出的线，如图3-106所示。

 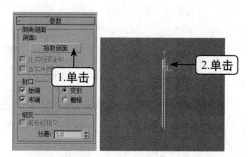

图3-105　倒角剖面　　　　　　　　　图3-106　拾取剖面

06 继续在顶视图中创建一个多边形，将"半径"设置为"53"、"角半径"设置为"5"，如图3-107所示。

07 在上一步创建的多边形中心位置创建一个圆，将圆的"半径"设置为"25"，如图3-108所示。

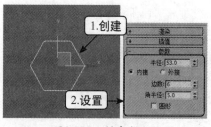 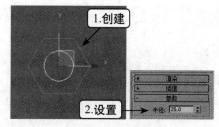

图3-107　创建多边形　　　　　　　　图3-108　创建圆

08 选中圆，在修改器堆栈中的"Cirde"选项上单击鼠标右键，在弹出的快捷菜单中选择"可编辑样条线"命令，如图3-109所示。

09 进入"样条线"层级，在"几何体"卷展栏下单击 附加 按钮，然后单击外侧的多边形后将其附加到一起，如图3-110所示。

图3-109　转换为可编辑样条线

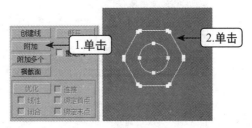
图3-110　附加对象

10 选中附加好的对象，在"修改器列表"下拉列表框中选择"挤出"命令，然后在修改面板中将"数量"设置为"5"，如图3-111所示。

11 最后将两个对象在前视图和顶视图中放置好对应的位置，完成模型的建立，如图3-112所示。

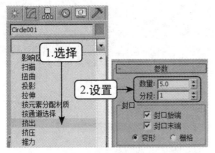
图3-111　挤出样条线

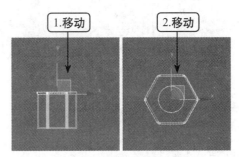
图3-112　放置对象

Example 实例 067　室外广告牌

素材文件	无	
效果文件	光盘/效果/第3章/实例67.max	
动画演示	光盘/视频/第3章/067.swf	
操作重点	文本	

| 模型图 | 效果图 |

文本可创建出各种数字、字母或文字的二维图形，并能对字体进行调整。本实例将使用样条线建模中的文本来创建广告牌模型，其具体操作如下。

01 新建场景，在前视图中创建一个切角长方体，将"长度"、"宽度"、"高度"参数分别设置为"1000"、"3000"、"100"，再将"圆角"参数设置为"5"，如图3-113所示。

02 在命令面板中单击"创建"选项卡，然后单击"图形"按钮，在下拉列表框中选择"样条线"选项，并单击　文本　按钮。

03 在前视图的切角长方体中间单击鼠标创建出文本，在修改面板"参数"卷展栏中将"大小"设置为"600"，然后在"文本"文本框中输入文本"莉莉超市"，如图3-114所示。

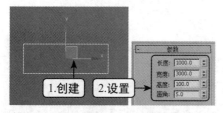
图3-113　创建切角长方体

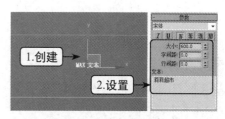
图3-114　创建文本

04 选中文本，在"修改器列表"下拉列表框中选择"挤出"命令，然后在修改面板中将
"数量"设置为"20"，如图3-115所示。

05 在顶视图和前视图中分别放置好文本与切角长方体的对应位置，完成模型的建立，如
图3-116所示。

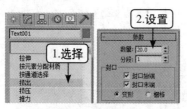
图3-115　挤出文本

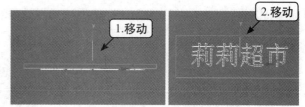
图3-116　放置位置

Example 实例 **068** **蛋形浴缸**

素材文件	无		
效果文件	光盘/效果/第3章/实例68.max		
动画演示	光盘/视频/第3章/068.swf	模型图	效果图
操作重点	Egg		

Egg图形可快速创建出蛋形的二维轮廓。本实例将使用样条线建模中的Egg图形来创建
室内浴缸，其具体操作如下。

01 新建场景，在顶视图中按倒"U"形状为顺序，利用【Shift】键创建出一条线，如
图3-117所示。

02 在修改器堆栈中单击"Line"左侧的　按钮，在下拉列表框中选择"顶点"层级，如
图3-118所示。

03 在顶视图中框选所有顶点，单击鼠标右键，在弹出的快捷菜单中选择"平滑"命令，
如图3-119所示。

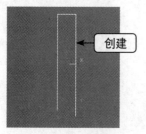
图3-117　创建线

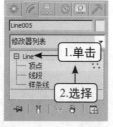
图3-118　选择顶点层级

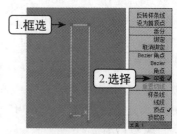
图3-119　平滑顶点

04 利用移动工具将顶点调整为如图3-120所示的形状。

05 在命令面板中单击"创建"选项卡，然后单击"图形"按钮，在下拉列表框中选择"样条线"选项，并单击 Egg 按钮。

06 在顶视图中创建Egg图形，在修改面板"参数"卷展栏下将"长度"设置为"1000"，取消选中"轮廓"复选框，然后将"角度"设置为"180"，如图3-121所示。

07 选中Egg图形，在"修改器列表"下拉列表框中选择"倒角剖面"命令，然后单击 拾取剖面 按钮，再单击创建的线，完成模型的建立，如图3-122所示。

图3-120 移动顶点

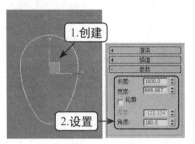

图3-121 创建Egg

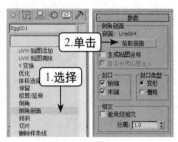

图3-122 倒角剖面

Example 实例 069 现代卧室门

素材文件	无
效果文件	光盘/效果/第3章/实例69.max
动画演示	光盘/视频/第3章/069.swf
操作重点	矩形

| 模型图 | 效果图 |

矩形是样条线建模中最常用的样条线图形之一，它能快速创建出各种矩形和正方形，并能方便地进行圆角、切角等处理。本实例将使用样条线建模中的矩形来创建室内卧室门，其具体操作如下。

01 新建场景，在命令面板中单击"创建"选项卡，然后单击"图形"按钮，在下拉列表框中选择"样条线"选项，并单击 矩形 按钮。

02 在前视图中创建矩形，在修改面板"参数"卷展栏中将"长度"设置为"2100"、"宽度"设置为"900"，如图3-123所示。

03 在矩形中间继续创建一个小的矩形，并将"长度"、"宽度"分别设置为"200"、"400"，然后将其放在如图3-124所示的位置。

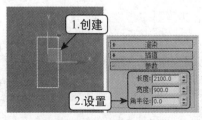

图3-123 创建矩形

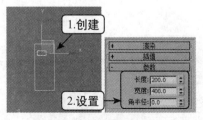

图3-124 创建矩形

04 选中小的矩形，以"实例"的方式向下克隆出3个矩形，如图3-125所示。

05 选中大的矩形，在修改器堆栈中的"Rectangle"选项上单击鼠标右键，在弹出的快捷菜单中选择"可编辑样条线"命令，如图3-126所示。

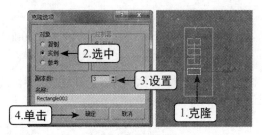

图3-125 克隆矩形

图3-126 转换可编辑样条线

06 继续在修改器堆栈中单击"可编辑样条线"选项左侧的"展开"按钮，在展开的列表中选择"样条线"层级，如图3-127所示。

07 在修改器面板"几何体"卷展栏下单击 附加 按钮，然后分别单击中间的所有小的矩形，将其附加到一起，如图3-128所示。

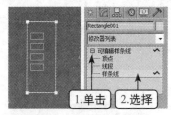

图3-127 选择样条线层级

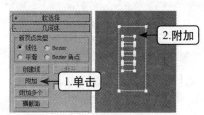

图3-128 附加矩形

08 选中附加好的对象，在"修改器列表"下拉列表框中选择"挤出"命令，然后在修改面板中将"数量"设置为"50"，如图3-129所示。

09 在前视图中继续创建矩形，并将"长度"、"宽度"分别设置为"1200"、"500"，然后将其放置在如图3-130所示的位置。

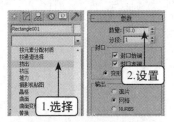

图3-129 挤出图形

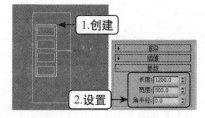

图3-130 创建矩形

10 以相同方法挤出创建的矩形，并将挤出"数量"设置为"10"，如图3-131所示。

11 在顶视图中将挤出的矩形放置在中间位置，完成模型的建立，如图3-132所示。

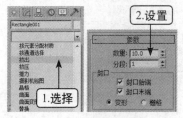

图3-131 挤出图形

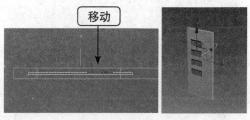

图3-132 放置位置

Example 实例 070 梳妆镜

素材文件	无
效果文件	光盘/效果/第3章/实例70.max
动画演示	光盘/视频/第3章/070.swf
操作重点	椭圆

模型图　　　　效果图

椭圆可创建出椭圆形和圆形的样条线，并可通过转换为样条线后快速制作其他曲线图形。本实例将使用样条线建模中的椭圆来创建梳妆镜，其具体操作如下。

01 新建场景，在命令面板中单击"创建"选项卡，然后单击"图形"按钮，在下拉列表框中选择"样条线"选项，并单击 椭圆 按钮。

02 在前视图中创建出椭圆形，在修改面板"参数"卷展栏中将"长度"设置为"80"、"宽度"设置为"60"，如图3-133所示。

03 继续在前视图中从上向下创建一条曲线，如图3-134所示。

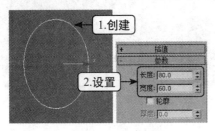

图3-133　创建椭圆

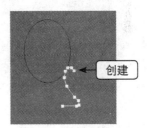

图3-134　创建线

04 选中曲线，在修改器堆栈中单击"Line"选项左侧的"展开"按钮，在展开的列表中选择"顶点"层级，如图3-135所示。

05 框选所有顶点，单击鼠标右键，在弹出的快捷菜单中选择"Bezier"命令，并通过控制柄将其调节成如图3-136所示的形状，并放置在椭圆形的右下角。

图3-135　选择顶点层级

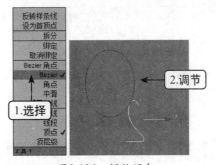

图3-136　调整顶点

06 选中曲线，在工具栏中单击"镜像"按钮，在打开的对话框中以"复制"的方式沿"X"镜像轴对其镜像，并将镜像好的对象放置在椭圆的左下角位置，如图3-137所示。

07 选中其中一条曲线，在修改器堆栈中选择"样条线"层级，在修改面板"几何体"卷展栏下单击 附加 按钮，然后分别单击椭圆形与另一条曲线将其附加在一起，如图3-138所示。

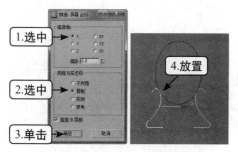

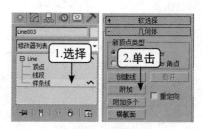

图3-137　镜像对象　　　　　　　　　　图3-138　附加对象

08　选中附加好的对象，在修改面板"渲染"卷展栏下选中"在渲染中启用"复选框与"在视口中启用"复选框，然后选中"径向"单选项，将"厚度"设置为"3"，如图3-139所示。

09　切换到顶视图中创建一个球体，在修改面板中将"半球"参数设置为"0.6"，并将球体在前视图中放到如图3-140所示的位置。

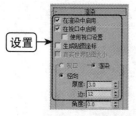

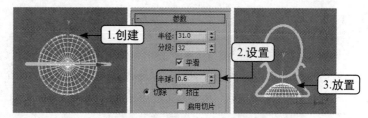

图3-139　渲染样条线　　　　　　　图3-140　创建半球体

10　在前视图中创建椭圆，将"长度"与"宽度"分别设置为"80"、"60"，然后在"修改器列表"下拉列表框中选择"挤出"命令，将挤出"数量"设置为"1"，如图3-141所示。

11　最后在顶视图与前视图中分别将挤出对象放置在椭圆中间位置，完成模型的建立，如图3-142所示。

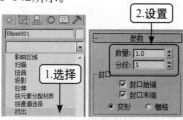

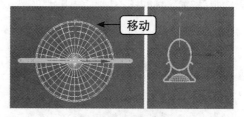

图3-141　挤出对象　　　　　　　图3-142　放置对象

Example 实例 071　现代餐厅吊灯

素材文件	无		
效果文件	光盘/效果/第3章/实例71.max	模型图	效果图
动画演示	光盘/视频/第3章/071.swf		
操作重点	圆环		

　　圆环可以通过两个同心圆创建封闭的形状。本实例将使用样条线建模中的圆环来创建现代餐厅吊灯模型，其具体操作如下。

01 新建场景，在命令面板中单击"创建"选项卡，然后单击"图形"按钮，在下拉列表框中选择"样条线"选项，并单击 圆环 按钮。

02 在顶视图中创建出圆环，在修改面板"参数"卷展栏下将"半径1"设置为"35"、"半径2"设置为"15"，如图3-143所示。

03 选中圆环，在修改器堆栈中的"Donut"选项上单击鼠标右键，在弹出的快捷菜单中选择"可编辑样条线"命令，如图3-144所示。

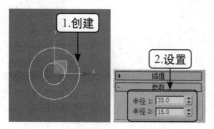

图3-143　创建圆环

图3-144　转换为可编辑样条线

04 在修改器堆栈"可编辑样条线"中选择"顶点"层级，然后在顶视图中框选圆环中间内圆的全部顶点，切换到前视图，利用移动工具沿Z轴向上移动顶点至如图3-145所示的位置。

05 在"修改器列表"下拉列表框中选择"挤出"命令，并将挤出"数量"设置为"30"，如图3-146所示。

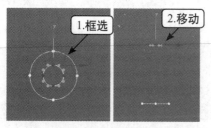

图3-145　移动顶点

图3-146　挤出对象

06 选中图形，在顶视图中以"实例"的方式克隆出两个图形，后将3个图形在顶视图与前视图中分别放置到如图3-147所示的对应位置。

07 进入前视图，以从上向下的方式分别创建3条曲线，将线段结束于挤出图形中间位置，并在顶视图中将其分别放置在内圆中间，如图3-148所示。

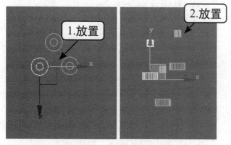

图3-147　克隆放置对象

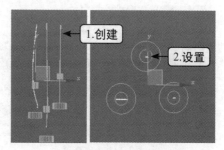

图3-148　创建线段

08 任意选中其中一条曲线，在修改器面板"渲染"卷展栏分别选中"在渲染中启用"复选框与"在视口中启用"复选框，然后选中"径向"单选项，将"厚度"设置为"2"、"边"设置为"20"，利用相同的方法对剩余的两条曲线进行以上操作，如图3-149所示。

09 在顶视图中创建出一个圆柱体，将"半径"设置为"120"、"高度"设置为"20"、"边数"设置为"32"，最后在前视图中放置好它的位置，完成模型的建立，如图3-150所示。

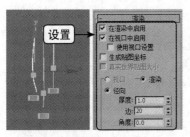
图3-149　渲染样条线

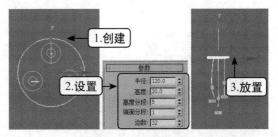
图3-150　创建圆柱体

Example 实例 072　金属齿轮

素材文件	无
效果文件	光盘/效果/第3章/实例72.max
动画演示	光盘/视频/第3章/072.swf
操作重点	星形

模型图	效果图

星形可以创建具有很多点的闭合星形样条线，并可通过两个半径来设置外点和内谷之间的距离。本实例将使用样条线建模中的星形来创建金属齿轮模型，其具体操作如下。

01 新建场景，在命令面板中单击"创建"选项卡，然后单击"图形"按钮，在下拉列表框中选择"样条线"选项，并单击 星形 按钮。

02 在顶视图中创建出星形，在修改面板"参数"卷展栏中将"半径1"设置为"40"、"半径2"设置为"30"、"点"设置为"40"、"圆角半径1"和"圆角半径2"均设置为"2"，如图3-151所示。

03 选中星形，在"修改器列表"下拉列表框中选择"挤出"命令，并将挤出"数量"设置为"20"，完成模型的建立，如图3-152所示。

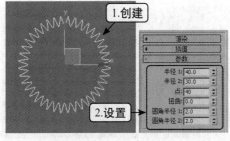
图3-151　创建星形

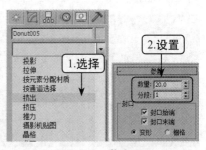
图3-152　挤出星形

073 **吊牌钥匙扣**

素材文件	光盘/素材/第3章/实例73.max	
效果文件	光盘/效果/第3章/实例73.max	
动画演示	光盘/视频/第3章/073.swf	
操作重点	螺旋线	

| | 模型图 | 效果图 |

螺旋线可直接创建出三维的螺旋样条线，类似于弹簧造型。本实例将使用样条线建模中的螺旋线来创建钥匙扣模型，其具体操作如下。

01 打开素材提供的"实例73.max"文件，在命令面板中单击"创建"选项卡，然后单击"图形"按钮 ，在下拉列表框中选择"样条线"选项，并单击 螺旋线 按钮。

02 在顶视图中创建螺旋线，进入修改面板"参数"卷展栏下将"半径1"与"半径2"均设置为"30"，"高度"设置为"3"，"圈数"设置为"2"，如图3-153所示。

03 切换到前视图中创建出矩形，将矩形"长度"设置为"20"、"宽度"设置为"130"，并放置在如图3-154所示的位置。

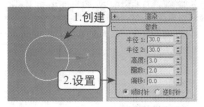

图3-153　创建螺旋线

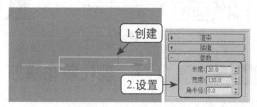

图3-154　创建矩形

04 选中螺旋线，在修改面板"渲染"卷展栏中分别选中"在渲染中启用"复选框与"在视口中启用"复选框，然后选中"径向"单选项，将"厚度"设置为"3"，如图3-155所示。

05 选中矩形，在修改器堆栈的"Rectangle"选项上单击鼠标右键，在弹出的快捷菜单中选择"可编辑样条线"命令，如图3-156所示。

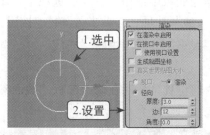

图3-155　渲染样条线

图3-156　转换为可编辑样条线

06 继续在修改器堆栈"可编辑样条线"中选择"顶点"层级，然后框选矩形全部顶点并单击鼠标右键，在弹出的快捷菜单中选择"平滑"命令，如图3-157所示。

07 进入"样条线"层级，在"几何体"卷展栏下"轮廓"文本框中输入"1"，然后单击 轮廓 按钮，如图3-158所示。

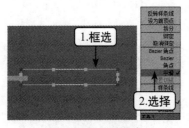

图3-157 平滑顶点

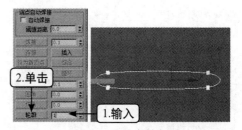

图3-158 轮廓样条线

08 选中矩形，在"修改器列表"下拉列表框中选择"挤出"命令，并将挤出"数量"设置为"30"，如图3-159所示。

09 最后将螺旋线和矩形在顶视图中放置好对应的位置，再将素材提供的对象放置在如图3-160所示的位置，完成模型的建立。

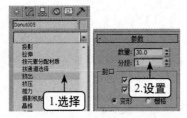

图3-159 挤出图形

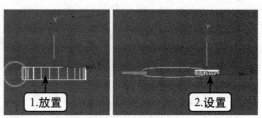

图3-160 放置对象

Example 实例 **074 现代雕花隔断**

素材文件	光盘/素材/第3章/实例74.max	
效果文件	光盘/效果/第3章/实例74.max	
动画演示	光盘/视频/第3章/074.swf	
操作重点	截面	模型图　　　效果图

　　截面可以通过网格对象基于横截面切片生成样条线图形。本实例将使用样条线建模中的截面来创建雕花隔断，其具体操作如下。

01 打开素材提供的"实例74.max"文件，在命令面板中单击"创建"选项卡，然后单击"图形"按钮，在下拉列表框中选择"样条线"选项，并单击 截面 按钮。

02 在前视图中创建截面，在修改器面板"截面大小"卷展栏中将"长度"、"宽度"均设置为"3000"，如图3-161所示。

03 在顶视图中将截面移动到提供素材图形的中间位置，然后在修改面板"截面参数"卷展栏中单击 创建图形 按钮，如图3-162所示。

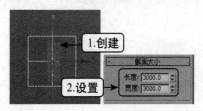

图3-161 创建截面

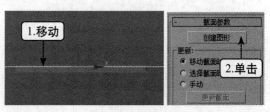

图3-162 创建图形

04 打开"命名截面图形"对话框，在"名称"文本框中输入"雕花"，然后单击 确定 按钮，如图3-163所示。

05 按【Delete】键分别删除截面与素材提供的图形，保留截面创建出来的图形，然后在前视图中创建一个矩形，将"长度"设置为"2400"、"宽度"设置为"800"，如图3-164所示。

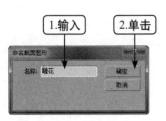

图3-163　创建图形

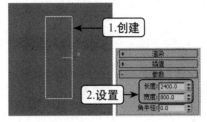

图3-164　创建矩形

06 在前视图与顶视图中将矩形与截面图形放置好对应的位置，如图3-165所示。

07 选中截面图形，在修改面板"几何体"卷展栏中单击 附加 按钮，然后再单击矩形将其附加到一起，如图3-166所示。

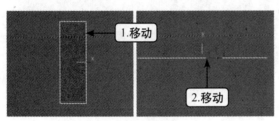

图3-165　放置位置

图3-166　附加对象

08 选中附加好的对象，在"修改器列表"下拉列表框中选择"挤出"命令，如图3-167所示。

09 在修改面板"参数"卷展栏中将"数量"设置为"13"，完成模型的建立，如图3-168所示。

图3-167　选择挤出命令

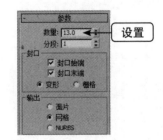

图3-168　设置挤出参数

专家解疑

1. 问：怎样才能不通过增加顶点属性或调节顶点，就能直接在视图中创建出带有曲率的曲线？

答：线的创建可通过两种创建方式分别创建出笔直的线与带有曲率的曲线。第一种在单击线的起点后按住【Shift】键，移动鼠标创建下一个顶点，就可在两个顶点之间创建出笔直的线；还可以单击线的起点后移动鼠标，按住鼠标左键不放并拖动鼠标创建第二个顶点，此时可将两个顶点之间的线段调整成需要的曲线，曲线的曲率根据拖动鼠标的范围来进行调节。得到想要的曲线后释放鼠标，继续移动鼠标，在创建下一个顶点时，仍然会保持曲线状态，以此向下创建就可以创建出曲线。

2. 问：更改顶点类型时，发现提供的类型包括"角点"、"平滑"、"Bezier"、"Bezier角点"等选项，它们之间有什么区别呢？

答：当顶点的属性为"角点"时，它所在的样条线位置会呈现锐角的转角形状；当顶点的属性为"平滑"时，它所在的样条线位置可呈现平滑连续的曲线，曲线的曲率是由相邻顶点的间距决定的；当顶点的属性为"Bezier"时，它所在的样条线位置会形成带有锁定连续切线控制柄的曲线，通过控制柄可调节相邻顶点中间的线段，它主要用于创建并调节平滑曲线，曲线曲率由切线控制柄的方向和量级确定；当顶点的属性为"Bezier角点"时，它所在的样条线位置呈现不连续的切线控制柄，通过控制柄可调节相邻顶点中间的线段，主要用于创建并调节锐角转角，如图3-165所示。

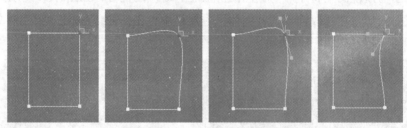

图3-165   顶点的4种属性

3. 问：为什么在选中两个以上顶点后单击 焊接 按钮不能将这些顶点焊接到一起呢？

答：在选择两个以上顶点后单击 焊接 按钮不能进行焊接，主要是因为在修改面板"几何体"卷展栏的 焊接 按钮右侧有一个文本框，这里的数字代表需要焊接的顶点之间的距离，如遇到单击按钮后不能进行焊接的情况时，就代表需焊接顶点之间的距离没有在焊接距离内，此时可通过调整文本框中数值，重新对顶点进行焊接即可。

第4章
复合对象建模

复合对象建模是将两个或多个模型对象，通过各种3ds Max预设的复合建模功能，得到一个对象的建模方法。熟练地运用复合对象建模可有效地缩短建模时间。复合对象建模工具主要包括变形、一致、方向、布尔以及ProBoolean等，下面将通过大量实例对复合对象建模的操作进行详细介绍。

Example 实例 075 简易收纳箱

素材文件	无	
效果文件	光盘/效果/第4章/实例75.max	
动画演示	光盘/视频/第4章/075.swf	
操作重点	一致	模型图　　　　　效果图

一致复合对象可通过一个对象的顶点投影至另一个对象，实现对其严密的包裹覆盖。本实例将使用一致复合对象来创建简易的收纳箱模型，其具体操作如下。

01 新建场景，在顶视图中创建一个切角长方体，将"长度"、"宽度"、"高度"分别设置为"250"、"250"、"170"，"圆角"设置为"3"，如图4-1所示。

02 继续在顶视图中创建切角长方体，将"长度"、"宽度"、"高度"分别设置为"350"、"350"、"15"，"圆角"设置为"3"，同时将"长度分段"设置为"30"、"宽度分段"设置为"30"、"高度分段"设置为"10"，如图4-2所示。

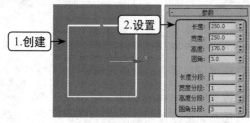
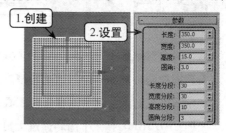

图4-1　创建切角长方体　　　　　　图4-2　创建切角长方体

03 切换到前视图，将大的长方体放置在小的长方体上方，并贴近于表面，如图4-3所示。

04 选中大的长方体，在命令面板中单击"创建"选项卡，然后单击"几何体"按钮 ◎ ，在下拉列表框中选择"复合对象"选项，并单击 一致 按钮。

05 在修改面板"拾取包裹到对象"卷展栏中单击 拾取包裹对象 按钮，然后单击拾取下面的长方体，如图4-4所示。

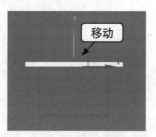
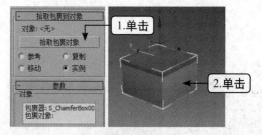

图4-3　放置位置　　　　　　图4-4　拾取包裹对象

06 在修改面板"参数"卷展栏中选中"指向包裹对象中心"单选项，并将"间隔距离"设置为"5"，然后选中"隐藏包裹对象"复选框，如图4-5所示。

07 回到顶视图中创建一个长方体，将"长度"、"宽度"、"高度"分别设置为"10"、"20"、"5"，并将其放置在如图4-6所示的位置作为标签，完成模型的建立。

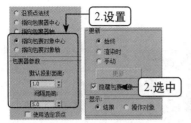

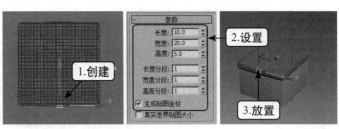

图4-5 设置参数   图4-6 创建长方体

Example **实例** 076 **沙发软垫**

素材文件	无		
效果文件	光盘/效果/第4章/实例76.max	模型图	效果图
动画演示	光盘/视频/第4章/076.swf		
操作重点	水滴网格		

　　水滴网格复合对象可以通过几何体或粒子创建一组球体。本实例将使用水滴网格复合对象来创建沙发软垫模型，其具体操作如下。

01 新建场景，在顶视图中创建出平面，将平面的"长度"、"宽度"均设置为"100"，"长度分段"设置为"4"，"宽度分段"设置为"4"，如图4-7所示。

02 在命令面板中单击"创建"选项卡，然后单击"几何体"按钮◎，在下拉列表框中选择"复合对象"选项，并单击 水滴网格 按钮。

03 在顶视图中单击鼠标创建出水滴网格，进入修改面板在"参数"卷展栏中"水滴对象"栏下单击 拾取 按钮，如图4-8所示。

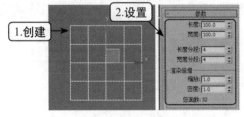

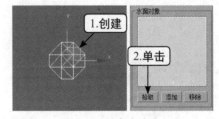

图4-7 创建平面   图4-8 创建水滴网格

04 单击鼠标拾取平面，如图4-9所示。

05 进入修改面板，在"参数"卷展栏中将"大小"设置为"27"，完成模型的建立，如图4-10所示。

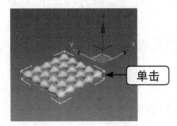

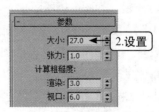

图4-9 拾取平面   图4-10 设置参数

素材文件	无	
效果文件	光盘/效果/第4章/实例77.max	模型图　　　　　　　　效果图
动画演示	光盘/视频/第4章/077.swf	
操作重点	布尔差集A－B	

复合对象布尔差集A－B是指在两个重合的几何体对象上，保留A物体减去与B物体相交部分的体积。本实例将使用复合对象布尔差集A－B来创建时尚钥匙牌模型，其具体操作如下。

01 新建场景，在前视图中创建出切角长方体，并将"长度"、"宽度"、"高度"分别设置为"60"、"100"、"5"，"圆角"设置为"2"，如图4-11所示。

02 继续在切角长方体中间创建星形，将"半径1"设置为"25"，"半径2"设置为"10"，如图4-12所示。

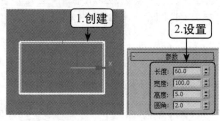

图4-11　创建切角长方体

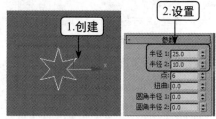

图4-12　创建星形

03 在切角长方体左边中间位置创建一个圆，并将"半径"设置为"4"，如图4-13所示。

04 选中圆，在修改器堆栈的"Cirde"选项上单击鼠标右键，在弹出的快捷菜单中选择"可编辑样条线"命令，如图4-14所示。

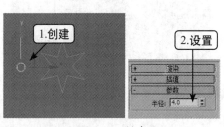

图4-13　创建圆

图4-14　转换为可编辑样条线

05 进入样条线修改面板，在"几何体"卷展栏下单击 ▢附加▢ 按钮，然后单击星形将其附加到一起，如图4-15所示。

06 选中附加好的对象，在"修改器列表"下拉列表框中选择"挤出"命令，并将挤出"数量"设置为"20"，如图4-16所示。

07 将挤出的对象在顶视图中放进长方体内，选中长方体，在命令面板中单击"创建"选项卡，然后单击"几何体"按钮 ▢，在下拉列表框中选择"复合对象"选项，并单击 ▢布尔▢ 按钮。

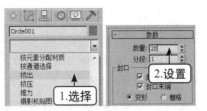

图4-15　附加对象　　　　　　　　　图4-16　挤出对象

08 进入修改面板，在"操作"卷展栏中选中"差集(A－B)"单选项，然后在"拾取布尔"卷展栏中单击 拾取操作对象B 按钮，再单击前面挤出的对象，如图4-17所示。

09 继续在顶视图中创建螺旋线，将"半径1"、"半径2"均设置为"22"，"高度"设置为"3"，"圈数"设置为"2"，如图4-18所示。

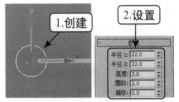

图4-17　布尔运算　　　　　　　　　图4-18　创建螺旋线

10 选中螺旋线，在修改面板"渲染"卷展栏中同时选中"在渲染中启用"复选框和"在视口中启用"复选框，然后选中"径向"单选项，将"厚度"设置为"2"，如图4-19所示。

11 最后将创建好的螺旋线放入长方体圆孔位置，完成模型的建立，如图4-20所示。

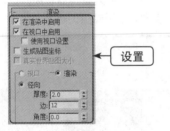

图4-19　渲染螺旋线　　　　　　　　图4-20　放置位置

Example 实例 078 户外石雕

素材文件	光盘/素材/第4章/实例78.max		
效果文件	光盘/效果/第4章/实例78.max		
动画演示	光盘/视频/第4章/078.swf		
操作重点	布尔并集	模型图	效果图

　　复合对象布尔并集是将两个几何体对象进行合并操作，保留两个对象的体积，并删除这些对象的相交部分或重叠部分。本实例将使用复合对象布尔并集来创建户外石雕模型，其具体操作如下。

01 打开素材提供的"实例78.max"文件。在前视图中创建长方体,将"长度"、"宽度"、"高度"分别设置为"1500"、"4000"、"200",如图4-21所示。

02 在前视图中将场景中的原对象放置在长方体的中间,在顶视图中放置到长方体表面位置,如图4-22所示。

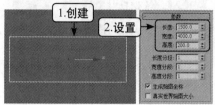

图4-21 创建长方体

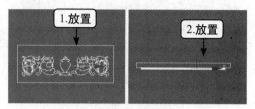

图4-22 放置位置

03 选中长方体,在命令面板中单击"创建"选项卡,然后单击"几何体"按钮 🔘 ,在下拉列表框中选择"复合对象"选项,并单击 布尔 按钮。

04 在修改面板"拾取布尔"卷展栏中"操作"卷展栏下选中"并集"单选项,然后继续在"拾取布尔"栏中单击 拾取操作对象B 按钮,再单击场景中的原对象,完成模型的建立,如图4-23所示。

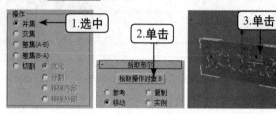

图4-23 并集对象

专家课堂

对于复杂模型的布尔运算,结果生成的模型中可能出现大量的点和线,此时可在修改面板"显示/更新"卷展栏中更改更新方式,减少每次修改模型后电脑的运算负担。

Example **实例** 079 **象棋棋子**

素材文件	无	
效果文件	光盘/效果/第4章/实例79.max	
动画演示	光盘/视频/第4章/079.swf	
操作重点	布尔交集	
	模型图	效果图

复合对象布尔交集可将两个几何体对象重叠的位置合并,并去除不重叠的位置。本实例将使用复合对象布尔交集来创建象棋模型,其具体操作如下。

01 新建场景,在顶视图中创建一个文本,在修改面板"参数"卷展栏中下拉列表中选择"隶书"字体,在"大小"文本框中输入"120",在"文本"文字框中输入"车",如图4-24所示。

02 选中文本,在"修改器列表"下拉列表框中选择"挤出"命令,并在修改面板"参数"卷展栏中将"数量"设置为"10",如图4-25所示。

03 在顶视图中创建长方体,将"长度"、"宽度"、"高度"分别设置为"200"、"200"、"100",如图4-26所示。

04 继续在顶视图中创建球体，并将"半径"设置为"90"，如图4-27所示。

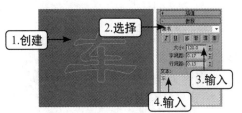

图4-24　创建文本

图4-25　挤出文本

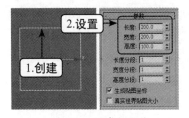

图4-26　创建长方体

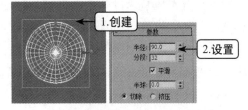

图4-27　创建球体

05 通过对齐功能，在顶视图与前视图中将球体放置在长方体中心位置，如图4-28所示。

06 选中长方体，在命令面板中单击"创建"选项卡，然后单击"几何体"按钮 ，在下拉列表框中选择"复合对象"选项，并单击 布尔 按钮。

07 进入修改面板，在"拾取布尔"卷展栏中"操作"卷展栏下选中"交集"单选项，然后继续在"拾取布尔"栏中单击 拾取操作对象B 按钮，再单击球体，如图4-29所示。

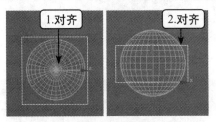

图4-28　放置位置

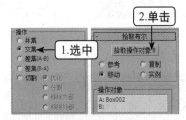

图4-29　交集对象

08 在顶视图中将文本放置在球体中间，同时在前视图中将其放置在球体上方，并部分重合对象，如图4-30所示。

09 选中球体，在命令面板中单击"创建"选项卡，然后单击"几何体"按钮 ，在下拉列表框中选择"复合对象"选项，并单击 布尔 按钮。

10 在修改面板"拾取布尔"卷展栏中"操作"卷展栏下选中"差集（A－B）"单选项，然后继续在"拾取布尔"栏中单击 拾取操作对象B 按钮，再单击素材提供文件图形，完成模型的建立，如图4-31所示。

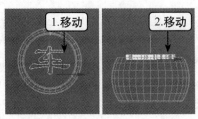

图4-30　放置位置

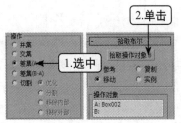

图4-31　差集对象

080 玻璃啤酒杯

素材文件	无		
效果文件	光盘/效果/第4章/实例80.max	模型图	效果图
动画演示	光盘/视频/第4章/080.swf		
操作重点	放样		

　　放样复合对象是通过两个图形对象，让图形对象沿路径对象进行创建。本实例将通过放样复合对象创建玻璃啤酒杯模型，其具体操作如下。

01 新建场景，在前视图中从上至下创建一条线，如图4-32所示。

02 在修改面板修改器堆栈中单击"Line"左侧的■按钮，在下拉列表框中选择"顶点"层级，如图4-33所示。

03 在前视图中加选如图4-34所示的顶点，在修改面板"几何体"卷展栏"圆角"文本框中输入"5"，然后单击 圆角 按钮。

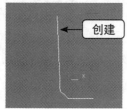
图4-32　创建线

图4-33　选择顶点层级

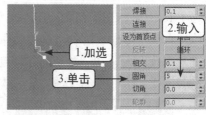
图4-34　顶点圆角

04 进入样条线层级，在修改面板"几何体"卷展栏"轮廓"文本框中输入"5"，然后单击 轮廓 按钮，如图4-35所示。

05 进入顶点层级，在前视图中框选如图4-36所示的顶点，在修改面板"几何体"卷展栏中"圆角"文本框中输入"2"，然后单击 圆角 按钮。

06 退出顶点层级，在"修改器列表"下拉列表框中选择"车削"命令，如图4-37所示。

图4-35　轮廓样条线

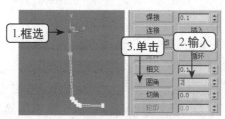
图4-36　顶点圆角

图4-37　选择车削命令

07 在修改器堆栈中单击"车削"左侧的■按钮，在下拉列表中选择"轴"层级，如图4-38所示。

08 利用移动工具将轴向右移动，将图形移动成如图4-39所示的形状。

09 退出轴层级。继续在前视图中从上至下创建如图4-40所示的样条线。

图4-38　选择轴层级

⑩ 在修改器堆栈中选择"顶点"层级，框选线的所有顶点，单击鼠标右键，在弹出的快捷菜单中选择"Bezier"命令，并利用选择工具拖动控制柄将顶点调节成如图4-41所示的形状。

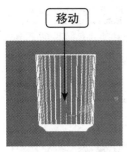 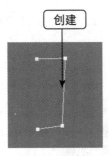 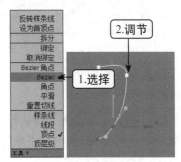

图4-39　移动轴　　　　　图4-40　创建线　　　　　图4-41　调整图形

⑪ 在顶视图中创建一个矩形，将矩形"长度"、"宽度"分别设置为"20"、"10"，如图4-42所示。

⑫ 选中创建好的线，在命令面板中单击"创建"选项卡，然后单击"几何体"按钮 ◯，在下拉列表框中选择"复合对象"选项，并单击 放样 按钮。

⑬ 在修改面板"创建方法"卷展栏中单击 获取图形 按钮，然后再单击矩形获取，最后将放样好的图形与杯子放置好对应的位置，完成模型的建立，如图4-43所示。

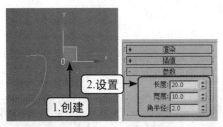 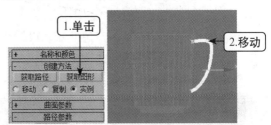

图4-42　创建矩形　　　　　　　　　　　图4-43　放样

Example 实例 081　餐桌布

素材文件	无		
效果文件	光盘/效果/第4章/实例81.max	模型图	效果图
动画演示	光盘/视频/第4章/081.swf		
操作重点	多截面放样		

多截面放样在放样的基础上可选择一个或多个截面图形进行放样。本实例将通过多截面放样来创建餐桌布模型，其具体操作如下。

⓵ 新建场景，在顶视图中创建一个矩形，将"长度"、"宽度"分别设置为"700"、"1200"，"角半径"设置为"3"。如图4-44所示。

⓶ 选中矩形，单击鼠标右键，在弹出的快捷菜单中选择【转换为】/【转换为可编辑样条线】命令，如图4-45所示。

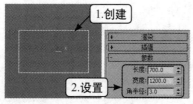

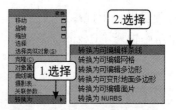

图4-44　创建矩形　　　　　　　　　　　　　　图4-45　转换为可编辑样条线

03 在修改器堆栈中单击"可编辑样条线"左侧的 █ 按钮，在下拉列表中选择"顶点"层级，如图4-46所示。

04 在修改面板"几何体"卷展栏中单击 优化 按钮，如图4-47所示。

05 然后在矩形的4条线上单击鼠标任意插入一些顶点，如图4-48所示。

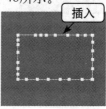

图4-46　选择顶点层级　　　　　　图4-47　优化　　　　　　图4-48　插入顶点

06 利用移动工具分别移动顶点将矩形调节至如图4-49所示的形状，然后框选所有顶点，单击鼠标右键，在弹出的快捷菜单中选择"平滑"命令。

07 退出顶点层级，在顶视图中创建一个矩形，将"长度"、"宽度"分别设置为"700"、"1200"，"角半径"设置为"3"，如图4-50所示。

08 在前视图中按住【Shift】键，从上向下创建一条直线，如图4-51所示。

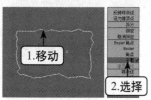

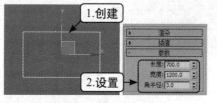

图4-49　移动并平滑顶点　　　　　　图4-50　创建矩形　　　　　　图4-51　创建直线

09 选中创建好的直线，在命令面板中单击"创建"选项卡，然后单击"几何体"按钮 ◯，在下拉列表框中选择"复合对象"选项，并单击 放样 按钮。

10 在修改面板"创建方法"卷展栏中单击 获取图形 按钮，然后再单击矩形获取，如图4-52所示。

11 继续在修改面板"路径参数"卷展栏中"路径"文本框中输入"80"，再次在"创建方法"卷展栏中单击 获取图形 按钮，最后单击调整过的矩形，完成模型的建立，如图4-53所示。

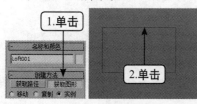

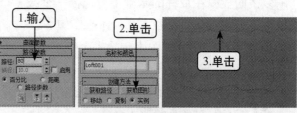

图4-52　获取图形　　　　　　　　　　　　图4-53　获取图形

Example 实例 082　牙膏

素材文件	光盘/素材/第4章/实例82.max
效果文件	光盘/效果/第4章/实例82.max
动画演示	光盘/视频/第4章/082.swf
操作重点	放样的缩放

模型图　　　　效果图

　　放样的缩放是在放样创建后再通过修改面板进行缩放修改。本实例将利用该功能来创建牙膏模型，其具体操作如下。

01 打开素材提供的"实例82.max"文件。在左视图中创建一个星形，将"半径1"、"半径2"分别设置为"12"、"11"，如图4-54所示。

02 在顶视图中按住【Shift】键从左向右创建一条直线，如图4-55所示。

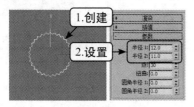

图4-54　创建星形　　　　　　　图4-55　创建直线

03 选择直线，在命令面板中单击"创建"选项卡，然后单击"几何体"按钮 ，在下拉列表框中选择"复合对象"选项，并单击 放样 按钮。

04 在修改面板"创建方法"卷展栏中单击 获取图形 按钮，然后再单击星形获取，如图4-56所示。

05 进入修改面板，在"变形"卷展栏下单击 缩放 按钮，打开"缩放变形"对话框，将左侧的调节点向下拖动到如图4-57所示的位置，最后将创建好的图形与素材文件提供的图形放置好对应位置，完成模型的建立。

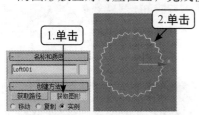
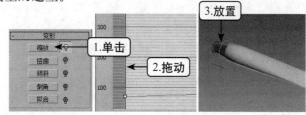

图4-56　获取图形　　　　　　　图4-57　缩放图形

Example 实例 083　陶瓷烟灰缸

素材文件	光盘/素材/第4章/实例83.max
效果文件	光盘/效果/第4章/实例83.max
动画演示	光盘/视频/第4章/083.swf
操作重点	ProBoolean

模型图　　　　效果图

ProBoolean又称超级布尔，其功能与布尔的功能相同，但在拾取对象操作时可连续对多个对象进行布尔计算。本实例将通过ProBoolean来创建陶瓷烟灰缸模型，其具体操作如下。

01 打开素材提供的"实例83.max"文件。在前视图中创建一个圆柱体，将"半径"设置为"3"，"高度"设置为"10"，如图4-58所示。

02 在顶视图中选中圆柱体，以"复制"的方式沿Y轴向下克隆出另一个圆柱体，如图4-59所示。

03 以相同的方式在左视图中创建同样参数的圆柱体，并克隆出一个对象，然后将4个圆柱体分别放置在素材提供模型四周的中心位置，并将圆柱体的一半与素材提供模型重叠，效果如图4-60所示。

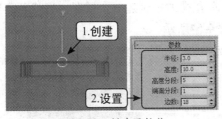
图4-58 创建圆柱体

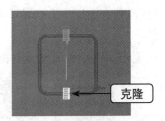
图4-59 克隆圆柱体

04 选中素材提供文件图形，在命令面板中单击"创建"选项卡，然后单击"几何体"按钮，在下拉列表框中选择"复合对象"选项，并单击 ProBoolean 按钮。

05 在修改面板"参数"卷展栏中选中"差集"单选项，然后在"拾取布尔对象"栏中单击 开始拾取 按钮，再依次单击圆柱体，完成模型的建立，如图4-61所示。

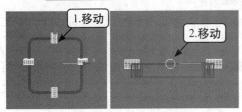
图4-60 放置圆柱体

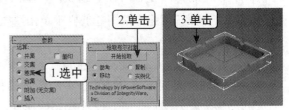
图4-61 差集对象

Example 实例 084 长毛地毯

素材文件	光盘/素材/第4章/实例84.max
效果文件	光盘/效果/第4章/实例84.max
动画演示	光盘/视频/第4章/084.swf
操作重点	散布

模型图　　效果图

散布可将所选对象以阵列方式分布到另一个对象上。本实例将通过散布来创建长毛地毯模型，其具体操作如下。

01 打开素材提供的"实例84.max"文件。在顶视图中创建平面，将"长度"、"宽度"分别设置为"140"、"170"，"长度分段"、"宽度分段"均设置为"40"，如图4-62所示。

02 选中素材提供的模型，在命令面板中单击"创建"选项卡，然后单击"几何体"按钮
，在下拉列表框中选择"复合对象"选项，并单击 <u>散布</u> 按钮。

03 在"拾取分布对象"卷展栏中单击 <u>拾取分布对象</u> 按钮，然后单击平面进行拾取操作，
如图4-63所示。

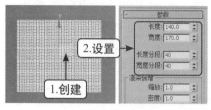

图4-62 创建平面

图4-63 拾取分布对象

04 进入修改面板，在"拾取分布对象"卷展栏下"源对象参数"栏的"顶点混乱度"文本
框中输入"0.5"，在"分布对象参数"栏中选中"所有顶点"单选项，如图4-64所示。

05 最后在修改面板"变换"卷展栏中"旋转"栏将"X"、"Y"、"Z"均设置为
"20"，完成模型的创建，如图4-65所示。

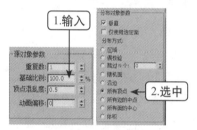

图4-64 设置参数

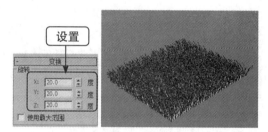

图4-65 设置旋转

Example 实例 085 塑胶哑铃

素材文件	光盘/素材/第4章/实例85.max		
效果文件	光盘/效果/第4章/实例85.max		
动画演示	光盘/视频/第4章/085.swf		
操作重点	连接	模型图	效果图

连接功能可快速将多个对象（未封口的区域）连接起来，并可调整连接部分的形状。
本实例将通过连接功能来创建塑胶哑铃模型，其具体操作如下。

01 打开素材提供的"实例85.max"文件。选择其中一个模型，在命令面板中单击"创
建"选项卡，然后单击"几何体"按钮，在下拉列表框中选择"复合对象"选项，
并单击 <u>连接</u> 按钮。

02 在修改面板"拾取操作对象"卷展栏中单击 拾取操作对象 按钮，然后单击另一个对象，如
图4-66所示。

03 继续在修改面板"参数"卷展栏的"插值"栏中将"分段"设置为"60"、"张力"设
置为"0.3"，并选中"平滑"栏的"桥"复选框，完成模型的建立，如图4-67所示。

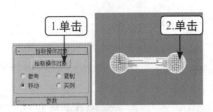

图4-66 拾取对象

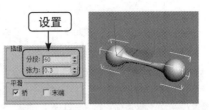

图4-67 设置参数

Example 实例 **086** **刻字戒指**

素材文件	无		
效果文件	光盘/效果/第4章/实例86.max		
动画演示	光盘/视频/第4章/086.swf		
操作重点	图形合并	模型图	效果图

图形合并可将图形对象映射到几何体对象中并合并为一个模型。本实例将通过图形合并来创建刻字戒指模型，其具体操作如下。

01 新建场景，在顶视图中创建一个管状体，并将"半径1"设置为"3"、"半径2"设置为"3.5"、"高度"设置为"1"、"边数"设置为"32"，如图4-68所示。

02 在前视图中创建文本，在修改面板"参数"卷展栏的"文本"文本框中输入"love"，并将"大小"设置为"1"、"字间距"设置为"1"，如图4-69所示。

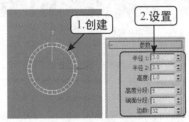

图4-68 创建管状体

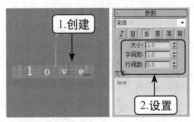

图4-69 创建文本

03 在前视图中将文本放置在管状体中间位置，同时在顶视图中将其放置在管状体前方位置，如图4-70所示。

04 选中管状体，在命令面板中单击"创建"选项卡，然后单击"几何体"按钮 ，在下拉列表框中选择"复合对象"选项，并单击 图形合并 按钮。

05 在修改面板"拾取操作对象"卷展栏中单击 拾取图形 按钮，然后单击文本拾取，在"操作"展卷栏中选中"饼切"单选项，完成模型的建立，如图4-71所示。

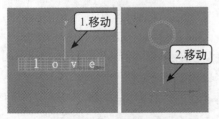

图4-70 放置位置

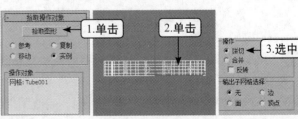

图4-71 拾取文字

　　若想在图形合并时直接将图形移动到某个模型上，可在拾取图形之前，在修改面板"拾取操作对象"卷展栏中选中"移动"单选项，然后再进行拾取操作。不过一般来讲，为了更方便地调整图形合并后的模型，建议选中"实例"单选项进行操作，这样调整图形时模型也会同步变化。

Example 实例 087 假山模型

素材文件	无
效果文件	光盘/效果/第4章/实例87.max
动画演示	光盘/视频/第4章/087.swf
操作重点	地形

模型图　　　　　　　　效果图

　　地形功能可方便地创建出山体等地理图形。本实例将通过地形来创建假山模型，其具体操作如下。

01 新建场景，在顶视图中创建出一个闭合的图形，即在创建时将最后一个顶点与起点重叠，此时将打开"样条线"对话框，单击 是(Y) 按钮，如图4-72所示。

02 按住【Shift】键，利用"选择并均匀缩放"工具放大并克隆出另外3个闭合图形，并结合前视图调整4个图形的位置，如图4-73所示。

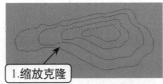

图4-72　创建闭合图形　　　　　　　　　　图4-73　克隆图形

03 选中最下层的闭合图形，在命令面板中单击"创建"选项卡，然后单击"几何体"按钮 ○，在下拉列表框中选择"复合对象"选项，并单击 地形 按钮。

04 在修改面板"拾取操作对象"卷展栏中单击 拾取操作对象 按钮，然后再依次从下向上分别拾取其他闭合图形，如图4-74所示。

05 继续在修改面板"按海拔上色"卷展栏中单击 创建默认值 按钮，完成模型的建立，如图4-75所示。

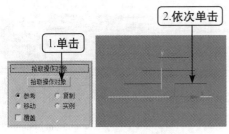

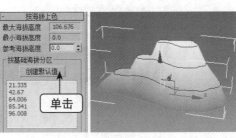

图4-74　拾取操作对象　　　　　　　　　　图4-75　海拔上色

中文版

Example 实例 **088** 简易时尚挂钟

素材文件	光盘/素材/第4章/实例88.max		
效果文件	光盘/效果/第4章/实例88.max	模型图	效果图
动画演示	光盘/视频/第4章/088.swf		
操作重点	ProCutter		

ProCutter功能可以通过特殊的布尔运算对模型进行分裂或细分，得到各种分离的对象。本实例将通过ProCutter来创建简易时尚挂钟模型，其具体操作如下。

01 打开素材提供的"实例88.max"文件，在前视图中创建一个管状体，将"半径1"、"半径2"分别设置为"100"、"90"，"高度"设置为"30"，"边数"设置为"32"，如图4-76所示。

02 继续在管状体中间位置创建圆柱体，将"半径"设置为"90"、"高度"设置为"10"、"边数"设置为"32"，如图4-77所示。

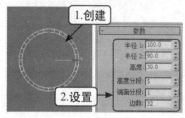
图4-76 创建管状体

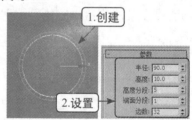
图4-77 创建圆柱体

03 在前视图中创建长方体，将"长度"、"宽度"、"高度"分别设置为"300"、"200"、"100"，如图4-78所示。

04 结合前视图与顶视图，将长方体和管状体放置成如图4-79所示的效果。

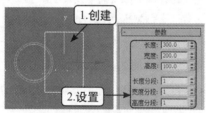
图4-78 创建长方体

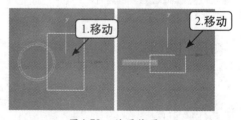
图4-79 放置位置

05 选中长方体，以"复制"的方式向上克隆出另一个长方体，并在前视图与顶视图中将其放置成如图4-80所示的效果。

06 选中管状体，在命令面板中单击"创建"选项卡，然后单击"几何体"按钮 ○，在下拉列表框中选择"复合对象"选项，并单击 ProCutter 按钮。

07 在修改面板"切割器参数"卷展栏中取消选中"被切割对象在切割器对象之外"复选

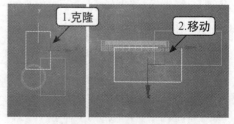
图4-80 克隆长方体

框，然后选中"切割器对象在被切割对象之外"复选框，如图4-81所示。

08 继续在修改面板"切割器拾取参数"卷展栏中单击 [拾取原料对象] 按钮，然后分别依次单击两个长方体，如图4-82所示。

09 最后将素材提供的对象放置在模型中心位置，完成模型的建立，如图4-83所示。

图4-81 切割器参数　　　图4-82 切割对象　　　　　图4-83 放置位置

专家解疑

1. 问：放样出的模型除能进行缩放编辑外，还能进行其他操作编辑吗？

答：复合对象中的放样是3ds Max中非常实用的一种建模方式，放样出的图形还可通过缩放、扭曲、倾斜、倒角、拟合等操作得到各种需要的效果。其方法与缩放类似，选择放样后的模型后，在修改面板"变形"卷展栏中单击相应的按钮，在打开的对话框中通过对调节点来巩固模型外观即可。

2. 问：为什么通过某个图形对模型进行放样后，无法对原图形进行修改呢？

答：要想对图形进行修改，在进行放样前，需将该图形转换为可编辑样条线，这样才能使放样后的模型随可编辑样条线形状的变化而变化。

3. 问：不小心在放样后将原图形和路径删除了，此时还能对放样模型进行编辑吗？

答：可以。在修改器堆栈中展开"Loft（放样）"选项，选择"图形"选项，然后在视图中选择放样模型中的图形，此时在修改器堆栈中便会出现可编辑样条线选项，从而可对该图形进行编辑，如图4-84所示。若选择"路径"选项，则可在视图中选择路径，然后在修改器堆栈中对该路径进行编辑，如图4-85所示。

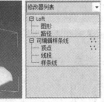
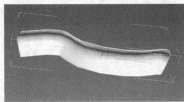

图4-84 修改图形　　　　　　　　　　图4-85 修改路径

4. 问：在对放样模型进行变形时，控制点所在区域不容易调整该怎么办？

答：利用缩放按钮将控制点所在的区域进行放大处理即可。方法为：在变形对话框右下角的一组按钮 专用于控制区域的大小，从左至右各按钮的作用依次为：对调整区进行水平缩放（向左拖动缩小、向右拖动放大）；对调整区进行垂直缩放（向上拖动放大、向下拖动缩小）；对调整区进行缩放；对调整区进行框选缩放。

第5章
修改器建模

修改器建模是使用频率很高的建模方式，无论前面介绍的各种建模方法，以及后面将要讲解的建模方法，都可以配合修改器来创建更加丰富的模型，使建模更加简单易行，提高工作效率。本章将详细介绍3ds Max中常用修改器的使用方法。

素材文件	无
效果文件	光盘/效果/第5章/实例89.max
动画演示	光盘/视频/第5章/089.swf
操作重点	FFD 2×2×2修改器

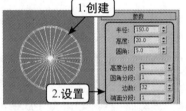

模型图　　　　　　　效果图

　　FFD 2×2×2修改器是能提供两个晶格控制点的修改器，通过提供的控制点能对模型进行变形。本实例将使用切角圆柱体、球体并结合FFD 2×2×2修改器来创建一个时尚吧凳模型，其具体操作如下。

01 新建场景，在顶视图中创建一个切角圆柱体，将"半径"设置为"150"、"高度"设置为"20"、"圆角"设置为"5"、"边数"设置为"32"，如图5-1所示。

02 选中圆柱体，在修改器列表"下拉列表框"中选择"FFD 2×2×2"命令，如图5-2所示。

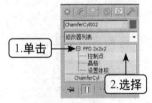

图5-1　创建切角圆柱体

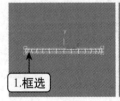

图5-2　选择FFD 2×2×2

03 在修改器堆栈中单击"FFD 2×2×2"左侧的■按钮，在展开的列表中选择"控制点"层级，如图5-3所示。

04 在前视图中框选切角圆柱体上方的4个控制点，然后利用"选择并均匀缩放"工具在透视图中向内进行缩放至如图5-4所示的形状。

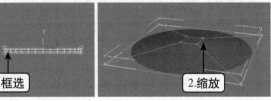

图5-3　选择控制点层级　　　　　　　　　　图5-4　缩放控制点

05 继续利用移动工具在前视图中向上移动控制点，如图5-5所示。

06 退出"控制点"层级，在顶视图中创建一个切角圆柱体，将"半径"设置为"20"、"高度"设置为"400"、"圆角"设置为"5"，如图5-6所示。

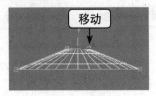

图5-5　移动控制点

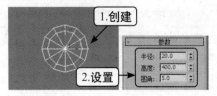

图5-6　创建切角圆柱体

07 在顶视图中创建球体，将"半径"设置为"200"，"分段"设置为"32"，如图5-7所示。

08 选中创建好的球体，在"修改器列表"下拉列表框中选择"FFD 2×2×2"命令，如图5-8所示。

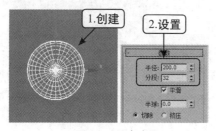

图5-7　创建球体

图5-8　选择FFD 2×2×2

09 在修改器堆栈中单击"FFD 2×2×2"选项左侧的"展开"按钮，在展开的列表中选择"控制点"层级，如图5-9所示。

10 在前视图中框选球体右上角的控制点，利用移动工具将其向内移动至如图5-10所示的位置。

11 最后将所有对象组合成吧凳模型即可。

图5-9　选择控制点

图5-10　变形球体

Example 实例 090　高脚红酒杯

素材文件	无	
效果文件	光盘/效果/第5章/实例90.max	
动画演示	光盘/视频/第5章/090.swf	
操作重点	FFD 3×3×3修改器	模型图　　效果图

与FFD 2×2×2修改器相比，FFD 3×3×3修改器增加了更多的控制点，可以在对模型变形时更为细致，不过同时也会增加电脑运算的负担。本实例将使用FFD 3×3×3修改器来创建高脚红酒杯模型，其具体操作如下。

01 新建场景，在前视图中从下至上创建出一条由6个顶点组成的线，如图5-11所示。

02 在修改器堆栈中单击"Line"左侧的按钮，在展开的列表中选择"顶点"层级，如图5-12所示。

03 在前视图中加选如图5-13所示的顶点，然后单击鼠标右键，在弹出的快捷菜单中选择"平滑"命令。

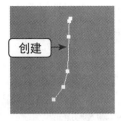

图5-11 创建线

图5-12 选择顶点层级

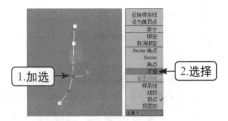

图5-13 选择平滑顶点

04 退出顶点层级，选中线，在"修改器列表"下拉列表框中选择"车削"命令，如图5-14所示。

05 在修改器堆栈中单击"车削"左侧的■按钮，在展开的列表中选择"轴"层级，如图5-15所示。

06 在前视图中利用移动工具向右移动轴将图形创建成如图5-16所示的形状。

图5-14 选择车削命令

图5-15 选择轴层级

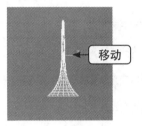

图5-16 移动轴

07 在顶视图中创建球体，将"半径"设置为"20"，"分段"设置为"32"，如图5-17所示。

08 选中球体，在"修改器列表"下拉列表框中选择"FFD 3×3×3"命令，如图5-18所示。

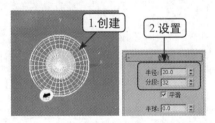

图5-17 创建球体

图5-18 选择FFD 3×3×3

09 在修改器堆栈中单击"FFD 3×3×3"选项左侧的"展开"按钮■，在展开的列表中选择"控制点"层级，如图5-19所示。

10 在前视图中框选球体第一排控制点，利用移动工具向下移动至如图5-20所示的位置。

图5-19 选择控制点层级

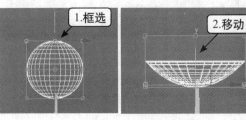

图5-20 移动控制点

⑪ 继续在前视图中框选第一排控制点，利用移动工具向上移动到如图5-21所示的位置。

⑫ 将创建好的图形与车削创建的图形分别在顶视图与前视图中放置好对应的位置，完成模型的建立，如图5-22所示。

图5-21　移动控制点

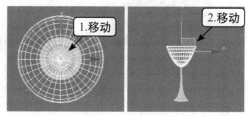

图5-22　放置位置

Example 实例 091　陶瓷面盆

素材文件	无	
效果文件	光盘/效果/第5章/实例91.max	
动画演示	光盘/视频/第5章/091.swf	
操作重点	FFD 4×4×4修改器	模型图　　　效果图

FFD 4×4×4修改器提供了更多的晶格控制点，能够更加细致地对模型进行各种变形处理。本实例将使用切角长方体并结合FFD 4×4×4修改器来创建一个陶瓷面盆模型，其具体操作如下。

① 新建场景，在顶视图中创建一个切角长方体，并将"长度"设置为"700"、"宽度"设置为"1000"、"高度"设置为"250"、"圆角"设置为"10"，继续将"长度分段"设置为"20"、"宽度分段"设置为"20"、"高度分段"设置为"20"、"圆角分段"设置为"10"，如图5-23所示。

② 选中切角长方体，在"修改器列表"下拉列表框中选择"FFD 4×4×4"命令，如图5-24所示。

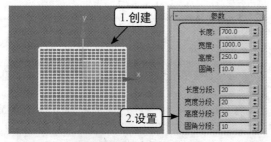

图5-23　创建切角长方体

图5-24　选择FFD 4×4×4

③ 在修改器堆栈中单击"FFD 4×4×4"选项左侧的"展开"按钮，在展开的列表中选择"控制点"层级，如图5-25所示。

④ 在前视图中按住【Ctrl】键分别框选长方体左上与右上角的控制点，利用移动工具将其移动至如图5-26所示的形状。

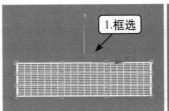
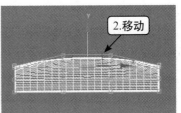

图5-25　选择控制点层级　　　　　　　　图5-26　移动控制点

05 进入顶视图，框选长方体中间的4个控制点，利用移动工具在前视图中沿Y轴向下移动至如图5-27所示的形状。

06 在前视图中分别框选最下方的控制点，依次向上移动至与下方第一排控制点位置重合，完成模型的建立，如图5-28所示。

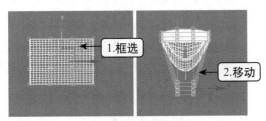
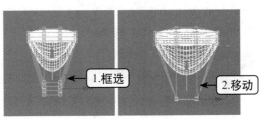

图5-27　移动控制点　　　　　　　　　　图5-28　移动控制点

Example 实例 **092** 苹果模型

素材文件	光盘/素材/第5章/实例92.max	模型图	效果图
效果文件	光盘/效果/第5章/实例92.max		
动画演示	光盘/视频/第5章/092.swf		
操作重点	FFD（圆柱体）修改器		

FFD（圆柱体）修改器是以圆柱体的方式分布晶格控制点，以更好地对类似圆柱体的模型进行变形控制。本实例将使用球体并结合FFD（圆柱体）修改器来创建一个苹果模型，其具体操作如下。

01 打开素材提供的"实例92.max"文件。在顶视图中创建球体，将"半径"设置为"30"，"分段"设置为"32"，如图5-29所示。

02 选中球体，在"修改器列表"下拉列表框中选择"FFD（圆柱体）"命令，如图5-30所示。

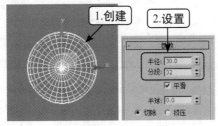

图5-29　创建球体　　　　　　　　　　图5-30　选择FFD（圆柱体）

03 在修改器堆栈中单击"FFD（圆柱图）"选项左侧的"展开"按钮🔲，在展开的列表中选择"控制点"层级，如图5-31所示。

04 在顶视图中框选球体中间最内层的控制点，在前视图中利用移动工具沿Y轴向下移动至如图5-32所示的位置。

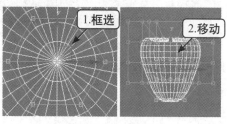

图5-31　选择控制点层级　　　　　　图5-32　移动控制点

05 在顶视图中框选中心的控制点，并在前视图中用移动工具向下移动成如图5-33所示的形状。

06 继续在前视图中框选第二排中间的控制点，在工具栏中单击"选择并均匀缩放"按钮🔲，然后在前视图中将鼠标放置在缩放图标中心位置，按住鼠标不放向下拖动，将对象缩放至如图5-34所示的形状，调整凹陷的大小。

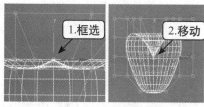

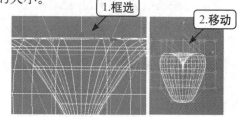

图5-33　移动控制点　　　　　　　图5-34　缩放控制点

07 在前视图中框选球体最下方中心的控制点，用移动工具向上移动至如图5-35所示的形状。

08 在前视图中框选所有控制点，在工具栏中单击"选择并均匀缩放"按钮🔲，然后沿Y轴向上进行缩放至如图5-36所示的形状。最后将素材提供文件图形放置在模型中心，完成模型的建立。

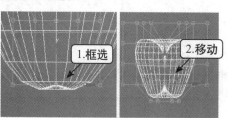

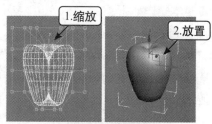

图5-35　移动控制点　　　　　　　图5-36　缩放控制点

专家课堂

　　应用FFD（圆柱体）修改器后，可在修改面板"FFD参数"卷展栏的"尺寸"栏中单击 设置点数 按钮，在打开的对话框中重新设置FFD晶格控制点的分布数量，以更加贴合地适应需进行变形的模型。

Example 实例 093 抱枕模型

素材文件	无	
效果文件	光盘/效果/第5章/实例93.max	
动画演示	光盘/视频/第5章/093.swf	
操作重点	FFD（长方体）修改器	模型图　　　　　　　效果图

FFD（长方体）修改器是以长方体的布局来分布晶格控制点，适用于类似长方体模型的变形设置。本实例将使用切角长方体通过FFD（长方体）修改器来创建一个抱枕模型，其具体操作如下。

01 新建场景，在顶视图中创建切角长方体，将"长度"、"宽度"、"高度"分别设置为"400"、"400"、"100"，"圆角"设置为"10"，然后将"长度分段"、"宽度分段"、"高度分段"均设置为"20"，"圆角分段"设置为"3"，如图5-37所示。

02 选中切角长方体，在"修改器列表"下拉列表框中选择"FFD（长方体）"命令，如图5-38所示。

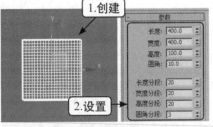

图5-37　创建切角长方体　　　　　　图5-38　选择FFD（长方体）

03 在修改器堆栈中单击"FFD（长方体）"选项左侧的"展开"按钮，在展开的列表中选择"控制点"层级，如图5-39所示。

04 在修改面板"FFD参数"卷展栏的"尺寸"栏下单击 设置点数 按钮，然后在打开的"设置FFD尺寸"栏中将"长度"设置为"5"、"宽度"设置为"7"、"高度"设置为"3"，然后单击 确定 按钮，如图5-40所示。

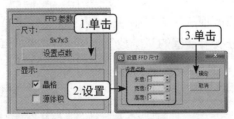

图5-39　选择控制点层级　　　　　　图5-40　设置点数

05 在顶视图中按住【Ctrl】键，加选长方体4个边的控制点，然后在工具栏中单击"选择并均匀缩放"按钮，并在前视图中沿Y轴向下进行缩放至如图5-41所示的形状。

06 继续在顶视图中按住【Ctrl】键，加选长方体除4个直角处的控制点以外的4个边的控制点，并继续利用"选择并均匀缩放"工具在顶视图中沿中心点向内均匀缩放至如

图5-42所示的形状。

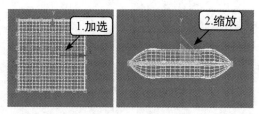

图5-41　缩放控制点

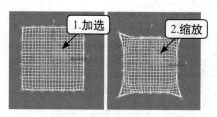

图5-42　缩放控制点

07 在前视图中框选上方中间的控制点，利用移动工具向上移动至如图5-43所示的形状。

08 继续在前视图中框选下方中间的控制点，利用移动工具向下移动至如图5-44所示的形状，完成模型的建立。

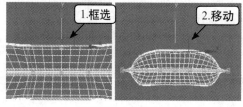

图5-43　移动控制点

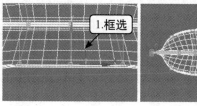

图5-44　移动控制点

Example 实例 094　油壶模型

素材文件	光盘/素材/第5章/实例94.max	
效果文件	光盘/效果/第5章/实例94.max	
动画演示	光盘/视频/第5章/094.swf	模型图　　　　　效果图
操作重点	HSDS修改器	

　　HSDS是一种可根据模型产生自适应细化和平滑效果的修改器。本实例将通过HSDS修改器来创建一个油壶模型，其具体操作如下。

01 打开素材提供的"实例94.max"文件，选中图形，在"修改器列表"下拉列表框中选择"HSDS"命令，如图5-45所示。

02 进入修改面板，在"高级选项"卷展栏中单击 自适应细分 按钮，然后在打开的"自适应细分"对话框的"参数"栏下选中"高"单选项，并在"最大LOD"数值框中输入"3"，单击 确定 按钮，完成模型的建立，如图5-46所示。

图5-45　选择HSDS

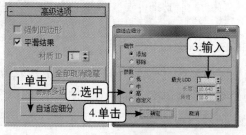

图5-46　自适应细分

素材文件	光盘/素材/第5章/实例95.max
效果文件	光盘/效果/第5章/实例95.max
动画演示	光盘/视频/第5章/095.swf
操作重点	倾斜修改器

模型图　　　　　效果图

倾斜修改器可让模型在3个轴中心的任意方向产生均匀偏移的效果。本实例将通过倾斜修改器来创建一个大楼模型，其具体操作如下。

01 打开素材提供的"实例95.max"文件，选中图形，在"修改器列表"下拉列表框中选择"倾斜"命令，如图5-47所示。

02 进入修改面板，在"参数"卷展栏的"倾斜"栏中将"数量"设置为"5000"，完成模型的建立，如图5-48所示。

图5-47　选择倾斜

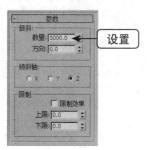

图5-48　设置参数

素材文件	无
效果文件	光盘/效果/第5章/实例96.max
动画演示	光盘/视频/第5章/096.swf
操作重点	噪波修改器

模型图　　　　　效果图

噪波修改器可沿着3个轴的任意方向组合调整对象顶点的位置，形成凹凸不平的效果。它是模拟对象形状随机变化的重要动画工具。本实例将通过噪波修改器来创建石头模型，其具体操作如下。

01 新建场景，在顶视图中创建一个球体，将"半径"设置为"60"，"分段"设置为"32"，如图5-49所示。

02 选中球体，在"修改器列表"下拉列表框中选择"FFD 4×4×4"命令，如图5-50所示。

03 在修改器堆栈中单击"FFD 4×4×4"选项左侧的"展开"按钮，在展开的列表中选择"控制点"层级，如图5-51所示。

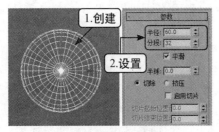

图5-49　创建球体　　　　　　图5-50　选择FFD 4×4×4　　　图5-51　选择控制点层级

04 在前视图中框选右侧中间2个控制点，利用移动工具将其移动至如图5-52所示的形状。

05 选中图形，在"修改器列表"下拉列表框中选择"噪波"命令，如图5-53所示。

06 在修改面板"参数"卷展栏的"噪波"栏中，选中"分形"复选框，再将"强度"栏中的"X"、"Y"、"Z"均设置为"20"，完成模型的建立，如图5-54所示。

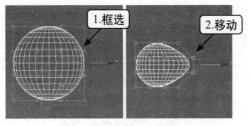

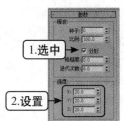

图5-52　移动控制点　　　　　　　图5-53　选择噪波　　　　图5-54　设置参数

Example 实例 097　不锈钢炒锅

素材文件	光盘/素材/第5章/实例97.max	
效果文件	光盘/效果/第5章/实例97.max	
动画演示	光盘/视频/第5章/097.swf	
操作重点	切片、壳修改器	模型图　　　　　　效果图

　　切片修改器能分割模型，而壳修改器则能将片的对象增加厚度成为三维对象。本实例将用球体并结合切片、壳修改器来创建一个不锈钢锅，其具体操作如下。

01 打开素材提供的"实例97.max"文件。在顶视图中创建球体，将"半径"设置为"150"，"分段"设置为"64"，如图5-55所示。

02 选中球体，在"修改器列表"下拉列表框中选择"切片"命令，如图5-56所示。

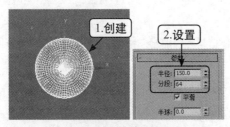

图5-55　创建球体　　　　　　　　图5-56　选择切片

03 在修改器堆栈中单击"切片"选项左侧的"展开"按钮，在展开的列表中选择"切片平面"层级，如图5-57所示。

04 在前视图中利用移动工具向下移动平面在球体下方三分之一的位置，然后在修改面板"切片参数"卷展栏中选中"移除顶部"单选项，如图5-58所示。

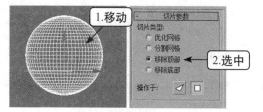

图5-57 选择切片平面层级　　　　　　　　图5-58 移除顶部

05 继续在"修改器列表"下拉列表框中选择"壳"命令，如图5-59所示。

06 进入修改面板，在"参数"卷展栏中将"外部量"设置为"2"，最后将素材提供模型与创建的对象放置好对应的位置，完成模型的建立，如图5-60所示。

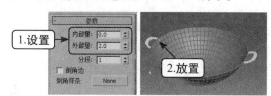

图5-59 选择壳　　　　　　　　　　图5-60 设置参数

Example 实例 **098** 简易哑铃

素材文件	无
效果文件	光盘/效果/第5章/实例98.max
动画演示	光盘/视频/第5章/098.swf
操作重点	对称修改器

模型图　　　　　　　　效果图

对称修改器可以快速镜像出所选模型。本实例将通过切角圆柱体并结合对称修改器来创建简易哑铃模型，其具体操作如下。

01 新建场景，在左视图中创建一个切角圆柱体，将"半径"设置为"50"、"高度"设置为"100"、"圆角"设置为"2"，再将"高度分段"设置为"32"、"圆角分段"设置为"32"、"边数"设置为"32"，如图5-61所示。

02 继续在左视图中创建圆柱体，将"半径"设置为"15"、"高度"设置为"100"、"边数"设置为"32"，并将圆柱体放置在如图5-62所示的位置。

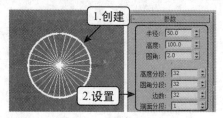

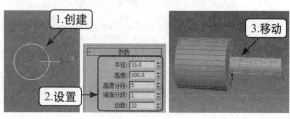

图5-61 创建切角圆柱体　　　　　　　图5-62 创建圆柱体

03 框选所有对象，在"修改器列表"下拉列表框中选择"对称"命令，如图5-63所示。

04 进入修改面板，在"参数"卷展栏的"镜像轴"栏选中"X"单选项，同时选中"翻转"复选框，如图5-64所示。

05 在修改器堆栈中单击"对称"选项左侧的"展开"按钮 ，在展开的列表中选择"镜像"层级，如图5-65所示。

06 在前视图中利用移动工具沿X轴向右移动图形至如图5-66所示的位置，完成模型的建立。

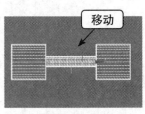

图5-63 选择对称　　　图5-64 设置镜像轴　　　图5-65 选择镜像层级　　　图5-66 移动图形

Example 实例 099 杯垫

素材文件	光盘/素材/第5章/实例99.max
效果文件	光盘/效果/第5章/实例99.max
动画演示	光盘/视频/第5章/099.swf
操作重点	平滑修改器

模型图　　　效果图

平滑修改器可以将模型的边角细节进行平滑处理，是使用频率较高的修改器之一。本实例将使用平滑修改器创建杯垫模型，其具体操作如下。

01 打开素材提供的"实例99.max"文件。在顶视图中创建一个圆柱体，将"半径"设置为"50"、"高度"设置为"2"、"高度分段"设置为"4"、"边数"设置为"64"，如图5-67所示。

02 选择圆柱体，在"修改器列表"下拉列表框中选择"平滑"命令，如图5-68所示。

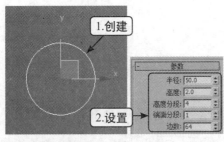

图5-67 创建圆柱体　　　　　　　图5-68 选择平滑

03 在修改面板"参数"卷展栏中选中"自动平滑"复选框，然后在"阈值"文本框中输入"180"，如图5-69所示。

04 最后将素材提供的对象与圆柱体放置好对应的位置，完成模型的建立，如图5-70所示。

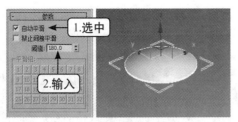

图5-69 平滑对象 图5-70 放置位置

专家课堂

应用"平滑"修改器后，修改面板"参数"卷展栏中的"阈值"参数可控制平滑的细化程度，数值越大，模型的平滑效果越好，同时系统的负担也会相应增大。

Example 实例 100 "U"形磁铁

素材文件	无		
效果文件	光盘/效果/第5章/实例100.max		
动画演示	光盘/视频/第5章/100.swf		
操作重点	弯曲修改器	模型图	效果图

弯曲修改器可以对模型进行不同方向与角度的弯曲修改。本实例将用弯曲修改器创建磁铁模型，其具体操作如下。

01 新建场景，在顶视图中创建切角长方体，将"长度"、"宽度"、"高度"分别设置为"50"、"50"、"400"，"圆角"设置为"1"，再将"长度分段"、"宽度分段"、"高度分段"、"圆角分段"分别设置为"20"、"20"、"64"、"10"，如图5-71所示。

02 选中切角长方体，在"修改器列表"下拉列表框中选择"弯曲"命令，如图5-72所示。

03 在修改面板"参数"卷展栏的"弯曲"栏中将"角度"设置为"180"，如图5-73所示。

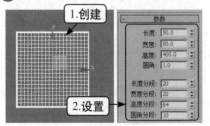

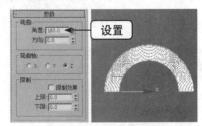

图5-71 创建切角长方体 图5-72 选择弯曲 图5-73 设置参数

04 继续在顶视图中创建切角长方体，将"长度"、"宽度"、"高度"分别设置为"50"、"50"、"300"，"圆角"设置为"1"，再将"长度分段"、"宽度分段"、"高度分段"、"圆角分段"分别设置为"20"、"20"、"64"、"10"，如图5-74所示。

05 在顶视图中选中上一步创建好的切角长方体，以"实例"的方式沿X轴向右克隆出另一个对象，如图5-75所示。

06 最后将3个对象分别在顶视图与前视图中放置好对应的位置，完成模型的建立，如图5-76所示。

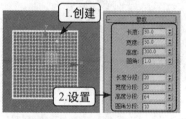

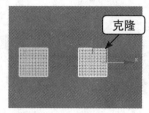

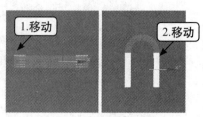

图5-74　创建切角长方体　　　　　图5-75　克隆对象　　　　　图5-76　放置对象

Example 实例 101　螺丝模型

素材文件	光盘/素材/第5章/实例101.max		
效果文件	光盘/效果/第5章/实例101.max		
动画演示	光盘/视频/第5章/101.swf	模型图	效果图
操作重点	扭曲修改器		

扭曲修改器可以在对象几何体中产生旋转扭曲的效果，并能任意控制3个轴上扭曲的角度。本实例将用扭曲修改器创建螺丝模型，其具体操作如下。

01 打开素材提供的"实例101.max"文件。在顶视图中创建圆柱体，将"半径"设置为"20"、"高度"设置为"100"、"高度分段"设置为"32"、"边数"设置为"32"，如图5-77所示。

02 选中圆柱体，在"修改器列表"下拉列表框中选择"扭曲"命令，如图5-78所示。

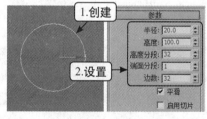

图5-77　创建圆柱体　　　　　　　图5-78　选择扭曲

03 在修改面板"参数"卷展栏的"扭曲"栏中将"角度"设置为"2500"，在"限制"栏中选中"限制效果"复选框，并在"上限"文本框中输入"80"、"下限"文本框中输入"2"，如图5-79所示。

04 最后将场景中的原对象放置在圆柱体上方如图5-80所示的位置，完成模型的建立。

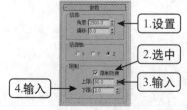

图5-79　设置参数　　　　　　　　图5-80　放置位置

Example 实例 102 鸡蛋模型

素材文件	无	
效果文件	光盘/效果/第5章/实例102.max	
动画演示	光盘/视频/第5章/102.swf	
操作重点	拉伸修改器	模型图　　　　效果图

　　拉伸修改器可以对模型进行拉伸挤压变形。本实例将使用拉伸修改器创建鸡蛋模型，其具体操作如下。

01 新建场景，在顶视图中创建一个球体，将"半径"设置为"40"，"分段"设置为"64"，如图5-81所示。

02 选中球体，在"修改器列表"下拉列表框中选择"拉伸"命令如图5-82所示。

03 在修改面板"参数"卷展栏的"拉伸"栏中将"拉伸"设置为"1"，"放大"设置为"－100"，在"限制"栏中选中"限制效果"复选框，并将"下限"设置为"－100"，完成模型的建立，如图5-83所示。

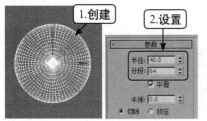

图5-81　创建球体

图5-82　选择拉伸

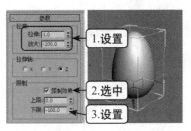

图5-83　设置参数

专家课堂

　　使用"拉伸"修改器后，在修改器堆栈中单击"Stretch"选项左侧的"展开"按钮，可通过选择"Gizmo"或"中心"层级来更加精确地控制拉伸的变形效果。

Example 实例 103 红枣模型

素材文件	无	
效果文件	光盘/效果/第5章/实例103.max	
动画演示	光盘/视频/第5章/103.swf	
操作重点	挤压修改器	模型图　　　　效果图

　　挤压修改器可以将挤压效果应用到对象，在此效果中，与轴点最为接近的顶点会向内移动。本实例将使用挤压修改器创建红枣模型，其具体操作如下。

01 新建场景，在顶视图中创建一个球体，将"半径"设置为"20"，"分段"设置为"32"，如图5-84所示。

02 选择球体，在"修改器列表"下拉列表框中选择"挤压"命令，如图5-85所示。

03 在修改面板"参数"卷展栏的"轴向凸出"栏中将"数量"设置为"2"、"曲线"设置为"-2";在"径向挤压"栏中将"数量"设置为"0.8"、"曲线"设置为"6";最后在"效果平衡"栏中将"偏移"设置为"30",完成模型的建立,如图5-86所示。

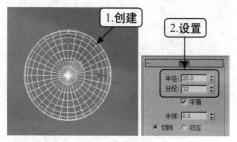
图5-84 创建球体

图5-85 选择挤压

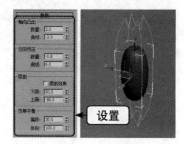
图5-86 设置参数

专家课堂

　　"挤压"修改器可以通过在修改面板"参数"卷展栏的"限制"栏中选中"限制效果"复选框,并在"上限"、"下限"文本框中输入数值来控制模型发生挤压的区域。

Example 实例 104 球形水晶灯

素材文件	无	
效果文件	光盘/效果/第5章/实例104.max	
动画演示	光盘/视频/第5章/104.swf	
操作重点	晶格修改器	模型图　　效果图

　　晶格修改器可将图形的线段或边转化为圆柱形结构,并在顶点上产生可选的关节多面体。本实例将用晶格修改器创建球形水晶灯模型,其具体操作如下。

01 新建场景,在顶视图中创建一个切角圆柱体,并将"半径"设置为"47"、"高度"设置为"22"、"圆角"设置为"2"、"边数"设置为"32",如图5-87所示。

02 继续在前视图中按以从上至下的方式创建如图5-88所示的样条线。

03 选择创建的样条线,在修改器堆栈中单击"Line"左侧的■按钮,在展开的列表中选择"顶点"层级,如图5-89所示。

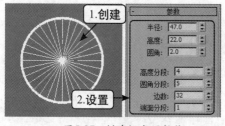
图5-87 创建切角圆柱体

图5-88 创建线

图5-89 选择顶点层级

04 在前视图中选中样条线上的所有顶点,单击鼠标右键,在弹出的快捷菜单中选择"Bezier"命令,如图5-90所示。

05 退出顶点层级，在修改面板"渲染"卷展栏中选中"在渲染中启用"复选框与"在视口中启用"复选框，再选中"径向"单选项，将"厚度"设置为"3"，"边"设置为"32"，如图5-91所示。

06 将创建好的线与切角圆柱体在顶视图与前视图中放置好对应的位置，如图5-92所示。

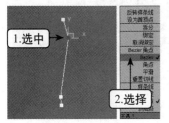

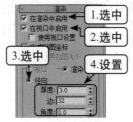

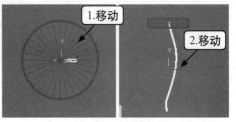

图5-90 更改顶点类型　　　　图5-91 渲染样条线　　　　图5-92 放置位置

07 在顶视图中创建一个切角圆柱体，将"半径"设置为"10"、"高度"设置为"40"、"圆角"设置为"1"，如图5-93所示。

08 将切角圆柱体在顶视图与前视图中放置好位置，如图5-94所示。

09 在前视图中继续从上至下创建出一条如图5-95所示的线。

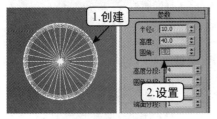

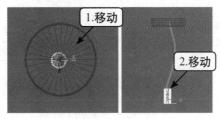

图5-93 创建切角圆柱体　　　　图5-94 放置位置　　　　图5-95 创建线

10 在修改器堆栈中单击"Line"左侧的■按钮，在展开的列表中选择"顶点"层级，如图5-96所示。

11 在前视图中框选所有顶点，单击鼠标右键，在弹出的快捷菜单中选择"平滑"命令，如图5-97所示。

12 退出顶点层级，在"修改器列表"下拉列表框中选择"车削"命令，如图5-98所示。

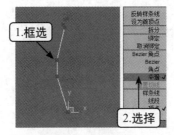

图5-96 选择顶点层级　　　　图5-97 顶点平滑　　　　图5-98 选择车削命令

13 在修改器堆栈中单击"车削"左侧的■按钮，在下拉列表中选择"轴"层级，如图5-99所示。

14 利用移动工具在前视图中向右移动轴，将图形调整成为如图5-100所示的形状。退出轴层级，再将其放置在圆柱体下方。

⑮ 在顶视图中创建球体，将"半径"设置为"70"、"分段"设置为"32"，如图5-101所示。

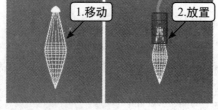

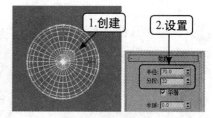

图5-99 选择轴层级　　　图5-100 放置位置　　　　　　　图5-101 创建球体

⑯ 选中球体，在"修改器列表"下拉列表框中选择"晶格"命令，如图5-102所示。

⑰ 在修改面板"参数"卷展栏的"支柱"栏中将"半径"设置为"0.2"、"边数"设置为"10"，继续在"节点"栏中选中"二十面体"单选项，并将"半径"设置为"3"，"分段"设置为"3"，如图5-103所示。

⑱ 最后将球体与前面创建的对象放置好位置，完成模型的建立。如图5-104所示。

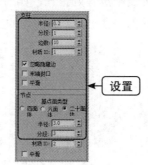

图5-102 选择晶格　　　　图5-103 设置参数　　　　　　图5-104 放置位置

Example 实例 **105 软包凳**

素材文件	无		
效果文件	光盘/效果/第5章/实例105.max	模型图	效果图
动画演示	光盘/视频/第5章/105.swf		
操作重点	松弛修改器		

　　松弛修改器可以通过调整松弛的力度来更改网格中外观的曲面张力。本实例将用松弛修改器创建软包凳模型，其具体操作如下。

① 新建场景，在顶视图中创建一个长方体，将"长度"、"宽度"、"高度"分别设置为"600"、"1200"、"350"，继续将"长度分段"设置为"12"、"宽度分段"设置为"20"、"高度分段"设置为"5"，如图5-105所示。

② 选中长方体，在"修改器列表"下拉列表框中选择"松弛"命令，如图5-106所示。

③ 在修改面板"参数"卷展栏中将"松弛值"设置为"1"，"迭代次数"设置为"10"，如图5-107所示。

04 在顶视图中创建圆柱体，将"半径"设置为"20"、"高度"设置为"200"，然后以"实例"的方式克隆出3个圆柱体，分别放置在长方体4个角的下方位置，完成模型的建立，如图5-108所示。

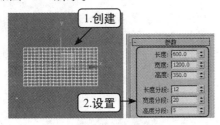

图5-105　创建长方体

图5-106　选择松弛

图5-107　设置参数

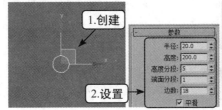

图5-108　创建、克隆圆柱体

Example 实例 106　波浪瓦模型

素材文件	无		
效果文件	光盘/效果/第5章/实例106.max		
动画演示	光盘/视频/第5章/106.swf		
操作重点	波浪修改器	模型图	效果图

　　波浪修改器可在对象几何体上产生波浪效果。本实例将使用波浪修改器创建波浪瓦模型，其具体操作如下。

01 新建场景，在顶视图中创建一个长方体，将"长度"、"宽度"、"高度"分别设置为"300"、"100"、"5"，继续将"长度分段"设置为"64"、"宽度分段"设置为"64"、"高度分段"设置为"5"，如图5-109所示。

02 选中长方体，在"修改器列表"下拉列表框中选择"波浪"命令，如图5-110所示。

03 进入修改面板，在"参数"卷展栏的"波浪"栏中将"振幅1"设置为"10"、"振幅2"设置为"10"、"波长"设置为"60"、"相位"设置为"3"，如图5-111所示。

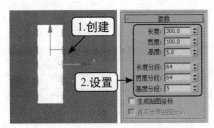

图5-109　创建长方体

图5-110　选择波浪

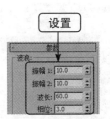

图5-111　设置参数

04 在"修改器列表"下拉列表框中选择"平滑"命令,在修改面板"参数"卷展栏中选中"自动平滑"复选框,最后在"阈值"文本框中输入"180",完成模型的建立,如图5-112所示。

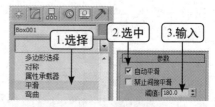

图5-112 应用平滑修改器

Example 实例 107 陶土花盆

素材文件	无	
效果文件	光盘/效果/第5章/实例107.max	
动画演示	光盘/视频/第5章/107.swf	
操作重点	涟漪修改器	模型图 效果图

涟漪修改器可以在对象几何体中产生同心波纹效果。本实例将使用涟漪修改器创建陶土花盆模型,其具体操作如下。

01 新建场景,在顶视图中创建一个圆环,将"半径1"设置为"30"、"半径2"设置为"20"、"分段"设置为"32"、"边数"设置为"32",如图5-113所示。

02 选中圆环,在"修改器列表"下拉列表框中选择"涟漪"命令,如图5-114所示。

03 进入修改面板,在"参数"卷展栏的"涟漪"栏中将"振幅1"设置为"40"、"振幅2"设置为"40",继续将"波长"设置为"73"、"相位"设置为"2.5",完成模型的建立,如图5-115所示。

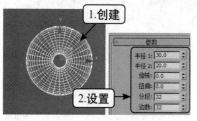
图5-113 创建圆环

图5-114 选择涟漪

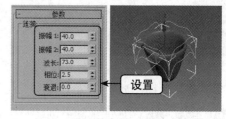
图5-115 设置参数

专家课堂

在"涟漪"修改器修改面板"参数"卷展栏的"涟漪"栏中,通过调节"衰退"参数,可以获得较为真实的水滴涟漪波纹。

Example 实例 108 卡通五角星

素材文件	无	
效果文件	光盘/效果/第5章/实例108.max	
动画演示	光盘/视频/第5章/108.swf	
操作重点	涡轮平滑修改器	模型图 效果图

涡轮平滑修改器是用于平滑场景中的几何体，与平滑修改器相比，涡轮平滑修改器采用的计算方法不同，得到的平滑效果更加真实。本实例将用涡轮平滑修改器创建卡通五角星模型，其具体操作如下。

01 新建场景，在顶视图中创建一个星形，将"半径1"设置为"50"、"半径2"设置为"150"、"点"设置为"5"，如图5-116所示。

02 选中星形，在"修改器列表"下拉列表框中选择"挤出"命令，并在修改面板"参数"卷展栏中将"数量"设置为"25"，如图5-117所示。

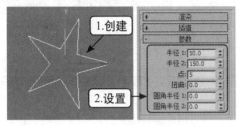

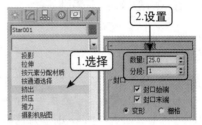

图5-116 创建圆环　　　　　　　　　　　图5-117 挤出星形

03 继续选中挤出的图形，在"修改器列表"下拉列表框中选择"涡轮平滑"命令，如图5-118所示。

04 在修改面板"涡轮平滑"卷展栏的"主体"栏中将"迭代次数"设置为"4"，完成模型的建立，如图5-119所示。

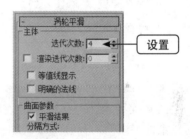

图5-118 选择涡轮平滑　　　　　　　　　图5-119 设置参数

Example 实例 **109** 沙发靠垫

素材文件	无	
效果文件	光盘/效果/第5章/实例109.max	
动画演示	光盘/视频/第5章/109.swf	
操作重点	细化修改器	

模型图　　　　　　　　　效果图

细化修改器会对当前选择的几何体对象或者曲面进行细分，以便更好地体现模型效果或进行后面的编辑。本实例将用细化修改器创建沙发靠垫模型，其具体操作如下。

01 新建场景，在顶视图中创建一个长方体，将"长度"、"宽度"、"高度"分别设置为"400"、"400"、"200"，如图5-120所示。

02 选中长方体，在"修改器列表"下拉列表框中选择"细化"命令，如图5-121所示。

03 在修改面板"参数"卷展栏中单击"多边形"按钮 ，然后在"张力"文本框中输入 "40",最后在"迭代次数"栏中选中"4"单选项,完成模型的建立,如图5-122所示。

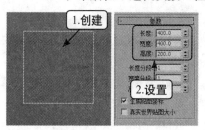

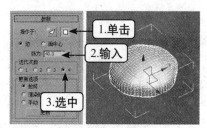

图5-120 创建长方体   图5-121 选择细化   图5-122 设置参数

专家课堂

在"细化"修改器修改面板"参数"卷展栏单击"面"按钮 ,可以对对象的面进行细化操作,同时在"张力"文本框中设置需要的数值后,可以改变面的效果得到不同的模型外观。

Example 实例 110 锁把手

素材文件	光盘/素材/第5章/实例110.max
效果文件	光盘/效果/第5章/实例110.max
动画演示	光盘/视频/第5章/110.swf
操作重点	网格平滑修改器

（模型图）　　　　　　　（效果图）

网格平滑修改器通过多种不同方法平滑场景中的几何体,与涡轮平滑修改器不同的是,网格平滑修改器允许对模型进行细分,且占用的系统资源较少。本实例将用网格平滑修改器创建锁把手模型,其具体操作如下。

01 打开素材提供的"实例110.max"文件。在前视图中创建管状体,将"半径1"设置为 "2.5"、"半径2"设置为"0.5","端面分段"设置为"5",如图5-123所示。

02 选中管状体,在"修改器列表"下拉列表框中选择"FFD 2×2×2"命令,如图5-124 所示。

03 在修改器堆栈中单击"FFD 2×2×2"选项左侧的"展开"按钮 ,在展开的列表中选择"控制点"层级,在顶视图中框选管状体下面的两个控制点,利用"选择并均匀缩放"工具将其缩放成如图5-125所示的形状。

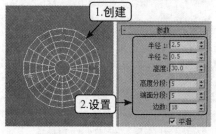

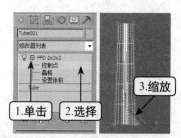

图5-123 创建管状体   图5-124 选择FFD 2×2×2   图5-125 缩放控制点

04 选中缩放好的管状体，在"修改器列表"下拉列表框中选择"网格平滑"命令，如图5-126所示。

05 在修改面板"细分量"卷展栏中将"迭代次数"设置为"3"，如图5-127所示。

06 最后将对象与场景中的原对象放置好对应的位置，完成模型的建立，如图5-128所示。

图5-126 选择网格平滑

图5-127 设置参数

图5-128 放置位置

Example 实例 **111** 洗衣机软管

素材文件	无	
效果文件	光盘/效果/第5章/实例111.max	
动画演示	光盘/视频/第5章/111.swf	
操作重点	路径变形修改器	模型图　　　　　效果图

路径变形修改器可让几何体对象根据图形、样条线等作为参考路径来改变模型的形状。本实例将用路径变形修改器创建洗衣机软管模型，其具体操作如下。

01 新建场景，在前视图中创建一条曲线，并在修改器堆栈中单击"Line"左侧的"展开"按钮，在展开的列表中选择"顶点"层级，如图5-129所示。

02 框选所有顶点，单击鼠标右键，在弹出的快捷菜单中选择"平滑"命令，如图5-130所示。

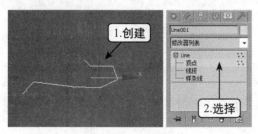

图5-129 创建曲线

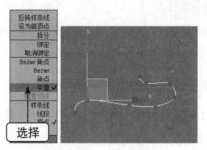

图5-130 选择平滑

03 在顶视图中创建软管，在修改面板"软管参数"卷展栏的"自由软管参数"栏中将高度设置为"370"，在"公用软管参数"栏中将"分段"设置为"400"、"周期数"设置为"80"、"直径"设置为"13"。最后在"软管形状"栏中选中"圆形软管"选项，将"直径"设置为"17"，"边数"设置为"100"，如图5-131所示。

04 选中软管，在"修改器列表"下拉列表框中选择"路径变形"命令，如图5-132所示。

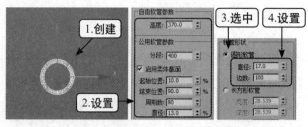

图5-131 创建软管   图5-132 选择路径变形

05 在修改面板"参数"卷展栏的"路径变形"栏中单击 拾取路径 按钮，然后单击创建的样条线，如图5-133所示。

06 再次进入修改面板，在"参数"卷展栏的"路径变形"栏的"拉伸"文本框中输入"1"，完成模型的建立，如图5-134所示。

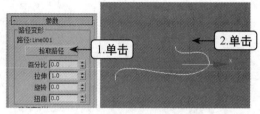

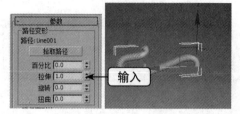

图5-133 拾取路径   图5-134 设置参数

专家课堂

为模型应用路径变形修改器后，可在修改面板"参数"卷展栏的"路径变形轴"栏中设置变形的参考坐标轴，并可进一步选中右侧的"翻转"复选框来确定是否在该轴上进行翻转操作。

Example 实例 **112 户外石桌**

素材文件	无	
效果文件	光盘/效果/第5章/实例112.max	
动画演示	光盘/视频/第5章/112.swf	
操作重点	锥化修改器	模型图 效果图

锥化修改器可通过缩放对象的两端使其产生锥化的轮廓效果。本实例将使用锥化修改器创建户外石桌模型，其具体操作如下。

01 新建场景，在顶视图中创建切角长方体，将"长度"、"宽度"、"高度"分别设置为"800"、"800"、"1200"，"圆角"设置为"20"，并将"高度分段"设置为"20"、"圆角分段"设置为"20"，如图5-135所示。

02 选中切角长方体，在"修改器列表"下拉列表框中选择"锥化"命令，并在修改面板"参数"卷展栏的"锥化"栏中将"数量"设置为"1.5"、"曲线"设置为"-3"，然后在"限制"栏中选中"限制效果"复选框，将"上限"设置为"1000"，"下限"设置为"80"，完成模型的建立，如图5-136所示。

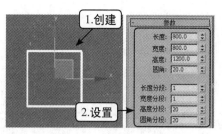

图5-135 创建切角长方体

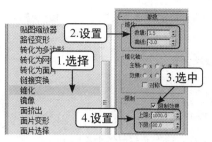

图5-136 选择锥化

Example 实例 113 卡通剪刀

素材文件	光盘/素材/第5章/实例113.max
效果文件	光盘/效果/第5章/实例113.max
动画演示	光盘/视频/第5章/113.swf
操作重点	镜像修改器

模型图　　　　效果图

镜像修改器可通过选择不同的镜像轴和偏移度，快速生成模型的镜像对象。本实例将使用镜像修改器创建卡通剪刀模型，其具体操作如下。

01 打开素材提供的"实例113.max"文件。在顶视图中创建一个圆环，将"半径1"设置为"30"，"半径2"设置为"15"，如图5-137所示。

02 将场景中的原对象与圆环在顶视图与前视图中分别放置好对应位置，如图5-138所示。

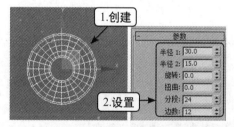

图5-137 创建圆环

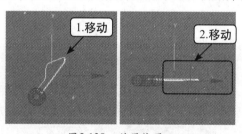

图5-138 放置位置

03 框选两个对象，在"修改器"下拉列表框中选择"镜像"命令，并在修改面板"参数"卷展栏的"镜像轴"栏中选中"Y"单选项，然后在"选项"栏中选中"复制"复选框，如图5-139所示。

04 在顶视图创建一个球体，将"半径"设置为"13"，并放置在如图5-140所示的位置，完成模型的建立。

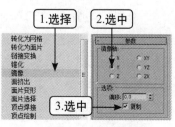

图5-139 选择镜像

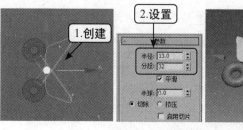

图5-140 创建球体

114 轴承

素材文件	无
效果文件	光盘/效果/第5章/实例114.max
动画演示	光盘/视频/第5章/114.swf
操作重点	面挤出修改器

模型图　　　　　　　效果图

　　面挤出修改器可将几何体对象的面沿其法线挤出，从而将二维图形转换为三维模型。使用面挤出修改器进行设置之前，一般会先用"多边形选择"修改器来对面进行选择，以方便面的挤出。本实例将用面挤出修改器创建轴承模型，其具体操作如下。

01 新建场景。在顶视图中创建一个圆环，并将"半径1"设置为"23"，"半径2"设置为"22"，如图5-141所示。

02 继续在顶视图中创建另一个圆环，将"半径1"设置为"18"，"半径2"设置为"17"，将该圆环与前一个圆环在X轴和Y轴方向中心对齐，如图5-142所示。

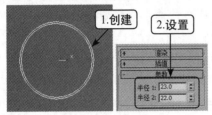

图5-141　创建圆环

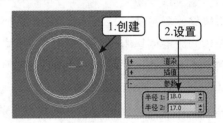

图5-142　创建圆环

03 框选两个圆环，在"修改器列表"下拉列表框中选择"挤出"命令，并在修改器面板"参数"卷展栏中将"数量"设置为"5"，如图5-143所示。

04 在顶视图中创建一个圆，将"半径"设置为"20"，并与其他两个圆环沿X轴和Y轴中心对齐，如图5-144所示。

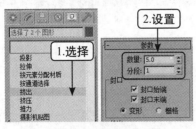

图5-143　挤出圆环

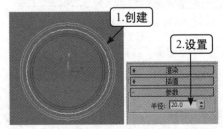

图5-144　创建圆

05 在顶视图中创建一个球体，将"半径"设置为"2"，"分段"设置为"32"，如图5-145所示。

06 将球体放置在如图5-146所示的位置，然后选择【工具】/【间隔工具】菜单命令。

07 在打开的"间隔工具"对话框"参数"卷展栏的"计数"文本框中输入"22"，然后单击 拾取路径 按钮，在顶视图中单击圆拾取路径。完成后分别单击 应用 按钮和 关闭 按钮，如图5-147所示。

08 利用【Delete】键删除多出的球体与下方作为间隔路径的圆，如图5-148所示。

09 在顶视图中创建一个管状体，将"半径1"设置为"23"、"半径2"设置为"40"、"高度"设置为"30"，并将"高度分段"设置为"1"、"端面分段"设置为"3"、"边数"设置为"64"，如图5-149所示。

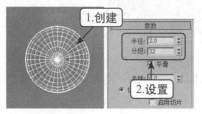

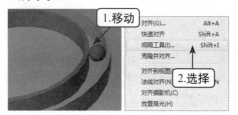

图5-145 创建球体　　　　　　　　　图5-146 选择间隔工具

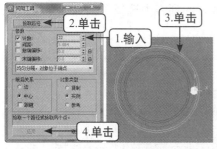

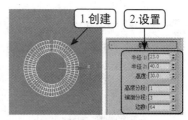

图5-147 路径阵列　　　　　图5-148 删除图形　　　　图5-149 创建管状体

10 选中管状体，在"修改器列表"下拉列表框中选择"多边形选择"命令，如图5-150所示。

11 在修改面板"参数"卷展栏中单击"多边形"按钮，在顶视图中框选所有多边形，然后在前视图中按住【Alt】键不放框选中间的多边形减选，如图5-151所示。

图5-150 选择多边形选择　　　　　　　　图5-151 选择多边形

12 回到修改面板"参数"卷展栏中单击　收缩　按钮，然后在"修改器"下拉列表框中选择"面挤出"命令，如图5-152所示。

13 在修改面板"参数"卷展栏中将"数量"设置为"-5"，如图5-153所示。

14 最后将模型与之前创建的模型放置好位置，完成模型的建立，如图5-154所示。

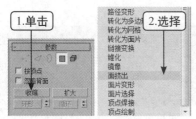

图5-152 选择面挤出　　　　图5-153 设置挤出参数　　　图5-154 放置位置

115 内六角螺丝刀

素材文件	无
效果文件	光盘/效果/第5章/实例115.max
动画演示	光盘/视频/第5章/115.swf
操作重点	扫描修改器（自定义截面）

模型图　　　　　　效果图

　　扫描修改器可沿着样条线路径挤出横截面，类似于放样复合对象。本实例将用扫描修改器中的自定义截面功能创建内六角螺丝刀模型，其具体操作如下。

01 新建场景，按住【Shift】键在顶视图中从下至上创建一条倒"L"形线，如图5-155所示。

02 在修改器堆栈中单击"Line"左侧的■按钮，在展开的列表中选择"顶点"层级，如图5-156所示。

03 选中线中间的顶点，在修改面板"几何体"卷展栏"圆角"文本框中输入"50"，然后单击 圆角 按钮，如图5-157所示。

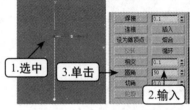

图5-155　创建线　　　图5-156　选择顶点层级　　　　　图5-157　圆角顶点

04 退出顶点层级，在顶视图中创建多边形，将"半径"设置为"20"，如图5-158所示。

05 选中线，在"修改器列表"下拉列表框中选择"扫描"命令，如图5-159所示。

06 在修改面板"截面类型"卷展栏中选中"使用自定义截面"单选项，单击 拾取 按钮，然后单击多边形拾取截面，完成模型的建立，如图5-160所示。

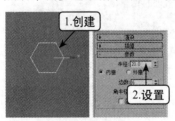

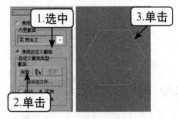

图5-158　创建多边形　　　图5-159　选择扫描　　　图5-160　拾取截面

116 "H"形钢

素材文件	无
效果文件	光盘/效果/第5章/实例116.max
动画演示	光盘/视频/第5章/116.swf
操作重点	扫描修改器（内置截面）

模型图　　　　　　效果图

扫描修改器除了能通过自定义的截面创建图形外，它也内置了许多截面样式。本实例就使用扫描修改器的内置截面来创建"H"形钢模型，其具体操作如下。

01 新建场景，按住【Shift】键在顶视图中创建一条直线，如图5-161所示。

02 选中线，在"修改器列表"下拉列表框中选择"扫描"命令，如图5-162所示。

图5-161　创建直线

图5-162　选择扫描

03 在修改面板"截面类型"卷展栏的"内置截面"下拉列表框中选择"宽法兰"选项，如图5-163所示。

04 在修改面板"参数"卷展栏中将"长度"设置为"20"、"宽度"设置为"10"、"厚度"设置为"1.5"、角半径设置为"1"，完成模型的建立，如图5-164所示。

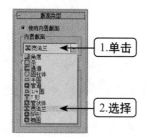

图5-163　选择宽法兰

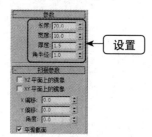

图5-164　设置参数

专家课堂

在使用扫描修改器拾取自定义截面后，若根据路径扫描创建出的对象所应用的轴向不是需要的轴向，可在修改面板"扫描参数"卷展栏中通过需要来选择"XZ平面上镜像"复选框与"XY平面上镜像"复选框进行轴向更换设置。若需要调整角度时，还可在"X偏移"文本框、"Y偏移"文本框与"角度"文本框中进行调整。

Example **实例** **117** **水桶**

素材文件	无	
效果文件	光盘/效果/第5章/实例117.max	
动画演示	光盘/视频/第5章/117.swf	
操作重点	曲面修改器	
	模型图	效果图

曲面修改器可基于样条线网格的轮廓生成面片曲面图形。本实例将使用曲面修改器创建水桶模型，其具体操作如下。

01 新建场景。在顶视图中创建一个圆，将"半径"设置为"4.5"，如图5-165所示。

02 在前视图中选中圆，按住【Shift】键同时拖动鼠标向下进行复制克隆，并在修改面板将"半径"修改为"5"，如图5-166所示。

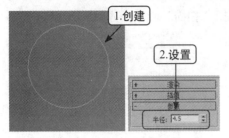
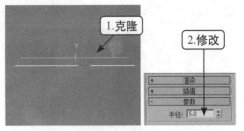

图5-165　创建圆　　　　　　　　　　　　图5-166　克隆圆

03 继续在前视图中选择克隆出的圆，按住【Shift】键向下拖动鼠标进行复制克隆，如图5-167所示。

04 在前视图中选择最上方的圆，按住【Shift】键向下拖动鼠标进行复制克隆，如图5-168所示。

05 在前视图中框选所有的圆，按住【Shift】键向下拖动鼠标进行复制克隆出两份，如图5-169所示。

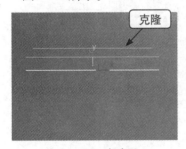
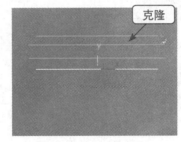

图5-167　克隆圆　　　　　　图5-168　克隆圆　　　　　　图5-169　克隆圆

06 在前视图中选中最下方的圆，按住【Shift】键向下拖动鼠标进行复制克隆，并将"半径"修改为"1"，如图5-170所示。

07 继续选中最下方半径为1的圆，按住【Shift】键向下拖动鼠标再次进行复制克隆，如图5-171所示。

08 选中最下方的圆，单击鼠标右键，在弹出的快捷菜单中选择【转换为】/【转换为可编辑样条线】命令，如图5-172所示。

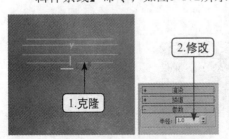

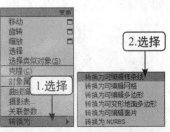

图5-170　克隆圆　　　　　　图5-171　克隆圆　　　　　　图5-172　转换为可编辑样条线

09 在修改面板"几何体"卷展栏中单击 附加多个 按钮，在打开的"附加多个"对话框中单击"显示图形"按钮，然后单击"全部选择"按钮，最后单击 附加 按钮进行全部附加，如图5-173所示。

🔟 继续在修改器堆栈中单击"可编辑样条线"左侧的➕按钮，在展开的列表中选择"顶点"层级，如图5-174所示。

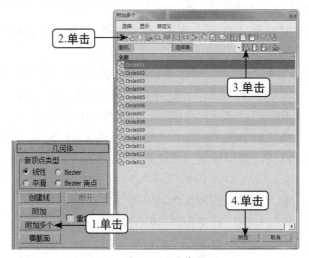

图5-173　全部附加　　　　　　　　图5-174　选择顶点层级

⓫ 在修改面板"几何体"卷展栏中单击 横截面 按钮，然后在前视图中通过单击鼠标从上至下将顶点连接起来，如图5-175所示。

⓬ 退出顶点层级，在"修改器列表"下拉列表框中选择"曲面"命令，在修改面板"参数"卷展栏的"样条线选项"栏的"阈值"文本框中输入"0"，然后选中"翻转法线"复选框与"移除内部面片"复选框，最后在"面片拓扑"栏的"步数"文本框中输入"7"，完成模型的建立，如图5-176所示。

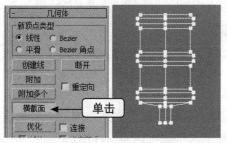

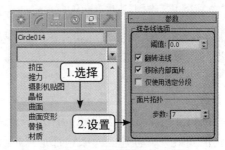

图5-175　创建横截面　　　　　　　图5-176　设置曲面修改器

专家解疑

1. 问：为什么无法使用弯曲修改器对创建的圆柱体进行弯曲处理？

答：这是由于分段数较少导致的，不仅弯曲修改器，FFD修改器、扭曲修改器等许多修改器，其效果与分段数的多少都直接相关，提高模型的分段数，修改器的效果会更加明显，但是，分段数的提高，意味着模型结构变得更加复杂，对系统的负担也更重，因此应根据模型的具体情况调整合适的分段段数，既能满足模型的编辑，又不致给系统增加太大的计算负担。

2. 问：FFD修改器中的控制点、晶格和设置体积选项各有什么作用？

答：控制点决定对象的基本形状；晶格决定控制点的位置，移动或缩放晶格时，位于体积内的控制点会局部变形；设置体积同样可以决定控制点的位置，但与晶格不一样的是，设置体积的变化不会影响所修改的对象形状。

3. 问：**想用一种平滑类修改器对模型的部分区域进行平滑处理，应该选择哪种修改器进行设置呢？**

答：3ds Max 2013提供了"平滑"修改器、"网格平滑"修改器与"涡轮平滑"修改器3种常用于平滑处理的修改器，其中后两个修改器主要是针对整个模型的平滑处理，而"平滑"修改器则可对模型部分进行平滑处理，需要注意的是，在使用"平滑"修改器对模型的部分进行平滑处理之前，需要选择需要平滑的"面片对象"，因此可首先为该模型添加一个"多边形选择"修改器，然后再选择需要平滑的多边形，再利用"平滑"修改器进行局部平滑处理。其大致操作方法如下：（1）选中需要平滑的模型，在"修改器列表"下拉列表框中选择"多边形选择"修改器，然后在修改器堆栈中单击"多边形选择"左侧的■按钮，在展开的列表中选择"多边形"层级，如图5-177所示。（2）在模型中选中需要平滑的多边形部分，添加"平滑"修改器，在修改面板"参数"卷展栏的"平滑组"中根据需要平滑的深度单击相应的数值按钮即可，如图5-178所示。

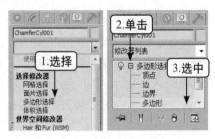

图5-177　选择多边形层级

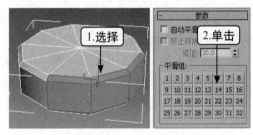

图5-178　平滑处理

4. 问：**壳修改器能为片面对象增加厚度，那怎么用壳修改器为对象增加边倒角，使其创建出的对象边角平滑呢？**

答：用壳修改器创建出的模型的倒角形状，可根据自己的需求来用样条线进行创建，然后在修改面板"参数"卷展栏中选中"倒角边"复选框，单击"倒角样条"后面的 None 按钮，再单击拾取创建的样条线就可对模型的所有边进行倒角处理。一般来讲，要想得到倒角效果，创建的样条线都是弧形线，弧度的大小决定倒角的程度。

5. 问：**样条线顶点层级中的横截面与修改器中的横截面修改器有什么区别？**

答：样条线顶点层级中的横截面需要在样条线顶点层级中选择，并且再对顶点进行连接时需要手动依次连接，而修改器中的"横截面"修改器则可将对象自动依次连接，并且在修改面板"参数"卷展栏的"样条线选项"栏中还可对顶点进行属性设置，其中包含"线性"、"平滑"、"Bezier"、"Bezier角点"等。

第6章
面片、网格、NURBS
建模

　　面片、网格和NURBS建模有其各自的优势，其中面片、网格建模可对模型的顶点、边、面片、多边形等层级进行编辑；NURBS建模则是通过生成曲面与曲线的方式对模型进行编辑。本章将主要对这3种建模方式进行介绍，一方面熟悉它们的建模方法，另一方面也为下一章的多边形建模打下良好基础。

Example 实例 118 儿童床

素材文件	无	
效果文件	光盘/效果/第6章/实例118.max	
动画演示	光盘/视频/第6章/118.swf	
操作重点	四边形面片建模	模型图　　　　　效果图

四边形面片建模可作为面片建模的基本对象，通过增加修改器创建出实体模型。本实例将使用四边形片面建模来创建一个儿童床模型，其具体操作如下。

01 新建场景，在命令面板中单击"创建"选项卡，然后单击"几何体"按钮 ◎，在下拉列表框中选择"面片栅格"选项，并单击 四边形面片 按钮。

02 在顶视图中按住鼠标左键不放，拖动鼠标创建出四边形面片，在修改面板"参数"卷展栏中将"长度"设置为"1200"，"宽度"设置为"2000"，"长度分段"设置为"5"，"宽度分段"设置为"5"，如图6-1所示。

03 选中面片，在"修改器列表"下拉列表框中选择"网格平滑"命令，如图6-2所示。

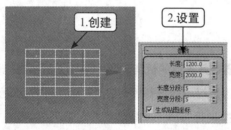

图6-1　创建四边形面片

图6-2　选择网格平滑

04 在修改器堆栈中单击"网格平滑"左侧的 ▦ 按钮，在展开的列表中选择"顶点"层级，如图6-3所示。

05 在顶视图中框选面片中除最外侧一圈的所有顶点，在前视图中利用移动工具沿Y轴向上移动至如图6-4所示的形状。

图6-3　选择顶点层级

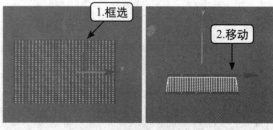

图6-4　移动顶点

06 继续在顶视图中按住【Ctrl】键不放，以间隔的方式加选面片最外圈的顶点，然后利用"选择并均匀缩放"工具在顶视图中向内缩放至如图6-5所示的形状。

07 退出顶点层级。在左视图中创建一个切角长方体，将"长度"、"宽度"、"高度"分别设置为"700"、"1100"、"200"，"圆角"设置为"50"，并将其与面片对象放置好对应的位置，完成模型的建立，如图6-6所示。

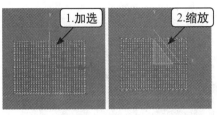

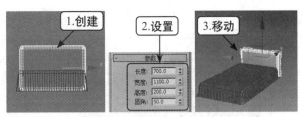

图6-5 缩放顶点　　　　　　　　　图6-6 创建切角长方体

Example 实例 119 树叶模型

素材文件	无	
效果文件	光盘/效果/第6章/实例119.max	
动画演示	光盘/视频/第6章/119.swf	
操作重点	编辑面片修改器	模型图　　　　效果图

使用编辑面片修改器可将几何体对象转换为面片对象，并对对象的点、边、面、元素、控制柄等进行编辑操作。本实例将使用编辑面片修改器来创建一个树叶模型，其具体操作如下。

01 新建场景，在命令面板中单击"创建"选项卡，然后单击"几何体"按钮 ◯ ，在下拉列表框中选择"面片栅格"选项，并单击 四边形面片 按钮。

02 在顶视图中创建四边形面片，并将"长度"、"宽度"均设置为"5"，然后将"长度分段"与"宽度分段"均设置为"2"，如图6-7所示。

03 选中面片，在"修改器列表"下拉列表框中选择"编辑面片"命令，如图6-8所示。

04 在修改器堆栈中单击"编辑面片"左侧的 ＋ 按钮，然后在展开的列表中选择"顶点"层级，如图6-9所示。

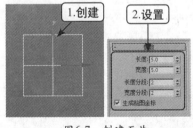

图6-7 创建面片　　　图6-8 选择编辑面片　　图6-9 选择顶点层级

05 在顶视图中选中片面左上角的顶点，利用移动工具将其向内移动，并利用控制柄将其调节平滑，如图6-10所示。

专家课堂

在对模型添加"网格平滑"修改器后在修改器堆栈中单击"网格平滑"左侧的 ＋ 按钮，在下拉列表中不仅能选择模型顶点，还能选择边来进行移动、旋转、缩放等操作，这样就可以更直观地在平滑状态下对模型进行编辑。

06 利用同样的方式将右上角的顶点调解成如图6-11所示的形状。

07 在修改器堆栈中选择"边"层级，如图6-12所示。

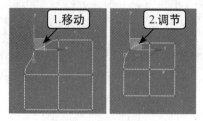 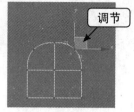 

图6-10　移动调节顶点　　　　图6-11　移动调节顶点　　　　图6-12　选择边层级

08 在顶视图中加选面片下面的两条边，在修改器面板"几何体"卷展栏的"拓扑"栏中单击 添加三角形 按钮，如图6-13所示。

09 回到顶点层级，在修改面板"几何体"卷展栏的"焊接"栏中单击 目标 按钮，然后在顶视图中面片左下方的顶点处按住鼠标左键不放，拖动鼠标到右下方的顶点处释放鼠标，如图6-14所示。

10 选中焊接好的顶点，利用移动工具将其调节成如图6-15所示的形状。

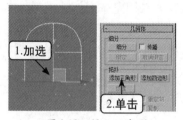 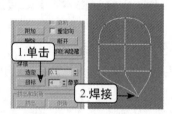 

图6-13　添加三角形　　　　图6-14　焊接顶点　　　　图6-15　调节顶点

11 在顶视图中框选面片中间竖排的顶点，单击鼠标右键，在弹出的快捷菜单中选择"角点"命令，如图6-16所示。

12 在前视图中利用移动工具沿Y轴向下移动成如图6-17所示的形状。

13 在修改器堆栈中选择"控制柄"层级，如图6-18所示。

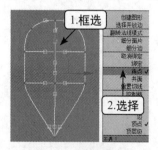 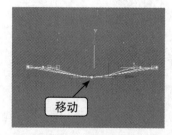 

图6-16　选择角点　　　　图6-17　移动顶点　　　　图6-18　选择控制柄层级

14 在前视图中加选中间顶点左右的控制柄，利用移动工具沿Y轴向上移动成如图6-19所示的形状。

15 退出控制柄层级，在"修改器列表"下拉列表框中选择"弯曲"命令，并在修改面板"参数"卷展栏中将"角度"设置为"45"，"方向"设置为"－22"，并选中"Y"单选项，完成模型的建立，如图6-20所示。

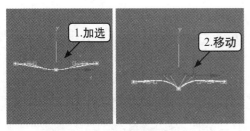

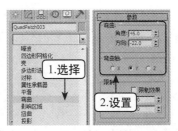

图6-19 移动控制柄 　　　　　　　　　　图6-20 设置弯曲修改器

Example 实例 120 冲水开关

素材文件	无		
效果文件	光盘/效果/第6章/实例120.max		
动画演示	光盘/视频/第6章/120.swf		
操作重点	编辑面片（挤出、倒角）	模型图	效果图

　　编辑面片时可以将面片对象进行挤出与倒角操作，且在挤出、倒角创建出的部分会呈现平滑状态。本实例将使用可编辑面片中的挤出、倒角功能来创建一个冲水开关模型，其具体操作如下。

01 新建场景。在顶视图中创建一个圆，将"半径"设置为"20"，如图6-21所示。

02 继续在顶视图中创建另一个圆，将"半径"设置为"25"，如图6-22所示。

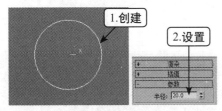

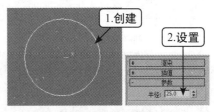

图6-21 创建圆 　　　　　　　　　　图6-22 创建圆

03 在顶视图中将两个圆在X轴和Y轴方向上中心对齐，然后在前视图中将半径大的圆放置在半径小的圆下方，如图6-23所示。

04 在前视图中选中半径小的圆，按住【Shift】键不放，向下拖动鼠标以复制的方式克隆出圆，并放置在如图6-24所示的位置。

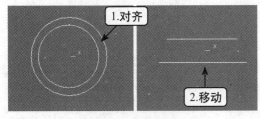

图6-23 调整圆的位置 　　　　　　　　图6-24 克隆圆

05 选中其中一个圆，单击鼠标右键，在弹出的快捷菜单中选择【转换为】/【转换为可编辑样条线】命令，如图6-25所示。

06 在修改器面板"几何体"卷展栏中单击 [附加] 按钮,然后分别单击另外两个圆将其附加到一起,如图6-26所示。

07 选中附加对象,在"修改器列表"下拉列表框中选择"横截面"命令,如图6-27所示。

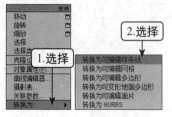
图6-25 转换为可编辑样条线

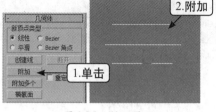
图6-26 附加圆

图6-27 选择横截面

08 在修改面板"参数"卷展栏中选中"平滑"单选项,如图6-28所示。

09 继续在"修改器列表"下拉列表框中选择"曲面"命令,如图6-29所示。

10 在修改器面板"参数"卷展栏的"样条线选项"栏的"阈值"文本框中输入"1",选中"翻转法线"复选框与"移除内部面片"复选框,然后在"面片拓扑"文本框中输入"20",如图6-30所示。

图6-28 选择平滑

图6-29 选择曲面

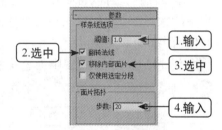
图6-30 设置曲面参数

11 继续选中对象,在"修改器列表"下拉列表框中选择"编辑面片"命令,如图6-31所示。

12 在修改器堆栈中单击"编辑面片"左侧的■按钮,在展开的列表中选择"面片"层级,如图6-32所示。

13 在透视图中选中对象顶部的面片,在修改面板"挤出和倒角"栏的"挤出"文本框中输入"−5",如图6-33所示。

图6-31 选择编辑面片命令　　图6-32 选择面片层级

图6-33 挤出面片

14 继续在修改面板"挤出和倒角"栏的"轮廓"文本框中输入"−2",如图6-34所示。

15 在修改面板"挤出和倒角"栏的"挤出"文本框中输入"30",如图6-35所示。

16 再次在修改面板"挤出和倒角"栏的"挤出"文本框中输入"5",如图6-36所示。

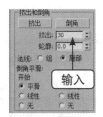

图6-34 倒角面片　　　图6-35 挤出面片　　　图6-36 挤出面片

⑰ 在修改面板"挤出和倒角"栏的"轮廓"文本框中输入"15"，如图6-37所示。

⑱ 最后在修改面板"挤出和倒角"栏的"挤出"文本框中输入"20"，完成模型的建立，如图6-38所示。

图6-37 倒角面片　　　　　　图6-38 挤出面片

Example 实例 121 欧式抽屉

素材文件	无		
效果文件	光盘/效果/第6章/实例121.max		
动画演示	光盘/视频/第6章/121.swf		
操作重点	可编辑网格（挤出、倒角）	模型图	效果图

可编辑网格中的挤出、倒角命令与面片网格中的不同之处，在于通过可编辑网格挤出、倒角后的网格对象呈现锐角状态。本实例将使用可编辑网格中的挤出、倒角命令创建出欧式抽屉模型，其具体操作如下。

① 新建场景，在前视图中创建一个长方体，并将"长度"、"宽度"、"高度"分别设置为"30"、"80"、"2"，如图6-30所示。

② 选中长方体，单击鼠标右键，在弹出的快捷菜单中选择【转换为】/【转换为可编辑网格】命令，如图6-40所示。

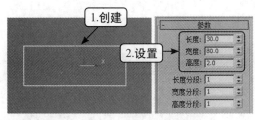
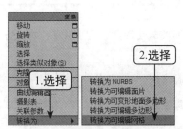

图6-39 创建长方体　　　　　图6-40 转换为可编辑网格

③ 在修改器堆栈中单击"可编辑网格"左侧的■按钮，在展开的列表中选择"多边形"

层级，如图6-41所示。

04 在前视图中选中已转换为可编辑网格的对象，在修改面板"编辑几何体"卷展栏的"倒角"文本框中输入"－2"，如图6-42所示。

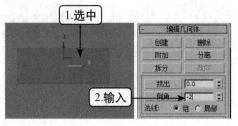

图6-41　选择多边形层级　　　　　　图6-42　倒角多边形

05 继续在修改面板"编辑几何体"卷展栏的"挤出"文本框中输入"－1"，在"倒角"文本框中输入"－3"。

06 保持该多边形的选中状态，继续在"挤出"文本框中输入"2"，最后在"倒角"文本框中输入"－3"，将图形创建成如图6-43所示的形状。

07 在透视图中选中长方体背面的多边形，在修改面板"编辑几何体"卷展栏的"挤出"文本框中输入"1"，在"倒角"文本框中输入"－2"，然后在"挤出"文本框中再次输入"60"，将图形创建成如图6-44所示的形状。

08 继续在顶视图中选中上方的多边形，在修改面板"编辑几何体"卷展栏的"挤出"文本框中输入"1"，然后在"倒角"文本框中输入"－2"，最后在"挤出"文本框中输入"－25"，将模型创建成如图6-45所示的形状，完成模型的建立。

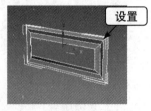  

图6-43　挤出与倒角多边形　　　图6-44　挤出与倒角多边形　　　图6-45　挤出与倒角多边形

专家课堂

　　在修改面板"编辑几何体"卷展栏中单击 挤出 或 倒角 按钮，然后将鼠标指针移到所选对象上，通过拖动鼠标可直观地设置挤出大小或倒角大小。

Example **实例** 122 纸盒

素材文件	无	
效果文件	光盘/效果/第6章/实例122.max	
动画演示	光盘/视频/第6章/122.swf	
操作重点	可编辑网格（创建）	模型图　　　　效果图

可编辑网格中的创建命令可将子对象添加到单个选定的网格对象中。本实例将使用可编辑网格中的创建命令创建出纸盒模型，其具体操作如下。

01 新建场景，在前视图中创建一个长方体，选中该长方体，单击鼠标右键，在弹出的快捷菜单中选择【转换为】/【转换为可编辑网格】命令，如图6-46所示。

02 在修改器堆栈中单击"可编辑网格"左侧的➕按钮，然后在展开的列表中选择"多边形"层级，如图6-47所示。

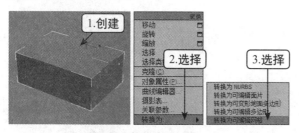
图6-46　转换为可编辑网格

图6-47　选择多边形层级

03 在修改面板"编辑几何体"卷展栏中单击 创建 按钮，然后在顶视图的空白位置通过单击鼠标创建一个封闭的矩形，如图6-48所示。

04 选择该矩形，在修改面板"编辑几何体"卷展栏的"挤出"文本框中输入"30"，如图6-49所示。

05 选择长方体的所有多边形，按【Delete】键将其删除。选中创建的矩形网格对象，在修改器堆栈中单击"可编辑网格"左侧的➕按钮，在展开的列表中选择"边"层级，如图6-50所示。

图6-48　创建网格对象

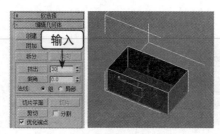
图6-49　挤出多边形

图6-50　选择边层级

06 在左视图中从上向下框选上方的两条边，在前视图中按住【Shift】键，利用移动工具沿Y轴向上移动并克隆到如图6-51所示的位置。

07 继续利用"选择并均匀缩放"工具在顶视图中沿Y轴向下进行缩放至如图6-52所示的形状。

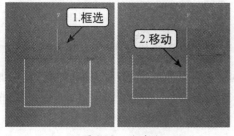
图6-51　移动边

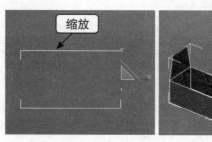
图6-52　缩放边

专家课堂

　　本实例中所创建的长方体,其作用主要用于转换为可编辑网格,以便使用可编辑网格中的"创建"功能,因此这里在使用了"创建"功能后,便可将该长方体删除了。

08 在顶视图中选中上方的边,在前视图中按住【Shift】键,利用移动工具沿Y轴向上移动并克隆至如图6-53所示的位置。

09 继续在左视图中按住【Shift】键,沿X轴向右移动并克隆边,并按相同的方法在顶视图中沿X轴向左进行缩放,如图6-54所示。

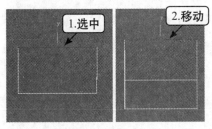

图6-53　移动边

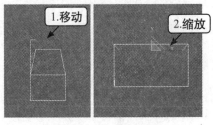

图6-54　移动缩放边

10 利用移动工具移动对象的边,将图形调整成如图6-55所示的形状。

11 在"修改器列表"下拉列表框中选择"壳"命令,如图6-56所示。

12 在修改面板"参数"卷展栏的"外部量"文本框中输入"0.1",完成模型的建立,如图6-57所示。

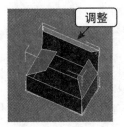

图6-55　调整对象

图6-56　选择壳

图6-57　输入外部量

Example 实例 **123 足球**

素材文件	无		
效果文件	光盘/效果/第6章/实例123.max	模型图	效果图
动画演示	光盘/视频/第6章/123.swf		
操作重点	可编辑网格（炸开、附加）		

　　可编辑网格中的炸开命令,可将几何对象的面分离成单独的网格对象,而附加命令则可将单独的对象进行合并。本实例将使用可编辑网格中的炸开与附加命令共同创建足球模型,其具体操作如下。

01 新建场景,在顶视图中创建一个异面体,在修改面板"参数"卷展栏的"系列"

栏中选中"十二面体/二十面体"单选项,继续在"系列参数"栏中将"P"设置为"0.3",最后将"半径"设置为"50",如图6-58所示。

02 选中异面体,单击鼠标右键,在弹出的快捷菜单中选择【转换为】/【转换为可编辑网格】命令,如图6-59所示。

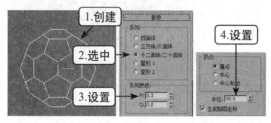

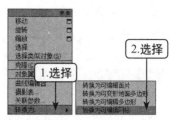

图6-58 创建异面体　　　　　　　　图6-59 转换为可编辑网格

03 在修改器堆栈中单击"可编辑网格"左侧的■按钮,在展开的列表中选择"多边形"层级,如图6-60所示。

04 框选所有多边形,在修改面板"编辑几何体"卷展栏中单击 炸开 按钮,打开"炸开为对象"对话框,单击 确定 按钮,如图6-61所示。

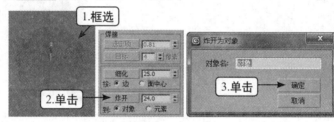

图6-60 选择多边形层级　　　　　　　图6-61 炸开对象

05 退出多边形层级,在修改面板"编辑几何体"卷展栏中单击 附加列表 按钮,打开"附加列表"对话框,依次单击"全部选择"按钮█和 附加 按钮,如图6-62所示。

06 在修改器堆栈中进入"多边形"层级,框选所有多边形,在"编辑几何体"栏中"挤出"文本框中输入"5",然后在"倒角"文本框中输入"－3",将对象创建成如图6-63所示的形状。

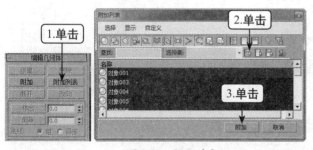

图6-62 附加对象　　　　　　　　图6-63 创建对象

07 退出多边形层级,在"修改器列表"下拉列表框中选择"网格平滑"命令,如图6-64所示。

08 在修改面板"细分方法"卷展栏下方的下拉列表框中选择"四边形输出"选项,完成模型的建立,如图6-65所示。

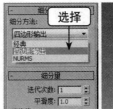

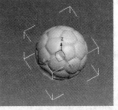

图6-64 选择网格平滑　　　　　　　　　图6-65 设置细分方法

专家课堂

　　为模型应用了"网格平滑"修改器后，可在修改面板"细分量"卷展栏中调整平滑度来控制网格平滑的效果，该参数的范围在"0～1.0"之间调整。

Example 实例 124 首饰盒

素材文件	无	
效果文件	光盘/效果/第6章/实例124.max	
动画演示	光盘/视频/第6章/124.swf	
操作重点	可编辑网格（切片平面）	模型图　　　　　效果图

　　可编辑网格中的切片平面命令，可将网格对象以平面的方式剪切出环形边。本实例将使用可编辑网格中的切片平面命令来创建首饰盒模型，其具体操作如下。

01 新建场景，在顶视图中创建一个切角长方体，将"长度"、"宽度"、"高度"分别设置为"30"、"30"、"20"，"圆角"设置为"2"，如图6-66所示。

02 选中切角长方体，单击鼠标右键，在弹出的快捷菜单中选择【转换为】/【转换为可编辑网格】命令，如图6-67所示。

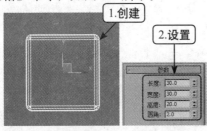

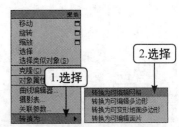

图6-66 创建切角长方体　　　　　　　图6-67 转换为可编辑网格

03 在修改器堆栈中单击"可编辑网格"左侧的■按钮，在展开的列表框中选择"边"层级，如图6-68所示。

04 在修改器面板"编辑几何体"卷展栏中单击 切片平面 按钮，然后在前视图中利用移动工具将切面沿Y轴向上移动到如图6-69所示的位置。继续在修改面板"编辑几何体"卷展栏中单击 切片 按钮，切出线。

05 再次单击 切片平面 按钮关闭平面，在修改器堆栈中进入"多边形"层级，在前视图中框选切出边上方的所有多边形，然后在修改器面板"编辑几何体"卷展栏"倒角"文本框下方选中"局部"单选项，再在"挤出"文本框中输入"－2"，如图6-70所示。

06 在顶视图中选中顶部的多边形，在修改面板"编辑几何体"卷展栏"挤出"文本框中
输入"－18"，如图6-71所示。

图6-68 选择边层级

图6-69 切片平面

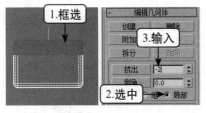

图6-70 挤出多边形

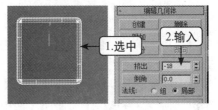

图6-71 挤出多边形

07 退出多边形层级并选中对象，在前视图中单击工具栏中的"镜像"工具，以"复
制"的镜像方式沿"Y"镜像轴镜像出另一个对象，将镜像出的对象放置在原对象上
方位置，如图6-72所示。

08 选中镜像对象，在修改器堆栈中进入"顶点"层级，框选对象最下方的顶点，按
【Delete】键将其删除。退出顶点层级，利用"选择并旋转"工具在左视图中将图形
旋转成如图6-73所示的形状，最后将对象放好位置完成模型的建立。

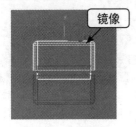

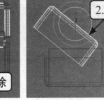

图6-72 镜像对象

图6-73 旋转放置对象

Example 实例 125 陶瓷花盘

素材文件	无
效果文件	光盘/效果/第6章/实例125.max
动画演示	光盘/视频/第6章/125.swf
操作重点	可编辑网格（塌陷）

模型图　　　　效果图

可编辑网格中的塌陷命令，可将网格对象顶点层级中选中的多个顶点进行塌陷并焊接成
一个顶点。本实例将使用可编辑网格中的塌陷命令来创建陶瓷花盘模型，其具体操作如下。

01 新建场景，在顶视图中创建一个圆柱体，将"半径"设置为"30"、"高度"设置为"10"，"端面分段"设置为"2"，如图6-74所示。

02 选中圆柱体，单击鼠标右键，在弹出的快捷菜单中选择【转换为】/【转换为可编辑网格】命令，如图6-75所示。

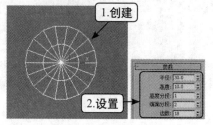

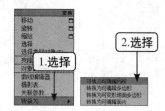

图6-74 创建圆柱体　　　　　　　图6-75 转换为可编辑网格

03 在修改器堆栈中单击"可编辑网格"左侧的➕按钮，在展开的列表中选择"多边形"层级，如图6-76所示。

04 在前视图框选所有多边形，然后按住【Alt】键减选顶层以外的其他多边形，在修改面板"编辑几何体"卷展栏的"挤出"栏中输入"2"，在"倒角"文本框中输入"−2"，再次在"挤出"文本框中输入"−9"，将图形创建成如图6-77所示的形状。

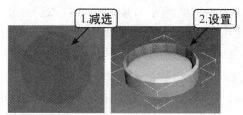

图6-76 选择多边形层级　　　　　图6-77 挤出与倒角多边形

专家课堂

　　选择可编辑网格模型后，除了在修改器堆栈中选择进入相应的层级外，也可在"选择"卷展栏中单击相应按钮进入对应的层级。另外，按【1】～【5】键也可进入对应的层级编辑状态。

05 在顶视图中间隔加选三角形多边形，在修改面板"编辑几何体"卷展栏"挤出"文本框中输入"5"，在"倒角"文本框中输入"−2.5"，将图形创建成如图6-78所示的形状。

06 在修改器堆栈中进入"顶点"层级，在顶视图中框选中间圆形部分的全部顶点，在修改面板"编辑几何体"卷展栏中单击　塌陷　按钮，如图6-79所示。

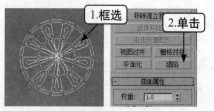

图6-78 挤出与倒角多边形　　　　图6-79 塌陷顶点

07 在顶视图中选中中间塌陷好的顶点，在前视图中利用移动工具沿Y轴向下移动至如

图6-80所示的位置。

08 退出顶点层级并选中对象，在"修改器列表"下拉列表框中选择"网格平滑"命令，完成模型的建立，如图6-81所示。

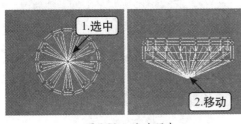

图6-80 移动顶点

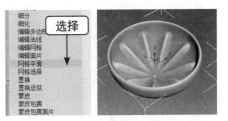

图6-81 平滑对象

Example 实例 **126** 镂空戒指

素材文件	无		
效果文件	光盘/效果/第6章/实例126.max		
动画演示	光盘/视频/第6章/126.swf		
操作重点	可编辑网格（剪切）	模型图	效果图

可编辑网格中的剪切命令，可在网格对象上通过鼠标任意剪切出边线。本实例将使用可编辑网格中的剪切命令来创建镂空戒指模型，其具体操作如下。

01 新建场景，在顶视图中创建平面，将"长度"设置为"1"、"宽度"设置为"30"，继续将"长度分段"设置为"6"、"宽度分段"设置为"40"，如图6-82所示。

02 选中平面，单击鼠标右键，在弹出的快捷菜单中选择【转换为】/【转换为可编辑网格】命令，如图6-83所示。

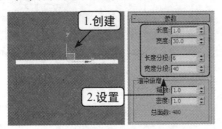

图6-82 创建平面

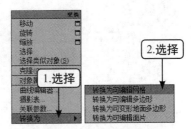

图6-83 转换为可编辑网格

03 在修改器堆栈中单击"可编辑网格"左侧的 ⊞ 按钮，在展开的列表中选择"边"层级，如图6-84所示。

04 在工具栏中单击"捕捉开关"按钮 进入3D捕捉状态，在修改器面板"编辑几何体"卷展栏中单击 剪切 按钮，利用顶点捕捉的方式在顶视图捕捉顶点，然后单击鼠标捕捉下一个顶点进行剪切，如图6-85所示。

05 按相同方法在平面上剪切出一条如图6-86所示的边，然后单击"捕捉开关"按钮 关闭"捕捉"，单击鼠标右键或 剪切 按钮退出剪切状态，然后在修改面板"编辑几何体"卷展栏的"切角"文本框中输入"0.1"。

06 在修改器堆栈中进入"多边形"层级,在顶视图中加选如图6-87所示的多边形,然后按【Delete】键删除。

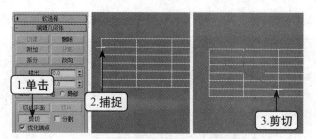

图6-84 选择边层级　　　　　　　　图6-85 剪切平面

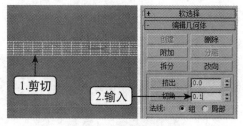
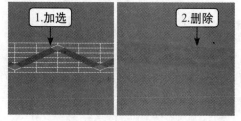

图6-86 剪切并切角边　　　　　　　图6-87 删除多边形

07 退出多边形层级,在"修改器列表"下拉列表框中选择"弯曲"命令,并在修改面板"参数"卷展栏"弯曲"栏中将"角度"设置为"360",然后在"弯曲轴"栏中选中"X"单选项,如图6-88所示。

08 继续选中对象,在"修改器列表"下拉列表框中选择"壳"命令,在修改面板"参数"卷展栏中将"外部量"设置为"0.1",完成模型的建立,如图6-89所示。

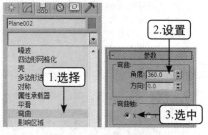
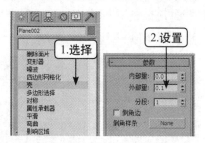

图6-88 应用弯曲修改器　　　　　　图6-89 应用壳修改器

Example 实例 127 国际象棋

素材文件	无	
效果文件	光盘/效果/第6章/实例127.max	模型图　　　　效果图
动画演示	光盘/视频/第6章/127.swf	
操作重点	NURBS建模(创建车削曲面)	

　　NURBS建模中的创建车削曲面可将NURBS曲线通过车削,得到NURBS曲面对象,车削方式类似于车削修改器。本实例将使用曲面建模中的创建车削曲面命令来创建国际象棋

模型，其具体操作如下。

01 新建场景，在命令面板中单击"创建"选项卡，然后单击"图形"按钮，在下拉列表框中选择"NURBS曲线"选项，并单击 点曲线 按钮。

02 在前视图中单击鼠标创建曲线的顶点，向下移动鼠标继续创建出一条如图6-90所示的曲线，单击鼠标右键完成创建。

03 单击"修改"选项卡，在修改面板"常规"卷展栏中单击"NURBS创建工具箱"按钮，在打开的"NURBS"工具栏中单击"创建车削曲面"按钮，然后单击曲线，完成模型的建立，如图6-91所示。

图6-90 创建点曲线

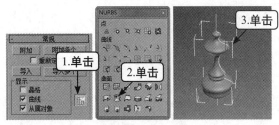

图6-91 车削曲线

Example 实例 128 儿童时钟

素材文件	无	模型图	效果图
效果文件	光盘/效果/第6章/实例128.max		
动画演示	光盘/视频/第6章/128.swf		
操作重点	NURBS建模（创建挤出曲面）		

NURBS建模中的创建挤出曲面可将曲线、曲面进行挤出操作。本实例将使用NURBS建模中的创建挤出曲面配合创建封口曲面等操作创建儿童时钟模型，其具体操作如下。

01 新建场景。在前视图中创建一个矩形，将"长度"、"宽度"均设置为"50"，"圆角"设置为"2"，如图6-92所示。

02 选择矩形，单击鼠标右键，在弹出的快捷菜单中选择【转换为】/【转换为可编辑样条线】命令，如图6-93所示。

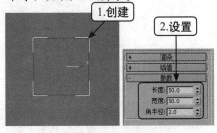

图6-92 创建矩形

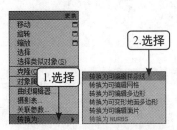

图6-93 选择可编辑样条线

03 在修改器堆栈中进入顶点层级，框选所有顶点后单击鼠标右键，在弹出的快捷菜单中选择"Bezier"命令，如图6-94所示。

04 退出顶点层级，在该图形上单击鼠标右键，在弹出的快捷菜单中选择【转换为】/【转换为NURBS】命令，如图6-95所示。

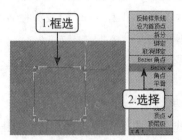

图6-94　选择Bezier

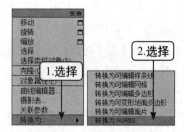

图6-95　转换为NURBS

05 在修改面板"常规"卷展栏中单击"NURBS创建工具箱"按钮，在打开的"NURBS"工具栏中单击"创建偏移曲线"按钮，如图6-96所示。

06 在前视图中单击矩形，在修改面板"偏移曲线"卷展栏的"偏移"文本框中输入"－5"，如图6-97所示。

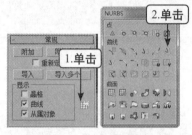

图6-96　单击创建偏移曲线

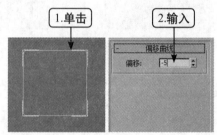

图6-97　偏移曲线

07 继续在"NURBS"工具栏中单击"创建U向放样曲面"按钮，然后在前视图中单击外侧的矩形，再单击内圈的矩形，如图6-98所示。

08 在"NURBS"工具栏中单击"创建挤出曲面"按钮，然后单击矩形外侧的线，在修改面板"挤出曲面"卷展栏的"数量"文本框中输入"50"，如图6-99所示。

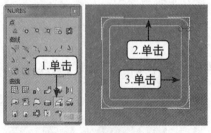

图6-98　创建U向放样曲面

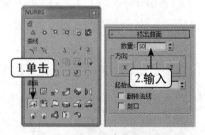

图6-99　创建挤出曲面

专家课堂

　　NURBS提供了2种曲线，分别是"点曲线"与"CV曲线"，它们的不同之处在于前者是由点组成的曲线，后者是由晶格点组成的曲线。两种曲线都可通过三维方式绘制，其方法为：单击 点曲线 或 CV曲线 按钮，在下方的"创建曲线"卷展栏中选中"在所有视口中绘制"复选框绘制即可。

09 在透视图中单击矩形内侧的线，在修改面板"挤出曲面"卷展栏的"数量"文本框中输入"20"，如图6-100所示。

⑩ 在"NURBS"工具栏中单击"创建封口曲面"按钮，然后在透视图中单击矩形中间的线，如图6-101所示。

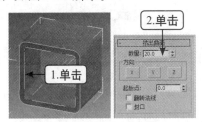

图6-100　创建挤出曲面

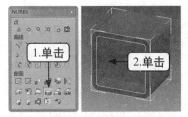

图6-101　创建封口曲面

⑪ 在透视图中将图形旋转到背面，单击边线封口，如图6-102所示。

⑫ 继续在顶视图中创建一个圆柱体，将"半径"设置为"4"，"高度"设置为"4"，如图6-103所示。

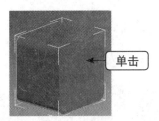

图6-102　创建封口曲面

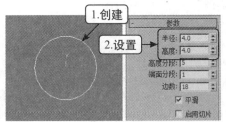

图6-103　创建圆柱体

⑬ 在前视图中创建一个长方体，将"长度"、"宽度"、"高度"分别设置为"20"、"4"、"4"，如图6-104所示。

⑭ 继续在前视图中创建长方体，将"长度"、"宽度"、"高度"分别设置为"35"、"1"、"4"，如图6-105所示。

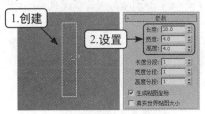

图6-104　创建长方体

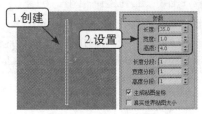

图6-105　创建长方体

⑮ 在前视图中选中最长的长方体，利用"选择并旋转工具"将其向右旋转至如图6-106所示的形状。

⑯ 将圆柱体与两个长方体在前视图中放置成如图6-107所示的形状，再将这些模型放置在使用NURBS曲线创建出的对象中心位置，完成模型的建立。

图6-106　旋转长方体

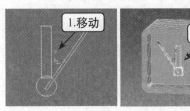

图6-107　放置位置

素材文件	光盘/素材/第6章/实例129.max	
效果文件	光盘/效果/第6章/实例129.max	
动画演示	光盘/视频/第6章/129.swf	模型图　　　　　效果图
操作重点	NURBS建模（创建向量投影曲线）	

　　NURBS建模中的创建向量投影曲线，可将图形对象投影到曲面对象上并进行编辑。本实例将使用NURBS建模中的创建向量投影曲线创建MP3模型，其具体操作如下。

01 打开素材提供的"实例129.max"文件，选中图形，在修改面板"常规"卷展栏中单击"NURBS"创建工具箱按钮，在打开的"NURBS"工具栏中单击"创建偏移曲线"按钮，如图6-108所示。

02 在前视图中单击图形，在修改面板"偏移曲线"卷展栏的"偏移"文本框中输入"－10"，如图6-109所示。

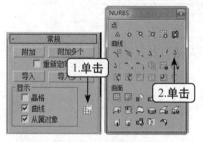

图6-108　单击创建偏移曲线

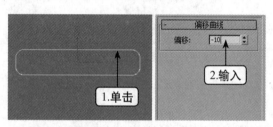

图6-109　偏移曲线

03 在"NURBS"工具栏中单击"创建U向放样曲面"按钮，然后在前视图中依次单击外侧和内侧的曲线，如图6-110所示。

04 在打开的"NURBS"栏中单击"创建挤出曲面"按钮，然后在前视图中单击外侧的线，在修改面板"挤出曲面"卷展栏的"数量"文本框中输入"－100"，如图6-111所示。

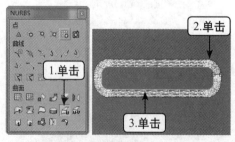

图6-110　单击创建U向放样曲面

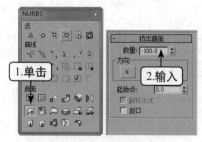

图6-111　单击创建挤出曲面

05 在透视图中单击矩形内侧的曲线，在修改面板"挤出曲面"卷展栏的"数量"文本框中输入"－5"，如图6-112所示。

06 在"NURBS"工具栏中单击"创建封口曲面"按钮，然后在透视图中单击矩形内侧的曲线，将模型进行封口，如图6-113所示。

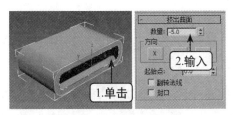

图6-112 单击创建挤出曲面　　　　　图6-113 单击创建挤封口曲面

07 在"修改器列表"下拉列表框中选择"对称"命令，如图6-114所示。

08 在修改器堆栈中单击"对称"左侧的 ➕ 按钮，在展开的列表中选择"镜像"层级，在"参数"卷展栏的"镜像轴"栏中选中"Z"单选项，并取消选中"沿镜像轴切片"复选框，然后在顶视图中利用移动工具沿Y轴向上移动成如图6-115所示的形状。

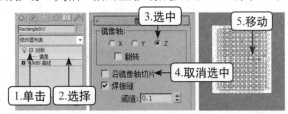

图6-114 选择对称　　　　　　　图6-115 移动镜像轴

09 在顶视图中创建一个圆，将"半径"设置为"70"，并结合前视图将圆放置在对象上方如图6-116所示的位置。

10 选择NURBS曲面模型，在修改器堆栈中选择"NURBS曲面"层级，在修改面板"常规"卷展栏中单击 附加 按钮，然后单击圆，如图6-117所示。

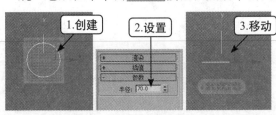

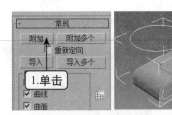

图6-116 创建圆　　　　　　　　图6-117 附加圆

11 打开"NURBS"工具栏，单击"创建向量投影曲线"按钮 ，然后在顶视图中单击圆，再单击下方的对象，如图6-118所示。

12 在修改面板"向量投影曲线"卷展栏的"修剪控制"栏中选中"修剪"复选框，如图6-119所示。

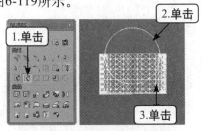

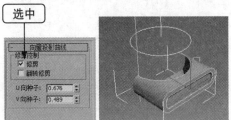

图6-118 创建向量投影曲线　　　　图6-119 修剪图形

13 在"NURBS"工具栏中单击"创建挤出曲面"按钮 ，然后在透视图中单击圆形处的边，在修改面板"挤出曲面"卷展栏的"数量"文本框中输入"－10"，并在"方向"栏中单击 ▼ 按钮,如图6-120所示。

⑭ 在顶视图中创建一个管状体,将"半径1"设置为"68"、"半径2"设置为"50"、"高度"设置为"10"、"边数"设置为"32",如图6-121所示。

图6-120 挤出曲面

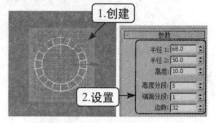

图6-121 创建管状体

⑮ 继续在顶视图中创建一个圆柱体,将"半径"设置为"49"、"高度"设置为"10"、"边数"设置为"32",如图6-122所示。

⑯ 最后将3个对象在顶视图与前视图中放置好对应的位置,完成模型的建立,如图6-123所示。

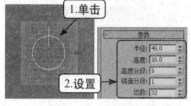

图6-122 创建圆柱体

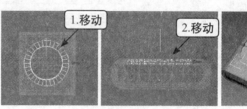

图6-123 放置位置

Example 实例 130 轮胎模型

素材文件	无	
效果文件	光盘/效果/第6章/实例130.max	
动画演示	光盘/视频/第6章/130.swf	
操作重点	NURBS建模(创建规则曲面)	模型图　　　　效果图

NURBS建模中的创建规则曲面命令可在曲线之间生成曲面。本实例将使用NURBS建模中的创建规则曲面命令来创建轮胎模型,其具体操作如下。

① 新建场景,在前视图中创建一个圆,并将"半径"设置为"50",如图6-124所示。

② 选中圆并单击鼠标右键,在弹出的快捷菜单中选择【转换为】/【转换为NURBS】命令,如图6-125所示。

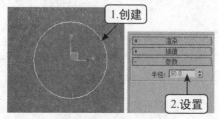

图6-124 创建圆

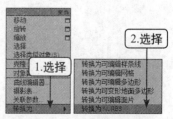

图6-125 转换为NURBS

03 选中圆，在顶视图中以"复制"的方式沿Y轴向下克隆出一个圆，如图6-126所示。

04 选中克隆出的圆，继续以"复制"的方式在顶视图中沿Y轴向下克隆出两个圆，如图6-127所示。

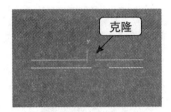
图6-126 克隆圆

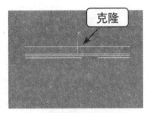
图6-127 克隆圆

05 在顶视图中选中从下向上的第二个圆，利用"选择并均匀缩放"工具将其均匀缩放至如图6-128所示的形状。

06 在顶视图中框选下面3个圆，以"复制"的方式沿Y轴向下克隆出两份对象，如图6-129所示。

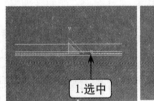
图6-128 缩放圆

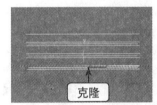
图6-129 克隆对象

07 在顶视图中选中最上面的圆，以"复制"的方式沿Y轴向上克隆出一个，如图6-130所示。

08 选中上一步克隆出的圆，利用"选择并均匀缩放"工具将其均匀缩放至如图6-131所示的形状。

图6-130 克隆圆

图6-131 缩放圆

09 选中顶视图中最上方的圆，以"复制"的方式沿Y轴向下克隆出一份，并将其放置在如图6-132所示的位置。

10 在顶视图中选中最上面的圆，在修改面板"常规"卷展栏中单击"NURBS创建工具箱"按钮。如图6-133所示。

图6-132 克隆圆

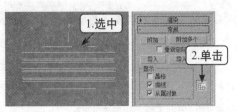
图6-133 选中圆

⑪ 在打开的"NURBS"工具栏中单击"创建规则曲面"按钮 ⬚，如图6-134所示。

⑫ 在顶视图中单击第二个圆，然后返回单击第一个圆。继续单击第三个圆，再返回单击第二个圆。以此类推，单击完所有的圆，将图形建立成如图6-135所示的形状。

图6-134　单击创建规则曲面

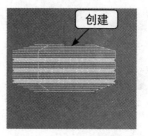

图6-135　创建规则曲面

⑬ 继续在前视图对象中心创建一个圆，将"半径"设置为"28"，并将其"转换为NURBS"，如图6-136所示。

⑭ 以同上相同的方式在顶视图中对圆进行多次克隆、缩放，最后创建成如图6-137所示的形状。

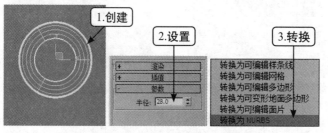

图6-136　创建圆转换为NURBS

图6-137　创建图形

⑮ 在顶视图中选中上一步创建好的图形最上方的圆，打开"NURBS"工具栏，单击"创建规则曲面"按钮 ⬚，如图6-138所示。

⑯ 最后在顶视图中按相同方式创建规则曲面，并将两个对象放置好对应的位置完成模型的建立，如图6-139所示。

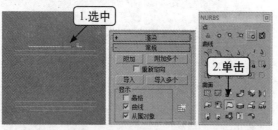

图6-138　单击NURBS曲面

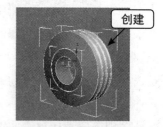

图6-139　创建、放置对象

专家解疑

1. 问：怎么将几何体对象转换为面片对象？

答：任何几何体对象与封闭的样条线对象都可转换为面片对象，其常用的转换方式分为两种：第一种是选中需要转换的几何体或封闭样条线对象，在"修改器列表"下拉列表框中选择"编辑面片"修改器来转换对象；第二种是选中需转换的对象，单击鼠标右键，在弹出的快捷菜单中选择【转换为】/【转换为可编辑面片】命令。

2. 问：怎么为面片对象添加分段数？

答：如果需要对整个面片对象添加分段数，可在"可编辑面片"对象修改器堆栈中单击"可编辑面板"左侧的⊞按钮，在展开的列表中选择"元素"层级，然后选中对象，在修改面板"几何体"卷展栏中单击 细分 按钮，就可以对整个模型按照自身的面片形状添加分段，再次单击 细分 按钮，又可在此基础上再次添加，以此类推。如果需要为对象中的某一面片添加分段，则需在修改器堆栈中进入"面片"层级，然后选中需增加分段的面片，同样在修改面板"几何体"卷展栏中单击 细分 按钮，其操作方式与前文所述操作相同。如果选中"传播"复选框后再单击 细分 按钮，则能与元素层级执行相同的细分效果。

3. 问：若对象是可编辑面片，利用移动工具就可对可编辑面片对象的子层级进行平滑移动，但如果对象为可编辑网格时，能进行相同的操作吗？

答："可编辑网格"对象不同于"可编辑面片"对象，在"可编辑面片"对象中所有的子层级移动都呈现平滑效果，而"可编辑网格"对象需在修改面板"软选择"卷展栏中选中"使用软选择"复选框后，才可对子层级进行平滑的移动。

4. 问：在"可编辑网格"中使用软选择后其平滑移动的效果不理想，能调节吗？

答：在"可编辑网格"中使用软选择后，可在"软选择"卷展栏中通过调节"衰减"、"收缩"、"膨胀"文本框中的数值来控制使用软选择移动的平滑效果。

5. 问：NURBS建模中除提供"CV曲线"与"点曲线"外，还有其他的创建方式吗？

答：3ds Max 2013提供了4种可直接创建出NURBS对象的图形，它们分别为"CV曲线"、"点曲线"、"CV曲面"与"点曲面"，后两者在命令面板中单击"创建"选项卡，然后单击"几何体"按钮◎，在下拉列表框中选择"NURBS曲面"选项后，就可单击相应按钮进行创建。"CV曲面"与"点曲面"创建方法和作用相同，通过对点、曲面的调节从而进行对模型的创建。需要注意的是，"CV曲面"与"点曲面"都是NURBS建模中的初始建模工具，它们的不同之处在于，"点曲面"是由点组成的曲面，"CV曲面"为晶格点组成的曲面，它们的点的移动都是呈现平滑效果，所以是创建平滑、柔软模型的最佳选择。

6. 问：几何体对象可以转换为NURBS对象吗？

答：样条线对象与几何体对象都可转换为NURBS对象进行再编辑，通过转换成为的NURBS对象，会直接转换为"NURBS曲面"对象，转换方法为：选中需转换的对象，单击鼠标右键，在弹出的快捷菜单中选择【转换为】/【转换为NURBS】命令即可。

第7章
多边形建模（一）

多边形建模是目前使用最多的建模方式，它是通过将各种几何体转换为可编辑多边形模型后，再进行点、边、多边形、元素、边界的编辑而创建模型的一种建模方式。其功能涵盖了网格建模的所有优点，同时更新了许多快捷方法，是非常实用的一种建模功能。本章将重点对多边形建模中的顶点、边和边界层级的编辑方法进行介绍。

Example **实例** 131　面包吸顶灯

素材文件	光盘/素材/第7章/实例131.max
效果文件	光盘/效果/第7章/实例131.max
动画演示	光盘/视频/第7章/131.swf
操作重点	编辑顶点（移除）

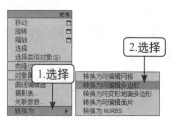
模型图　　　　　　　效果图

　　编辑顶点（移除）可将多边形对象多余的顶点删除。本实例将使用编辑顶点的移除功能来创建面包吸顶灯模型，其具体操作如下。

01 打开素材提供的"实例131.max"文件，在顶视图中创建一个球体并将"半径"设置为"11"，"分段"设置为"32"，如图7-1所示。

02 选中球体并单击鼠标右键，在弹出的快捷菜单中选择【转换为】/【转换为可编辑多边形】命令，如图7-2所示。

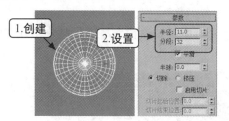

图7-1　创建球体　　　　　　　图7-2　转换为可编辑多边形

03 结合顶视图和前视图将球体放置在如图7-3所示的位置，然后在修改器堆栈中单击"可编辑多边形"左侧的 ■ 按钮，在展开的列表中选择"顶点"层级。

04 在前视图中框选如图7-4所示的顶点，然后在修改面板"编辑顶点"卷展栏中单击 ■ 移除 ■ 按钮，将选中的顶点移除，完成模型的建立。

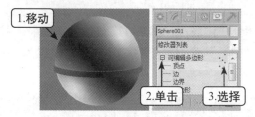

图7-3　选择顶点层级　　　　　　图7-4　移除顶点

Example **实例** 132　碗模型

素材文件	无
效果文件	光盘/效果/第7章/实例132.max
动画演示	光盘/视频/第7章/132.swf
操作重点	编辑顶点（断开）

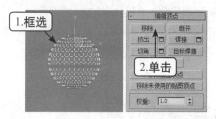
模型图　　　　　　　效果图

　　编辑顶点（断开）可在与选定顶点相连的每个多边形上都创建一个新顶点。本实例将使用编辑顶点的断开功能来创建一个碗模型，其具体操作如下。

01 新建场景。在顶视图中创建一个球体，并将"半径"设置为"50"，"分段"设置为"63"，如图7-5所示。

02 选中球体并单击鼠标右键，在弹出的快捷菜单中选择【转换为】/【转换为可编辑多边形】命令，如图7-6所示。

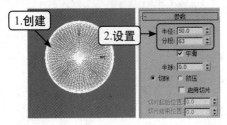

图7-5 创建球体

图7-6 转换为可编辑多边形

03 在修改器堆栈中单击"可编辑多边形"左侧的■按钮，在展开的列表中选择"顶点"层级，如图7-7所示。

04 在前视图中框选如图7-8所示的顶点，在修改面板"编辑顶点"卷展栏中单击 移除 按钮将其移除。

图7-7 选择顶点层级

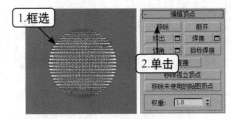

图7-8 移除顶点

05 继续在前视图中框选球体上方第一排顶点，在修改面板"编辑顶点"卷展栏中单击 断开 按钮，如图7-9所示。

06 利用移动工具将断开创建的顶点向下移动到球体底部，然后在"修改器列表"下拉列表框中选择"壳"命令，并在修改面板"参数"卷展栏中将"外部量"设置为"1"，完成模型的建立，如图7-10所示。

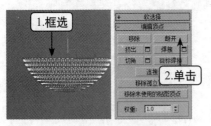

图7-9 断开顶点

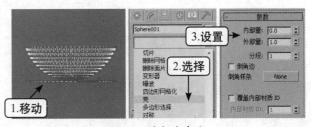

图7-10 选择壳命令

专家课堂

　　使用顶点的断开功能后，虽然所选顶点构成的模型可以单独进行编辑，但它与断开前的对象同属一个模型，因此将同步应用添加的修改器效果。

133 **朋克手环**

素材文件	无		
效果文件	光盘/效果/第7章/实例133.max	模型图	效果图
动画演示	光盘/视频/第7章/133.swf		
操作重点	编辑顶点（挤出）		

编辑顶点（挤出）可将多边形顶点向内或向外挤出。本实例将使用编辑顶点的挤出功能来创建一个朋克手环模型，其具体操作如下。

01 新建场景。在顶视图中创建一个管状体，将"半径1"设置为"20"、"半径2"设置为"19"、"高度"设置为"5"、"高度分段"设置为"2"、"端面分段"设置为"1"、"边数"设置为"32"，如图7-11所示。

02 选中管状体，单击鼠标右键，在弹出的快捷菜单中选择【转换为】/【转换为可编辑多边形】命令，如图7-12所示。

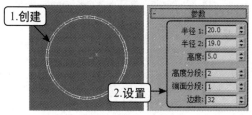

图7-11 创建管状体

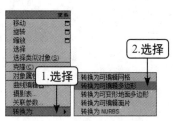

图7-12 转换为可编辑多边形

03 在前视图中选中管状体，在修改器堆栈中单击"可编辑多边形"左侧的 ⊞ 按钮，在展开的列表中选择"顶点"层级，如图7-13所示。

04 在前视图中框选对象中间一排顶点，在工具栏中按住"矩形选择区域"按钮 ▢ 不放，在弹出的下拉列表中选择"圆形选择区域"按钮 ◯ ，利用该工具并按住【Alt】键在顶视图中减选掉对象内侧的顶点，如图7-14所示。

图7-13 选择顶点层级

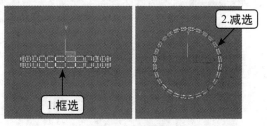

图7-14 选择顶点

05 在修改面板"编辑顶点"卷展栏中单击 挤出 按钮右侧的 ▢ 按钮，在弹出的界面中将"高度"设置为"5"，"宽度"设置为"1.5"，然后单击 ✓ 按钮关闭对话框，如图7-15所示。

06 退出顶点层级。在"修改器列表"下拉列表框中选择"噪波"命令，在修改面板"参数"卷展栏"噪波"栏中选中"分形"复选框，最后在"强度"栏中将"X"、"Y"、"Z"分别设置为"10"、"5"、"5"，完成模型的建立，如图7-16所示。

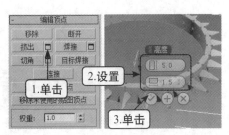

图7-15 挤出顶点

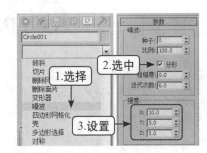

图7-16 选择澡波

Example 实例 134 欧式落地灯

素材文件	无		
效果文件	光盘/效果/第7章/实例134.max		
动画演示	光盘/视频/第7章/134.swf	模型图	效果图
操作重点	编辑顶点（焊接）		

　　编辑顶点（焊接）可将多边形相邻的两个或多个顶点焊接成为一个顶点。本实例将使用编辑顶点的焊接功能来创建一个欧式落地灯模型，其具体操作如下。

01 新建场景。在顶视图中创建一个圆柱体，将"半径"设置为"45"，"高度"设置为"5"，"边数"设置为"32"，如图7-17所示。

02 继续在顶视图中创建一个圆柱体，将"半径"设置为"35"，"高度"设置为"4"，"边数"设置为"32"，如图7-18所示。

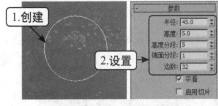

图7-17 创建圆柱体

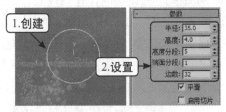

图7-18 创建圆柱体

03 将2个圆柱体分别在顶视图与前视图中放置好位置，如图7-19所示。

04 在前视图中从上向下创建如图7-20所示的线。

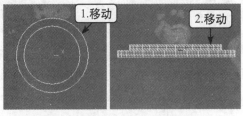

图7-19 放置圆柱体

图7-20 创建线

05 在修改器堆栈中单击"Line"左侧的■按钮，在展开的列表中选择"顶点"层级，如图7-21所示。

06 框选线的所有顶点，单击鼠标右键，在弹出的快捷菜单中选择"Bezier"命令，然后利用顶点的控制柄将图形调节至如图7-22所示的形状。

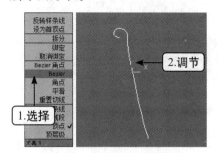

图7-21　选择顶点层级　　　　　　　　　　图7-22　调节Bezier顶点

07 退出顶点层级，在前视图中选中线，在命令面板单击"层级"选项卡▦，然后单击 ▦ 轴 按钮，继续在"调整轴"卷展栏中单击 仅影响轴 按钮，如图7-23所示。

08 利用移动工具在前视图中将轴点沿Y轴向下移动到最下方靠左的位置，如图7-24所示。再次单击 仅影响轴 按钮取消调整轴的状态。

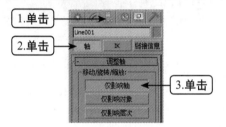

图7-23　选择轴　　　　　　　　　　　　　图7-24　移动轴

09 在菜单栏中选择【工具】/【阵列】命令，如图7-25所示。

10 打开"阵列"对话框，在"增量"栏的"旋转"行中将"Y"文本框的值设置为"120"，然后在"阵列维度"栏中选中"1D"单选项，并将"数量"设置为"3"，然后单击 确定 按钮，如图7-26所示。

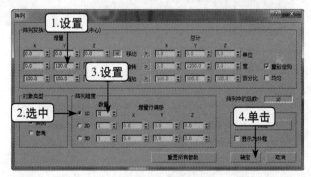

图7-25　选择阵列工具　　　　　　　　　　图7-26　阵列设置

11 在前视图中框选3条样条线，在修改面板"渲染"卷展栏中选中"在渲染中启用"复选框与"在视口中启用"复选框，继续选中"径向"单选项，并将"厚度"设置为"1"，"边"设置为"12"，如图7-27所示。

12 然后将3条样条线在顶视图与前视图中放置好位置，如图7-28所示。

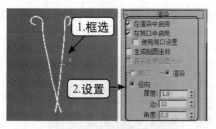

图7-27　渲染样条线

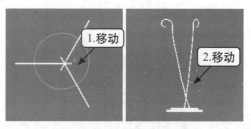

图7-28　放置样条线位置

⑬ 继续在顶视图中创建一个圆环，并将"半径1"设置为"42"，"半径2"设置为"1.5"，"分段"设置为"24"，"边数"设置为"12"，如图7-29所示。

⑭ 将圆环在顶视图与前视图中放置好位置，如图7-30所示。

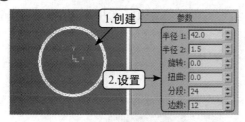

图7-29　创建圆环

图7-30　放置圆环位置

⑮ 继续在顶视图中创建一个球体，将"半径"设置为"40"，"分段"设置为"64"，如图7-31所示。

⑯ 选中球体并单击鼠标右键，在弹出的快捷菜单中选择【转换为】/【转换为可编辑多边形】命令，如图7-32所示。

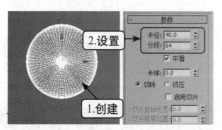

图7-31　创建球体

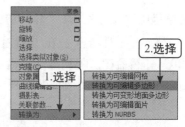

图7-32　转换为可编辑多边形

⑰ 在修改器堆栈中单击"可编辑多边形"左侧的 按钮，在下拉列表中选择"顶点"层级，如图7-33所示。

⑱ 在前视图中框选如图7-34所示的顶点，然后在修改面板"编辑顶点"卷展栏中单击 焊接 按钮右侧的 按钮。

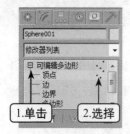

图7-33　选择顶点层级

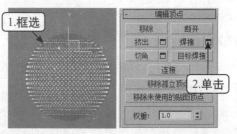

图7-34　选择焊接

⑲ 在弹出的界面中将"焊接阈值"设置为"10"，然后单击☑按钮关闭该界面，如图7-35所示。

⑳ 最后在前视图中利用移动工具将焊接后的顶点向下移动到如图7-36所示的位置，并将该模型放置好位置，完成模型的建立。

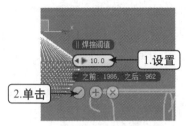

图7-35 焊接顶点

图7-36 移动顶点放置位置

专家课堂

为了方便模型的创建，本实例也可先创建球体并转换为可编辑多边形进行建模，然后再根据模型的形状创建对应的样条线支架，这样可使支架更加贴合模型。

Example 实例 **135 欧式床尾凳**

素材文件	无		
效果文件	光盘/效果/第7章/实例135.max		
动画演示	光盘/视频/第7章/135.swf	模型图	效果图
操作重点	编辑顶点（切角）		

编辑顶点（切角）可将多边形所有连向原来顶点的边上产生一个新的顶点。本实例将使用编辑顶点的切角功能来创建一个欧式床尾凳模型，其具体操作如下。

① 新建场景。在顶视图中创建一个切角长方体，将"长度"设置为"80"，"宽度"设置为"114"，"高度"设置为"16"，"圆角"设置为"2"，"长度分段"设置为"1"，"宽度分段"设置为"1"，"高度分段"设置为"1"，"圆角分段"设置为"3"，如图7-37所示。

② 在前视图中选中长方体，按住【Shift】键向上拖动鼠标，以复制的方式克隆出另一个长方体，并在修改面板中将"长度分段"修改为"50"，"宽度分段"修改为"50"，"高度分段"修改为"50"，如图7-38所示。

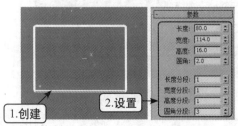

图7-37 创建切角长方体

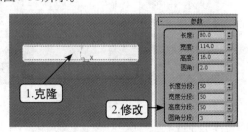

图7-38 克隆切角长方体

03 在前视图中选中克隆出的切角长方体，在"修改器列表"下拉列表框中选择"噪波"命令，如图7-39所示。

04 在修改面板"参数"卷展栏的"噪波"栏中选中"分形"复选框，继续在"强度"栏中将"X"、"Y"、"Z"均设置为"2"，如图7-40所示。

05 继续在顶视图中创建切角长方体，将"长度"设置为"80"，"宽度"设置为"12"，"高度"设置为"60"，"圆角"设置为"1"，"长度分段"设置为"1"，"宽度分段"设置为"1"，"高度分段"设置为"1"，"圆角分段"设置为"3"，如图7-41所示。

 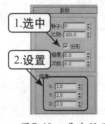 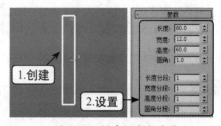

图7-39 选择噪波命令　　图7-40 噪波设置　　　图7-41 创建切角长方体

06 选中上一步创建的切角长方体，单击鼠标右键，在弹出的快捷菜单中选择【转换为】/【转换为可编辑多边形】命令，如图7-42所示。

07 在修改器堆栈中单击"可编辑多边形"左侧的■按钮，在展开的列表中选择"顶点"层级，如图7-43所示。

08 在前视图中框选长方体右上角的顶点，利用移动工具将其向下移动至如图7-44所示的形状。

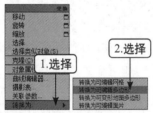 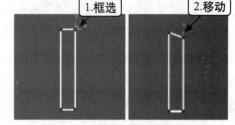

图7-42 转换为可编辑多边形　　图7-43 选择顶点层级　　　　图7-44 移动顶点

09 退出顶点层级，利用镜像工具，将图形沿X轴以"实例"的方式镜像克隆出一个模型。如图7-45所示。

10 将镜像出的对象与原对象分别放置在先前创建的切角长方体的两侧，如图7-46所示。

  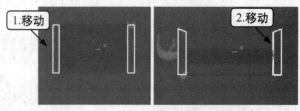

图7-45 镜像克隆对象　　　　　　图7-46 放置模型

11 继续在顶视图中创建一个长方体，将"长度"、"宽度"、"高度"分别设置为"5"、"5"、"15"，如图7-47所示。

⑫ 选中长方体并单击鼠标右键，在弹出的快捷菜单中选择【转换为】/【转换为可编辑多
边形】命令，如图7-48所示。

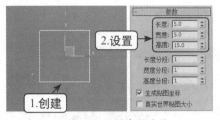

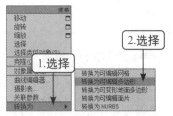

图7-47 创建长方体　　　　　　　图7-48 转换为可编辑多边形

⑬ 在修改器堆栈中单击"可编辑多边形"左侧的█按钮，在展开的列表中选择"顶点"
层级，如图7-49所示。

⑭ 在前视图中框选长方体下方的顶点，在修改面板"编辑顶点"卷展栏中单击 切角 按
钮右侧的█按钮，如图7-50所示。

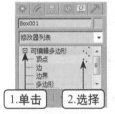

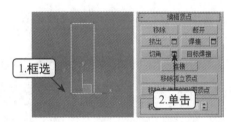

图7-49 选择顶点层级　　　　　　图7-50 选择切角

⑮ 在弹出的界面中将"顶点切角量"设置为"2"，然后单击☑按钮，如图7-51所示。

⑯ 最后将完成切角的长方体以"实例"的方式克隆出3份，并将其放置在凳子下方作为4
个凳脚，完成模型的建立，如图7-52所示。

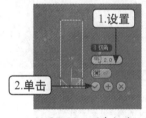

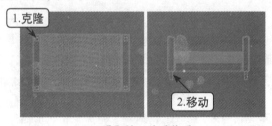

图7-51 顶点切角　　　　　　　　图7-52 放置位置

Example 实例 136 钻石模型

素材文件	无
效果文件	光盘/效果/第7章/实例136.max
动画演示	光盘/视频/第7章/136.swf
操作重点	编辑顶点（连接）

模型图　　　　　　　效果图

　　编辑顶点（连接）可在选中的顶点对之间创建新的边。本实例将使用编辑顶点的连接
功能来创建钻石模型，其具体操作如下。

01 新建场景，在顶视图中创建一个圆柱体，将"半径"设置为"50"，"高度"设置为"10"，"边数"设置为"16"，如图7-53所示。

02 选中圆柱体，单击鼠标右键，在弹出的快捷菜单中选择【转换为】/【转换为可编辑网格】命令，如图7-54所示。

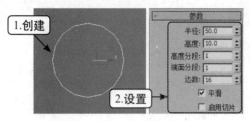

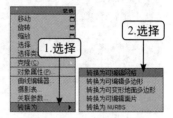

图7-53　创建圆柱体　　　　图7-54　转换为可编辑网格

03 在修改器堆栈中单击"可编辑网格"左侧的■按钮，在展开的列表中选择"多边形"层级，如图7-55所示。

04 在透视图中选中如图7-56所示的多边形，在修改面板"编辑几何体"卷展栏的"挤出"文本框中输入"9"。

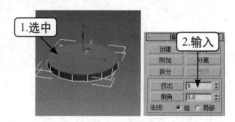

图7-55　选择多边形层级　　　　图7-56　挤出多边形

05 继续在修改面板"编辑几何体"卷展栏的"倒角"文本框中输入"-14"，如图7-57所示。

06 继续在透视图中选中如图7-58所示的多边形，在修改面板"编辑几何体"卷展栏的"挤出"文本框中输入"33"，如图7-58所示。

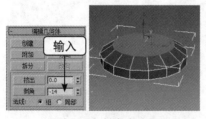

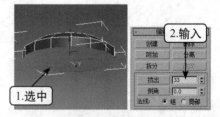

图7-57　倒角多边形　　　　图7-58　挤出多边形

07 进入顶点层级，在前视图中框选如图7-59所示的顶点，在修改面板"编辑几何体"卷展栏中单击 塌陷 按钮。

08 退出顶点层级，选中对象，单击鼠标右键，在弹出的快捷菜单中选择【转换为】/【转换为可编辑多边形】命令，如图7-60所示。

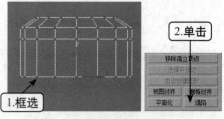

图7-59　塌陷顶点

09 在修改器堆栈中单击"可编辑多边形"左侧的 ➕ 按钮，在弹出的列表中选择"顶点"层级，如图7-61所示。

10 在顶视图中加选如图7-62所示的顶点，在修改面板"编辑顶点"卷展栏中单击 连接 按钮将两个顶点之间连接一条线。

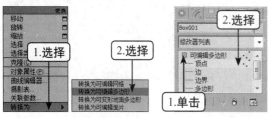
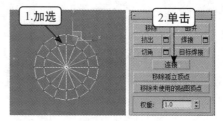

图7-60 转换为可编辑多边形　图7-61 选择顶点层级　　　图7-62 连接顶点

11 以相同的方法在顶视图中分别将顶点连接成如图7-63所示的效果。

12 在修改器堆栈中单击"可编辑多边形"左侧的 按钮，在展开的列表中选择"多边形"层级，继续在顶视图中加选如图7-64所示的多边形，最后在前视图中利用移动工具向上移动到合适的位置，完成模型的建立。

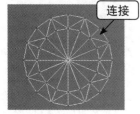

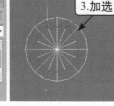

图7-63 连接顶点　　　　　图7-64 移动多边形

Example 实例 137 射灯模型

素材文件	无
效果文件	光盘/效果/第7章/实例137.max
动画演示	光盘/视频/第7章/137.swf
操作重点	编辑顶点（目标焊接）

模型图　　　效果图

编辑顶点（目标焊接）可在多边形上选择一个顶点，并将它焊接到相邻目标顶点。本实例将使用编辑顶点的目标焊接功能来创建射灯模型，其具体操作如下。

01 新建场景。在顶视图中创建一个圆柱体，并将"半径"设置为"10"，"高度"设置为"30"，"高度分段"设置为"6"，"端面分段"设置为"2"，"边数"设置为"18"，如图7-65所示。

02 选中圆柱体并单击鼠标右键，在弹出的快捷菜单中选择【转换为】/【转换为可编辑多边形】命令，如图7-66所示。

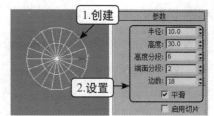

图7-65 创建圆柱体

03 在修改器堆栈中单击"可编辑多边形"左侧的 ➕ 按钮，在展开的列表中选择"多边形"层级，如图7-67所示。

04 在顶视图中加选如图7-68所示的多边形，然后按【Delete】键将多边形进行删除。

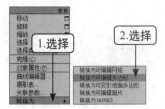 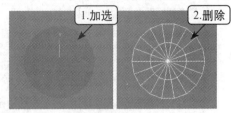

图7-66 转换为可编辑多边形　　图7-67 选择多边形层级　　图7-68 删除多边形

05 在修改器堆栈中进入"顶点"层级，在前视图中框选最上方的一圈顶点，利用"选择并均匀缩放"工具向内缩放成如图7-69所示的效果。

06 继续利用移动工具在前视图中将选择顶点向下移动至如图7-70所示的位置。

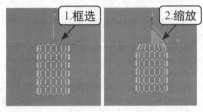 

图7-69 缩放顶点　　　　　　　　图7-70 移动顶点

07 在修改面板"编辑顶点"卷展栏中单击 目标焊接 按钮，然后在透视图中单击下方最后一排单个顶点，移动鼠标向上单击垂直对应的上一排顶点进行焊接，以相同的方式分别将图形焊接成如图7-71所示的形状。

08 在"修改器列表"下拉列表框中选择"壳"命令，并在修改面板"参数"卷展栏中将"内部量"设置为"1"，如图7-72所示。

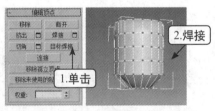 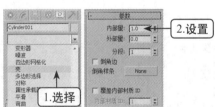

图7-71 目标焊接顶点　　　　　图7-72 移动顶点

09 在顶视图中创建一个圆柱体，将"半径"设置为"7"，"高度"设置为"1"，如图7-73所示。

10 最后将圆柱体在顶视图与前视图中放置好对应的位置，完成模型的建立，如图7-74所示。

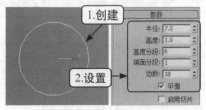 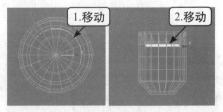

图7-73 创建圆柱体　　　　　　图7-74 放置圆柱体

138 软包墙面

素材文件	无	模型图	效果图
效果文件	光盘/效果/第7章/实例138.max		
动画演示	光盘/视频/第7章/138.swf		
操作重点	编辑边（插入顶点）		

编辑边（插入顶点）可在选择的边上任意添加顶点。本实例将使用编辑边的插入顶点功能来创建软包墙面，其具体操作如下。

01 新建场景。在前视图中创建一个平面，将"长度"、"宽度"分别设置为"10"、"10"，"长度分段"设置为"2"，"宽度分段"设置为"2"，如图7-75所示。

02 选中平面并单击鼠标右键，在弹出的快捷菜单中选择【转换为】/【转换为可编辑多边形】命令，如图7-76所示。

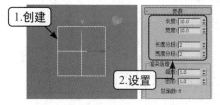

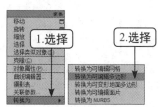

图7-75　创建平面　　　　　　　　图7-76　转换为可编辑多边形

03 在修改器堆栈中单击"可编辑多边形"左侧的■按钮，在展开的列表中选择"边"层级，如图7-77所示。

04 在修改面板"编辑边"卷展栏中单击 插入顶点 按钮，然后在前视图中如图7-78所示的位置单击鼠标插入4个顶点。

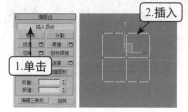

图7-77　选择边层级　　　　　　　　图7-78　插入顶点

05 在修改器堆栈中进入"顶点"层级，在前视图中加选如图7-79所示的3个顶点，在修改面板"编辑顶点"卷展栏中单击 连接 按钮将其连接。

06 继续在前视图中加选如图7-80所示的3个顶点，在修改面板"编辑顶点"卷展栏中单击 连接 按钮进行连接。

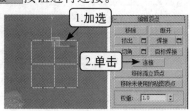

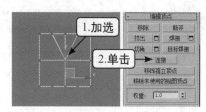

图7-79　连接顶点　　　　　　　　图7-80　连接顶点

07 在修改器堆栈中进入"边"层级,在修改面板"编辑边"卷展栏中单击 挤出 按钮右侧的 按钮,在弹出的界面中将"高度"设置为"1","宽度"设置为"1",然后单击 按钮,如图7-81所示。

08 在"修改器列表"下拉列表框中选择"网格平滑"命令,在修改面板"细分量"卷展栏中将"迭代次数"设置为"2",如图7-82所示。

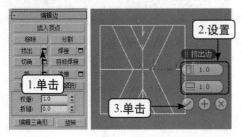

图7-81 挤出边

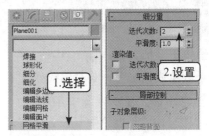

图7-82 选择网格平滑

09 在工具栏中打开"2.5D捕捉"开关,在前视图中捕捉到长方形左上方的顶点,按住【Shift】键的同时,拖动该顶点,捕捉到右上方的顶点。释放鼠标后以"实例"的方式克隆出4个对象,如图7-83所示。

10 继续在前视图中框选所有图形,捕捉到图形最左上方的顶点,然后按住【Shift】键向下拖动鼠标捕捉到左下方的顶点。释放鼠标后以"实例"的方式克隆出3个对象,完成模型的建立,如图7-84所示。

图7-83 克隆对象

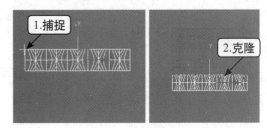

图7-84 克隆对象

Example 实例 139 室外邮箱

素材文件	无		
效果文件	光盘/效果/第7章/实例139.max	模型图	效果图
动画演示	光盘/视频/第7章/139.swf		
操作重点	编辑边(分割)		

编辑边(分割)可沿着选定多边形的边对其分割网格。本实例将使用编辑边的分割功能来创建室外邮箱模型,其具体操作如下。

01 新建场景。在前视图中创建一个圆,将"半径"设置为"4",如图7-85所示。

02 选中圆,单击鼠标右键,在弹出的快捷菜单中选择【转换为】/【转换为可编辑样条线】命令,如图7-86所示。

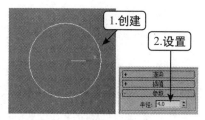

图7-85　创建圆

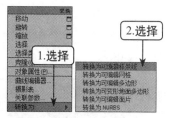

图7-86　转换为可编辑样条线

03 在修改器堆栈中单击"可编辑样条线"左侧的 ▦ 按钮，在展开的列表中选择"线段"层级，如图7-87所示。

04 在前视图中框选如图7-88所示的线段，按【Delete】键将其删除。

图7-87　选择线段层级

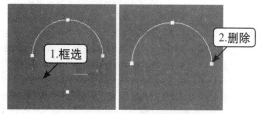

图7-88　删除线段

05 进入顶点层级，在前视图中选中如图7-89所示的顶点，利用移动工具将其向上移动。

06 退出顶点层级，打开"2.5D捕捉"开关，使用"线"工具，在前视图中捕捉椭圆形左下方的顶点，创建线的起始顶点，向右移动捕捉到椭圆右下方的顶点，创建线的终点，单击鼠标右键完成线的创建。如图7-90所示。

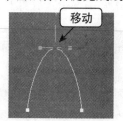

图7-89　移动顶点

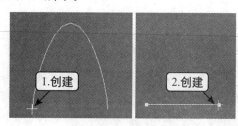

图7-90　捕捉创建线

07 关闭"2.5D捕捉"开关，选中直线，在修改面板"几何体"卷展栏中单击 附加 按钮，然后单击弧形将其附加，如图7-91所示。

08 进入附加好对象的顶点层级，在前视图中框选如图7-92所示的顶点，然后在修改面板"几何体"卷展栏的"端点自动焊接"栏中单击 焊接 按钮。

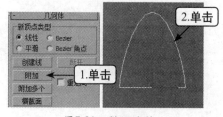

图7-91　附加弧形

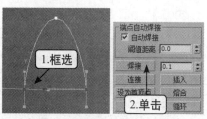

图7-92　焊接顶点

09 退出顶点层级，在"修改器列表"下拉列表框中选择"挤出"命令，在修改面板"参数"卷展栏的"数量"文本框中输入"22",如图7-93所示。

⑩ 在图形上单击鼠标右键,在弹出的快捷菜单中选择【转换为】/【转换为可编辑多边形】命令,如图7-94所示。

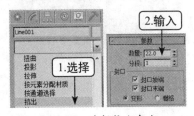

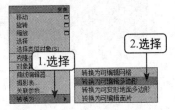

图7-93 选择挤出命令　　　　　图7-94 转换为可编辑多边形

⑪ 在修改器堆栈中单击"可编辑多边形"左侧的 ■ 按钮,在展开的列表中选择"边"层级,如图7-95所示。

⑫ 在前视图中加选如图7-96所示的边,在修改面板"编辑边"卷展栏中单击 分割 按钮。

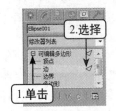

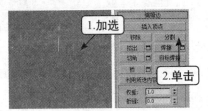

图7-95 选择边层级　　　　　图7-96 分割边

⑬ 在修改器堆栈中进入"多边形"层级,在前视图中选中正面的多边形,然后在顶视图中利用移动工具将其移出,如图7-97所示。

⑭ 在左视图中利用"选择并旋转"工具将多边形向右旋转90度,并将其放置好位置,如图7-98所示。

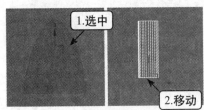

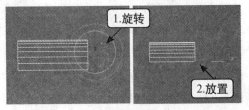

图7-97 移动多边形　　　　　图7-98 旋转多边形

⑮ 在前视图中创建一个弧,并将"半径"设置为"1","从"设置为"80","到"设置为"200",如图7-99所示。

⑯ 选中多边形对象,在"修改器列表"下拉列表框中选择"壳"命令,如图7-100所示。

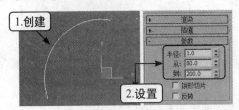

图7-99 创建弧　　　　　图7-100 选择壳

⓱ 在修改面板"参数"卷展栏中将"外部量"设置为"0.5"，选中"倒角边"复选框，
单击"倒角样条"后方的 [Arc001] 按钮，然后单击弧，如图7-101所示。

⓲ 继续在"修改器列表"下拉列表框中选择"网格平滑"命令，并在修改面板"细分
量"卷展栏中将"迭代次数"设置为"2"，如图7-102所示。

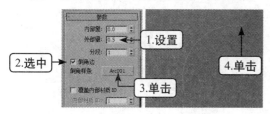

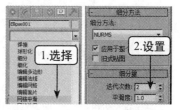

图7-101　设置壳参数　　　　　　　　　图7-102　选择网格平滑

⓳ 在顶视图中创建一个圆柱体，将"半径"设置为"1.5"，"高度"设置为"50"，如
图7-103所示。

⓴ 最后将圆柱体放置在多边形对象的下方，完成模型的建立，如图7-104所示。

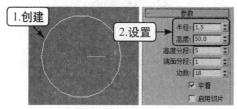

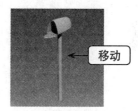

图7-103　创建圆柱体　　　　　　　　　图7-104　放置圆柱体

Example 实例 140 地球仪模型

素材文件	光盘/素材/第7章/实例140.max	
效果文件	光盘/效果/第7章/实例140.max	
动画演示	光盘/视频/第7章/140.swf	
操作重点	编辑边（挤出）	模型图　　　　　效果图

编辑边（挤出）可将多边形对象的边向内或向外进行挤出操作。本实例将使用编辑边
的挤出功能来创建一个地球仪模型，其具体操作如下。

⓪❶ 打开素材提供的"实例140.max"文件，在前视图中选中模型，在修改器堆栈中单击
"可编辑多边形"左侧的■按钮，在展开的列表中选择"边"层级，如图7-105所示。

⓪❷ 在前视图中加选如图7-106所示的边，在修改面板"编辑边"卷展栏中单击 挤出 按钮
右侧的■按钮。

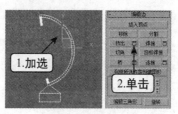

图7-105　选择边层级　　　　　　　　　图7-106　选择挤出边

03 在弹出的界面中将"高度"设置为"－2","宽度"设置为"3",然后单击☑按钮,如图7-107所示。

04 在前视图中创建一个球体,将"半径"设置为"60","分段"设置为"64",最后将球体放置好对应的位置完成模型的建立,如图7-108所示。

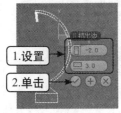
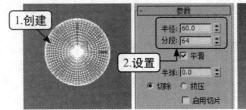

图7-107 挤出边   图7-108 创建放置球体

Example 实例 141 南瓜模型

素材文件	无		
效果文件	光盘/效果/第7章/实例141.max	模型图	效果图
动画演示	光盘/视频/第7章/141.swf		
操作重点	编辑边(切角)		

编辑边(切角)操作可以"砍掉"选定边,从而创建连接生成原始顶点的所有可视边上新点的新多边形。本实例将使用编辑边的切角功能来创建一个南瓜模型,其具体操作如下。

01 新建场景。在顶视图中创建一个圆锥体,将"半径1"设置为"1","半径2"设置为"2","高度"设置为"40","高度分段"设置为"5","端面分段"设置为"5","边数"设置为"24",如图7-109所示。

02 选中圆锥体,在"修改器列表"下拉列表框中选择"弯曲"命令,并在修改面板"参数"卷展栏的"弯曲"栏的"角度"文本框中输入"43",在"弯曲轴"栏中选中"Z"单选项,如图7-110所示。

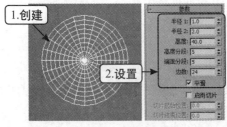
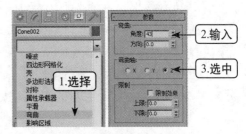

图7-109 创建圆锥体   图7-110 选择弯曲命令

03 在"修改器列表"下拉列表框中选择"噪波"命令,并在修改面板"参数"卷展栏的"噪波"栏中选中"分形"复选框,继续在"强度"栏中将"X"、"Y"、"Z"均设置为"20",如图7-111所示。

04 在"修改器列表"下拉列表框中选择"涡轮平滑"命令,并在修改面板"涡轮平滑"

卷展栏中将"迭代次数"设置为"2"，如图7-112所示。

05 在顶视图中创建一个球体，并将"半径"设置为"50"，"分段"设置为"12"，如图7-113所示。

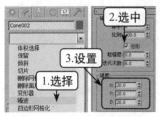

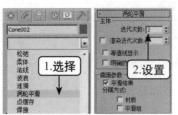

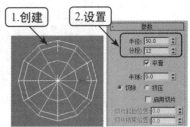

图7-111 选择噪波命令　　　图7-112 选择涡轮平滑命令　　　图7-113 创建球体

06 选中球体并单击鼠标右键，在弹出的快捷菜单中选择【转换为】/【转换为可编辑多边形】命令，如图7-114所示。

07 在修改器堆栈中单击"可编辑多边形"左侧的■按钮，在展开的列表中选择"边"层级，如图7-115所示。

08 在透视图中加选如图7-116所示的边，在修改面板"编辑边"卷展栏中单击 挤出 按钮右侧的□按钮。

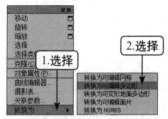

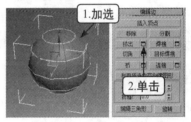

图7-114 转换为可编辑多边形　　　图7-115 选择边层级　　　图7-116 选择挤出

09 在弹出的界面中将"高度"设置为"－2"，宽度设置为"3"，然后单击✓按钮，如图7-117所示。

10 继续在修改面板"编辑边"卷展栏中单击 切角 按钮右侧的□按钮，在弹出的界面中将"边切角量"设置为"1"，"连接边分段"设置为"2"，单击✓按钮，如图7-118所示。

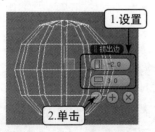

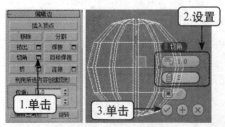

图7-117 挤出边　　　　　　图7-118 边切角

11 退出边层级，在"修改器列表"下拉列表框中选择"网格平滑"命令，在修改面板"细分量"卷展栏中将"迭代次数"设置为"2"，如图7-119所示。

12 继续在"修改器列表"下拉列表框中选择"FFD（圆柱体）"命令，如图7-120所示，然后将点数设置为"4×6×4"。

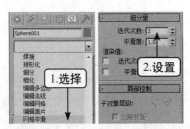

图7-119 选择网格平滑

图7-120 选择FFD（圆柱体）

⑬ 在修改器堆栈中单击"FFD（圆柱体）4×6×4"左侧的 ▦ 按钮，在展开的列表中选择"控制点"层级，然后在前视图中将图形调整至如图7-121所示的形状。

⑭ 最后将南瓜把放置在南瓜上方中心位置完成模型的建立，如图7-122所示。

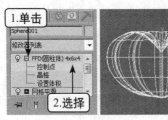

图7-121 调整图形

图7-122 放置位置

Example 实例 142 **MP4模型**

素材文件	光盘/素材/第7章/实例142.max	
效果文件	光盘/效果/第7章/实例142.max	
动画演示	光盘/视频/第7章/142.swf	
操作重点	编辑边（桥）	
	模型图	效果图

编辑边（桥）可将多边形2个边进行连接并封口。本实例将使用编辑边的桥功能来创建MP4模型，其具体操作如下。

① 打开素材提供的"实例142.max"文件。在前视图中选中大的模型，在修改器堆栈中单击"可编辑多边形"左侧的 ▦ 按钮，在展开的列表中选择"多边形"层级，如图7-123所示。

② 继续在前视图中加选如图7-124所示的多边形，然后按【Delete】键将其删除。

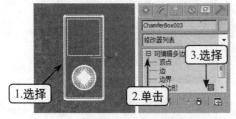

图7-123 选择多边形层级

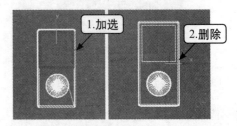

图7-124 删除多边形

③ 在修改器堆栈中进入"边"层级，在透视图中加选如图7-125所示的边，然后在修改面板"编辑边"卷展栏中单击 切角 按钮右侧的 ▣ 按钮。

04 在弹出的界面中将"边切角量"设置为"2"，"连接边分段"设置为"10"，然后单击☑按钮，如图7-126所示。

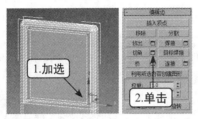
图7-125　选择切角

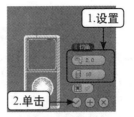
图7-126　边切角

05 继续在修改面板"编辑边"卷展栏中单击 桥 按钮，然后在透视图中模型空洞的位置，单击下方的边然后再单击上方的边将其桥接成面。以相同的方式将图形空洞的位置桥接填补完整，如图7-127所示。

06 最后将小的长方体放置在如图7-128所示的位置完成模型的建立。

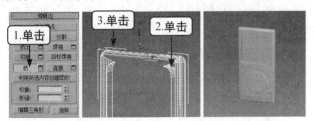
图7-127　桥接边

图7-128　放置位置

Example 实例 143　时尚格子卧室门

素材文件	无		
效果文件	光盘/效果/第7章/实例143.max		
动画演示	光盘/视频/第7章/143.swf		
操作重点	编辑边（连接）	模型图	效果图

编辑边（连接）可在两条边中间创建出新的边。本实例将使用编辑边的连接功能来创建时尚格子卧室门模型，其具体操作如下。

01 新建场景。在左视图中从上至下创建出一条如图7-129所示的线。

02 选中线，利用镜像工具沿Y轴以"复制"的方式克隆出一条线，并将其移动到如图7-130所示的位置。

图7-129　创建线

图7-130　克隆线

03 选中克隆出的线，在修改面板"几何体"卷展栏中单击 附加 按钮，再单击原来的线将其附加到一起，如图7-131所示。

04 在左视图中选中附加好的对象，在修改堆栈中单击"Line"左侧的■按钮，在下拉列表中选择"顶点"层级，如图7-132所示。

05 框选线中间的顶点，在修改面板"几何体"卷展栏的"端点自动焊接"栏中单击 熔合 按钮，再单击 焊接 按钮，如图7-133所示。

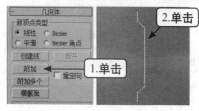
图7-131　附加线

图7-132　选择顶点层级

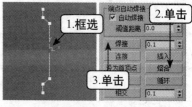
图7-133　焊接顶点

06 进入样条线层级，继续在修改面板"几何体"卷展栏的"轮廓"文本框中输入"20"，然后单击 轮廓 按钮，如图7-134所示。

07 退出样条线层级，在"修改器列表"下拉列表框中选择"挤出"命令，如图7-135所示。

08 在修改面板"参数"卷展栏中将"数量"设置为"20"，如图7-136所示。

图7-134　轮廓样条线

图7-135　选择挤出

图7-136　挤出设置

专家课堂

　　挤出二维图形时，可在修改面板"参数"卷展栏的"输出"栏中设置挤出后生成的模型的基本构成单位，其中有面片、网格和NURBS等几种选项可供选择。

09 在前视图中创建一个切角长方体，将"长度"、"宽度"、"高度"分别设置为"2100"、"800"、"50"，"圆角"设置为"2"，如图7-137所示。

10 选中切角长方体并单击鼠标右键，在弹出的快捷菜单中选择【转换为】/【转换为可编辑多边形】命令，如图7-138所示。

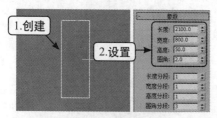
图7-137　创建切角长方体

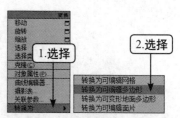
图7-138　转换为可编辑多边形

11 在修改器堆栈中单击"可编辑多边形"左侧的■按钮，在展开的列表中选择"边"层级，如图7-139所示。

12 在前视图中加选上下各一条边，在修改面板"编辑边"卷展栏中单击 连接 按钮右侧的 ▢ 按钮，如图7-140所示。

图7-139　选择边层级

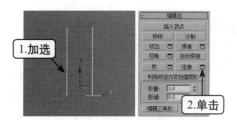

图7-140　选择连接边

13 在弹出的界面中将"分段"设置为"2"，然后单击 ✓ 按钮，如图7-141所示。

14 继续在前视图中加选如图7-142所示的边，再次打开"连接边"的界面，将"分段"设置为"7"，单击 ✓ 按钮。

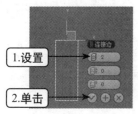

图7-141　连接边

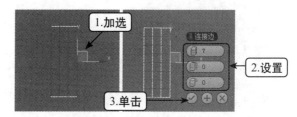

图7-142　连接边

15 在前视图中加选如图7-143所示的边，然后在修改面板"编辑边"卷展栏中单击 挤出 按钮右侧的 ▢ 按钮。

16 在弹出的界面中将"高度"设置为"－20"，"宽度"设置为"40"，然后单击 ✓ 按钮，如图7-144所示。

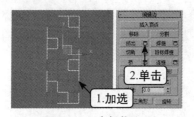

图7-143　选择挤出边

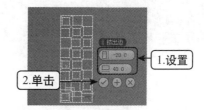

图7-144　挤出边

17 退出边层级，在"修改器列表"下拉列表框中选择"平滑"命令，在"参数"卷展栏中选中"自动平滑"复选框，然后在"阈值"文本框中输入"30"，如图7-145所示。

18 最后将把手放置在门上完成模型的建立，如图7-146所示。

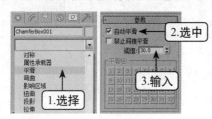

图7-145　选择平滑

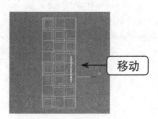

图7-146　放置门把手

Example 实例 144 室内垃圾桶模型

素材文件	无		
效果文件	光盘/效果/第7章/实例144.max	模型图	效果图
动画演示	光盘/视频/第7章/144.swf		
操作重点	编辑边界（挤出）		

编辑边界（挤出）可将多边形边界沿着法线方向移动延伸。本实例将使用编辑边界的挤出功能来创建室内垃圾桶模型，其具体操作如下。

01 新建场景。在顶视图中创建一个圆，并将"半径"设置为"50"，如图7-147所示。

02 选中圆并单击鼠标右键，在弹出的快捷菜单中选择【转换为】/【转换为可编辑多边形】命令，如图7-148所示。

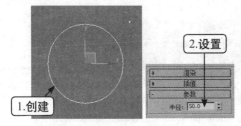

图7-147 创建圆

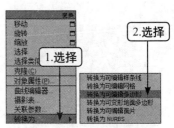

图7-148 转换为可编辑多边形

03 在修改器堆栈中单击"可编辑多边形"左侧的■按钮，在展开的列表中选择"边界"层级，如图7-149所示。

04 在顶视图中选中圆的边界，在修改面板"编辑边界"卷展栏中单击 挤出 按钮右侧的□按钮，如图7-150所示。

图7-149 选择边界层级

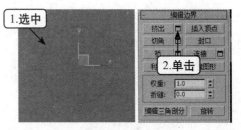

图7-150 选择挤出边界

专家课堂

在可编辑多边形对象修改面板"编辑顶点"卷展栏中单击 移除孤立顶点 可将不属于任何多边形的所有顶点进行删除。

05 在弹出的界面中将"高度"设置为"100"，"宽度"设置为"12"，然后单击✓按钮，如图7-151所示。

06 继续在顶视图中选中外侧的边界，再次利用挤出功能将"高度"设置为"5"，"宽度"设置为"0"，单击✓按钮，如图7-152所示。

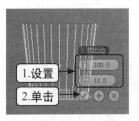 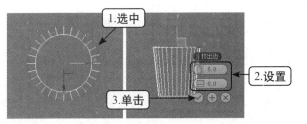

图7-151　挤出边界　　　　　　　图7-152　挤出边界

07 在顶视图中选中中间的圆，利用挤出功能将"高度"设置为"5"，"宽度"设置为"0"，单击✓按钮，如图7-153所示。

08 切换到"边"层级，在前视图中框选中间的边，在修改面板"编辑边"卷展栏中单击 连接 按钮右侧的□按钮，如图7-154所示。

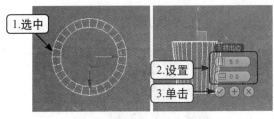 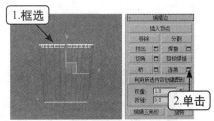

图7-153　挤出边界　　　　　　　图7-154　选择连接边

09 在弹出的界面中将"分段"设置为"2"，"收缩"设置为"-70"，"滑块"设置为"-550"，然后单击✓按钮，如图7-155所示。

10 切换到"多边形"层级，在透视图中框选如图7-156所示的多边形，然后按【Delete】键删除。

图7-155　连接边　　　　　　　图7-156　删除多边形

11 退出多边形层级，在"修改器列表"下拉列表框中选择"壳"命令，在"参数"卷展栏中将"外部量"设置为"1"，如图7-157所示。

12 继续在"修改器列表"下拉列表框中选择"平滑"命令，在"参数"卷展栏中选中"自动平滑"复选框，然后在"阈值"文本框中输入"30"，完成模型的建立，如图7-158所示。

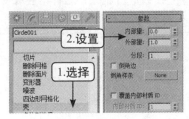 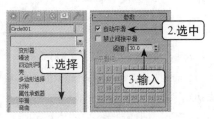

图7-157　选择壳命令　　　　　　　图7-158　选择平滑命令

素材文件	光盘/素材/第7章/实例145.max	
效果文件	光盘/效果/第7章/实例145.max	
动画演示	光盘/视频/第7章/145.swf	
操作重点	编辑边界（插入顶点）	模型图　　　　　效果图

编辑边界（插入顶点）可在多边形对象边界上任意插入顶点。本实例将使用编辑边界的插入顶点功能来创建时尚纸袋模型，其具体操作如下。

01 新建场景。在前视图中创建一个长方体，将"长度"、"宽度"、"高度"分别设置为"50"、"35"、"13"，如图7-159所示。

02 选中长方体并单击鼠标右键，在弹出的快捷菜单中选择【转换为】/【转换为可编辑多边形】命令，如图7-160所示。

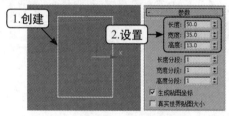

图7-159　创建长方体

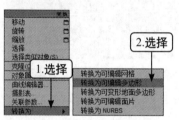

图7-160　转换为可编辑多边形

03 在修改器堆栈中单击"可编辑多边形"左侧的+按钮，在展开的列表中选择"多边形层级"，如图7-161所示。

04 在顶视图中选中上方的多边形，按【Delete】键将其删除，如图7-162所示。

图7-161　选择多边形层级

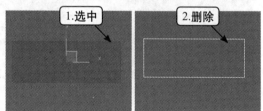

图7-162　删除多边形

专家课堂

若想删除可编辑多边形中不需要的边，不能直接按【Delete】键删除，可选中需要删除的边，在修改面板"编辑边"卷展栏中单击 移除 按钮进行删除，这样不会改变模型的表面形状。

05 切换到"边界"层级，在修改面板"编辑边界"卷展栏中单击 插入顶点 按钮，然后在顶视图中4条边上单击鼠标，分别插入4个顶点，如图7-163所示的位置。

06 切换到"顶点"层级，继续在顶视图加选插入的顶点，然后利用"选择并均匀缩放"工具将其向内缩放至如图7-164所示的形状。

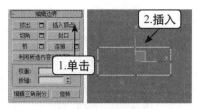
图7-163　插入顶点

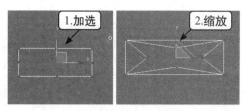
图7-164　缩放顶点

07 退出顶点层级，在"修改器列表"下拉列表框中选择"壳"命令，在"参数"卷展栏中将"外部量"设置为"0.1"，如图7-165所示。

08 最后将拉绳分别放置在袋子的两侧，完成模型的建立，如图7-166所示。

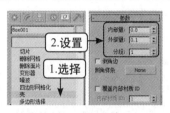
图7-165　选择壳命令

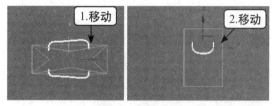
图7-166　放置拉绳

Example 实例 146 红酒模型

素材文件	无		
效果文件	光盘/效果/第7章/实例146.max		
动画演示	光盘/视频/第7章/146.swf		
操作重点	编辑边界（切角）	模型图	效果图

编辑边界（切角）可创建与边界边平行的一组新边。本实例将使用编辑边界的切角功能来创建红酒模型，其具体操作如下。

01 新建场景。在前视图中从上至下创建一条如图7-167所示的线。

02 在修改器堆栈中单击"Line"左侧的■按钮，在展开的列表中选择"顶点"层级，如图7-168所示。

03 在前视图中加选如图7-169所示的顶点，在修改面板"几何体"卷展栏的"圆角"文本框中输入"5"，然后单击 圆角 按钮。

图7-167　创建线

图7-168　选择顶点层级

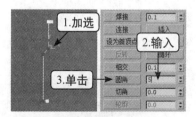
图7-169　顶点圆角

04 退出顶点层级，在"修改器列表"下拉列表框中选择"车削"命令，如图7-170所示。

05 在修改器堆栈中单击"车削"左侧的■按钮，在展开的列表中选择"轴"层级，如图7-171所示。

06 在前视图中利用移动工具将轴向右移动至如图7-172所示的形状。

图7-170　选择车削命令　　　图7-171　选择轴　　　图7-172　移动轴

07 在顶视图中创建一个圆柱体，并将"半径"设置为"9"、"高度"设置为"30"，如图7-173所示。

08 选中圆柱体并单击鼠标右键，在弹出的快捷菜单中选择【转换为】/【转换为可编辑多边形】命令，如图7-174所示。

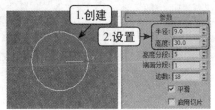 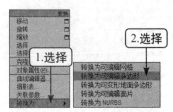

图7-173　创建圆柱体　　　　　图7-174　选择可编辑多边形

09 在修改器堆栈中单击"可编辑多边形"左侧的■按钮，在展开的列表中选择"多边形"层级，然后在透视图中选中下方的多边形，按【Delete】键将其删除，如图7-175所示。

10 在修改器堆栈中切换到"边界"层级，在透视图中选中删除多边形位置的边界，在修改面板"编辑边界"卷展栏中单击　切角　按钮右侧的□按钮，如图7-176所示。

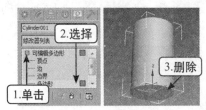 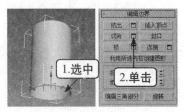

图7-175　删除多边形　　　　　图7-176　选择切角

11 在弹出的界面中将"边切角量"设置为"1"，"连接边分段"设置为"1"，然后单击☑按钮，如图7-177所示。

12 在修改面板"编辑边界"卷展栏中单击　挤出　按钮右侧的□按钮，在弹出的界面中将"高度"设置为"－1"，"宽度"设置为"1"，然后单击☑按钮，如图7-178所示。

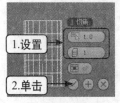 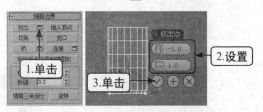

图7-177　边切角　　　　　　图7-178　挤出边

⑬ 退出边界层级，在"修改器列表"下拉列表框中选择"平滑"命令，在"参数"卷展栏中选中"自动平滑"复选框，并在"阈值"文本框中输入"80"，如图7-179所示。

⑭ 最后将平滑好的酒盖放置在酒瓶上方，完成模型的建立，如图7-180所示。

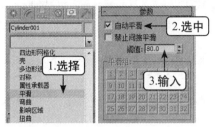

图7-179 选择平滑

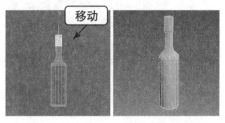

图7-180 放置位置

专家课堂

在可编辑多边形"边"层级也有与"顶点"层级相同的"焊接"与"目标焊接"功能，但边的焊接只能建立在未封口的边界边上进行"焊接"与"目标焊接"操作。

Example 实例 147 弧形吧台

素材文件	无
效果文件	光盘/效果/第7章/实例147.max
动画演示	光盘/视频/第7章/147.swf
操作重点	编辑边界（封口）

模型图　　　效果图

编辑边界（封口）可使用单个多边形封住整个边界环。本实例将使用编辑边界的封口功能来创建弧形吧台模型，其具体操作如下。

① 新建场景。在顶视图中创建一个弧，将"半径"设置为"210"，"从"设置为"200"，"到"设置为"327"，如图7-181所示。

② 继续在顶视图中沿弧左边顶点处创建一条直线，如图7-182所示。

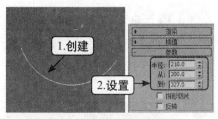

图7-181 创建弧

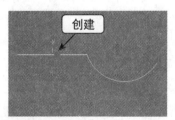

图7-182 创建直线

③ 选中直线，在修改面板"几何体"卷展栏中单击 附加 按钮，然后单击弧将其附加到一起，如图7-183所示。

④ 在修改器堆栈中单击"Line"左侧的 按钮，在下拉列表中选择"顶点"层级，如图7-184所示。

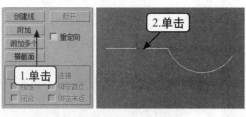

图7-183　附加弧　　　　　　　　　　图7-184　选择顶点层级

05 在顶视图中框选如图7-185所示的顶点，在修改面板"几何体"卷展栏"端点自动焊接"栏中单击 [焊接] 按钮。

06 进入样条线层级，在修改面板"几何体"卷展栏"轮廓"文本框中输入"–238"，然后单击 [轮廓] 按钮，如图7-186所示。

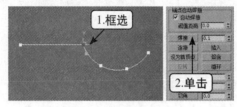
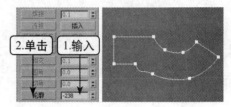

图7-185　焊接顶点　　　　　　　　　图7-186　轮廓顶点

07 进入顶点层级，将轮廓出的对象顶点利用移动工具进行调整至如图7-187所示的形状。

08 退出顶点层级，在"修改器列表"下拉列表框中选择"挤出"命令，并在修改面板"参数"卷展栏中将"数量"设置为"395"，如图7-188所示。

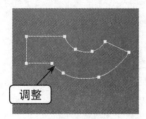
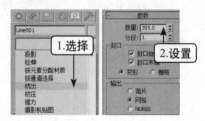

图7-187　调整顶点　　　　　　　　　图7-188　选择挤出命令

09 在模型上单击鼠标右键，在弹出的快捷菜单中选择【转换为】/【转换为可编辑多边形】命令，如图7-189所示。

10 在修改器堆栈中单击"可编辑多边形"左侧的 ■ 按钮，在下拉列表中选择"边"层级，如图7-190所示。

11 在透视图中加选如图7-191所示的边，然后在修改面板"编辑边"卷展栏中单击 [连接] 按钮右侧的 ■ 按钮。

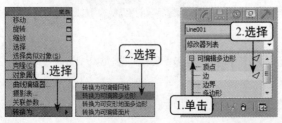
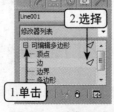
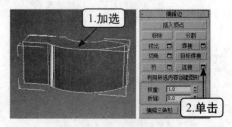

图7-189　转换为可编辑多边形　　图7-190　选择边层级　　图7-191　选择连接边

⑫ 在弹出的建模中将"分段"设置为"4"，"收缩"设置为"60"，然后单击☑按钮，如图7-192所示。

⑬ 继续在透视图中加选如图7-193所示的边，然后在修改面板"编辑边"卷展栏中单击 挤出 按钮右侧的■按钮。

⑭ 在弹出的界面中将"高度"设置为"10"，"宽度"设置为"5"，然后单击☑按钮关闭对话框，如图7-194所示。

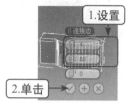
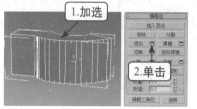
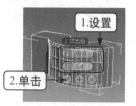

图7-192 连接边　　　　图7-193 选择挤出边　　　　图7-194 挤出边

⑮ 继续在修改面板"编辑边"卷展栏中单击 切角 按钮右侧的■按钮，如图7-195所示。

⑯ 在弹出的界面中将"边切角量"设置为"5"，"连接边分段"设置为"1"，然后单击☑按钮，如图7-196所示。

⑰ 选中模型，在修改器堆栈中单击"可编辑多边形"左侧的➕按钮，在展开的列表中选择"多边形"层级，然后在顶视图中选中上方的多边形，按【Delete】键将其删除，如图7-197所示。

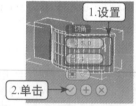
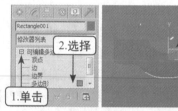

图7-195 选择切角边　　　图7-196 边切角　　　　图7-197 删除多边形

⑱ 切换到边界层级，在顶视图中选中删除多边形处的边界，在修改面板"编辑边界"卷展栏中单击 挤出 按钮右侧的■按钮，如图7-198所示。

⑲ 在弹出的界面中将"高度"设置为"20"，"宽度"设置为"10"，然后单击☑按钮，如图7-199所示。

⑳ 继续通过挤出功能，将"高度"设置为"－15"，"宽度"设置为"0"，然后单击☑按钮，如图7-200所示。

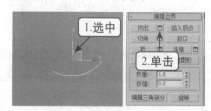
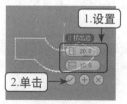
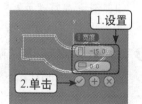

图7-198 选择挤出边界　　图7-199 挤出边　　　图7-200 挤出边

㉑ 在修改面板"编辑边界"卷展栏中单击 封口 按钮将其封口，如图7-201所示。

㉒ 退出边界层级，在"修改器列表"下拉列表框中选择"平滑"命令，在修改面板"参

数"卷展栏中选中"自动平滑"复选框，最后在"阈值"文本框中输入"55"，完成模型的建立，如图7-202所示。

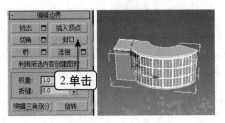

图7-201　边界封口

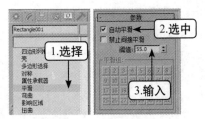

图7-202　选择平滑

Example 实例 **148** 洋酒瓶模型

素材文件	无	
效果文件	光盘/效果/第7章/实例148.max	
动画演示	光盘/视频/第7章/148.swf	
操作重点	编辑边界（桥）	

模型图	效果图

　　编辑边界（桥）可在每对选定边界之间创建桥接成面。本实例将使用编辑边界的桥功能来创建洋酒瓶模型，其具体操作如下。

01 打开素材提供的"实例148.max"文件。在前视图中选中下方的酒瓶，在修改器堆栈中单击"可编辑多边形"左侧的 ⊞ 按钮，在展开的列表中选择"多边形"层级，然后选中酒瓶中间的多边形，按【Delete】键将其删除，如图7-203所示。

02 切换到"边界"层级，在前视图中加选删除多边形后形成的上下两处边界，在修改面板"编辑边界"卷展栏中单击 挤出 按钮右侧的 □ 按钮，如图7-204所示。

图7-203　删除多边形

图7-204　选择挤出边界

03 在弹出的界面中将"高度"设置为"－20"，"宽度"设置为"30"，然后单击 ☑ 按钮。继续在修改面板"编辑边界"卷展栏中单击 桥 按钮将两个边界连接，如图7-205所示。

04 退出边界层级，在"修改器列表"下拉列表框中选择"网格平滑"命令，并在修改面板"细分量"卷展栏中将"迭代次数"设置为"2"，完成模型的建立，如图7-206所示。

专家课堂

　　桥接两个边界对象时，如果在修改面板"编辑边界"卷展栏中单击 桥 按钮右侧的 □ 按钮，还可在弹出的界面中设置桥接后生成对象的线段连接数、偏移量、扭曲、锥化和平滑等属性。

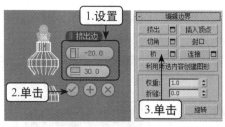

图7-205　桥接边界

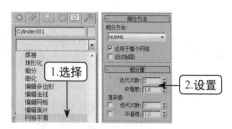

图7-206　选择网格平滑

Example 实例 149　布艺吸顶灯模型

素材文件	光盘/素材/第7章/实例149.max		
效果文件	光盘/效果/第7章/实例149.max		
动画演示	光盘/视频/第7章/149.swf		
操作重点	编辑边界（连接）	模型图	效果图

编辑边界（连接）可在选定边界的对边之间创建新边，本实例将使用编辑边界的连接功能来创建布艺吸顶灯模型，其具体操作如下。

01 打开素材提供的"实例149.max"文件。在顶视图中创建一个长方体，将"长度"、"宽度"、"高度"分别设置为"55"、"60"、"30"，如图7-207所示。

02 选中长方体并单击鼠标右键，在弹出的快捷菜单中选择【转换为】/【转换为可编辑多边形】命令，如图7-208所示。

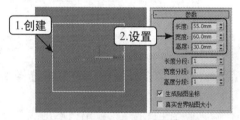

图7-207　创建长方体

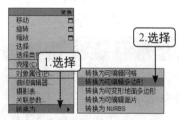

图7-208　转换为可编辑多边形

03 选中长方体，在修改器堆栈中单击"可编辑多边形"左侧的■按钮，在展开的列表中选择"多边形"层级，然后在透视图中加选上下两面多边形，按【Delete】键将其删除，如图7-209所示。

04 切换到"边界"层级，在前视图中加选删除多边形处的2个边界，在修改面板"编辑边界"卷展栏中单击 连接 按钮右侧的□按钮，如图7-210所示。

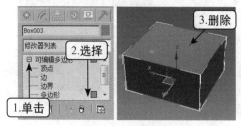

图7-209　删除多边形

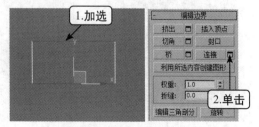

图7-210　选择连接边界

05 在弹出的界面中将"分段"设置为"15"，然后单击✓按钮。继续在修改面板"编辑边界"卷展栏中单击 挤出 按钮右侧的□按钮，如图7-211所示。

06 在弹出的界面中将"高度"设置为"8"，"宽度"设置为"3"，然后单击✓按钮，如图7-212所示。

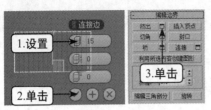

图7-211 连接边

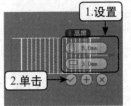

图7-212 挤出边

07 退出边界层级，在"修改器列表"下拉列表框中选择"网格平滑"命令，并在修改面板"细分量"卷展栏中将"迭代次数"设置为"2"，如图7-213所示。

08 继续在"修改器列表"下拉列表框中选择"壳"命令，并在修改面板"参数"卷展栏中将"外部量"设置为"0.1"，最后将场景中的原对象放置在创建对象中心位置，完成模型的建立，如图7-214所示。

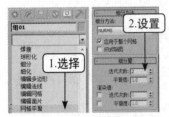

图7-213 选择网格平滑命令

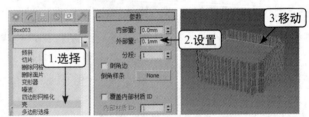

图7-214 选择壳命令

专家解疑

1. 问：当需要选择多条边时，通过单击鼠标或反复调整模型显示位置来选择太过烦琐，有没有比较简单一点的方法呢？

答：如果需要选择的多条边具有一定的规律时，可利用3ds Max 2013提供的"环形"和"循环"功能快速选择。当选择了多边形中的某条边，如图7-215所示，然后在修改面板"选择"卷展栏中单击 环形 按钮，此时将选择该条边所在水平方向上环形的所有多边形上的边，如图7-216所示；如果单击 循环 按钮，则将选择该条边所在垂直方向上的边，如图7-217所示。

图7-215 选择边

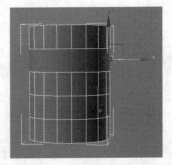

图7-216 按环形规律选择边

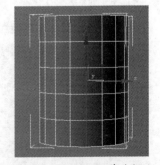

图7-217 按循环规律选择边

2. 问：当不能利用循环选择功能选择几何体的一圈边时，有没有什么技巧可以解决这个问题呢？

答：3ds Max 2013提供了一种非常实用的切换选择功能，可以从当前选择的对象层级转换为所选的层级对象，假设选择如图7-218所示的多边形对象，然后按住【Ctrl】键不放的同时单击命令面板中"选择"卷展栏下的██按钮，则可将当前所选对象的选择级别切换为边，如图7-219所示，若单击██按钮，又可切换为顶点，如图7-220所示。

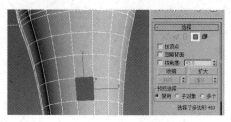
图7-218　选择面

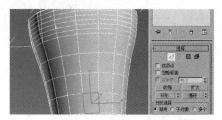
图7-219　选择对应的边

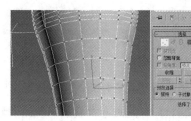
图7-220　选择对应的顶点

3. 问：在调整某个顶点的位置时，有没有什么方法可以确保该顶点始终位于同一平面上？

答：调整顶点时，很容易将该顶点调整出原来所在的平面，如图7-221所示。特别是在透视图中操作时更容易出现这种情况，此时可利用3ds Max 2013的约束功能来解决。其方法为：选择需调整的顶点后，在修改面板"编辑几何体"卷展栏的"约束"栏中选中"面"单选项，然后利用移动工具移动顶点位置，此时该顶点无论如何移动，都将约束在该平面上，如图7-222所示。约束功能还可将顶点、边等元素在调整时，约束到其他对象上，如将顶点约束到边、将边约束到平面等，其设置方法都是相似的。

图7-221　未约束的情况

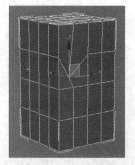
图7-222　约束后的情况

第8章
多边形建模（二）

　　本章将结合多边形建模中常用的各种编辑几何体的方法，介绍多边形建模中的多边形层级的编辑技巧。通过本章及上一章的学习，可以掌握多边形建模的各种常见编辑操作和技巧。

素材文件	无	
效果文件	光盘/效果/第8章/实例150.max	
动画演示	光盘/视频/第8章/150.swf	模型图　　　　　　效果图
操作重点	编辑多边形（挤出）	

编辑多边形（挤出）可将选定的多边形进行挤出操作。本实例将使用编辑多边形的挤出功能来创建单人沙发模型，其具体操作如下。

01 新建场景，在顶视图中创建一个长方体，将"长度"、"宽度"、"高度"分别设置为"1000"、"1000"、"300"，并将"长度分段"、"宽度分段"、"高度分段"均设置为"5"，如图8-1所示。

02 选中长方体并单击鼠标右键，在弹出的快捷菜单中选择【转换为】/【转换为可编辑多边形】命令，如图8-2所示。

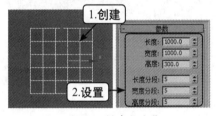

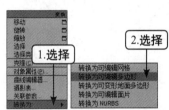

图8-1　创建长方体　　　　　　　　　图8-2　转换为可编辑多边形

03 在修改器堆栈中单击"可编辑多边形"左侧的■按钮，在展开的列表中选择"多边形"层级，如图8-3所示。

04 在顶视图中加选如图8-4所示的多边形，在修改面板"编辑多边形"卷展栏中单击 ■挤出■ 按钮右侧的□按钮。

05 在弹出的界面中将"高度"设置为"200"，然后单击两次"应用并继续"按钮⊕，如图8-5所示。

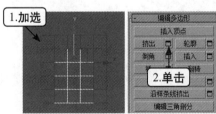

图8-3　选择多边形层级　　　　图8-4　选择挤出　　　　图8-5　挤出多边形

06 在修改器堆栈中选择"顶点"层级，在前视图中框选中间的顶点，利用移动工具向上移动至如图8-6所示的形状。

07 在左视图中框选右上方的顶点，利用移动工具向下移动至如图8-7所示的形状。

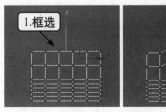

图8-6　移动顶点

08 再次选择顶点层级退出该层级，在修改面板"编辑几何体"卷展栏中单击3次 网格平滑 按钮，完成模型的建立，如图8-8所示。

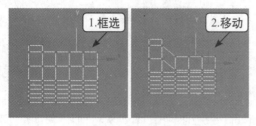

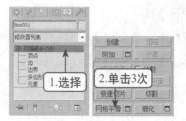

图8-7 挤出多边形

图8-8 平滑对象

Example 实例 **151** 巧克力模型

素材文件	无
效果文件	光盘/效果/第8章/实例151.max
动画演示	光盘/视频/第8章/151.swf
操作重点	编辑多边形（轮廓）

模型图   效果图

编辑多边形（轮廓）可对多边形进行轮廓操作。本实例将使用编辑多边形的轮廓功能来创建巧克力模型，其具体操作如下。

01 新建场景，在顶视图中创建一个长方体，将"长度"、"宽度"、"高度"分别设置为"50"、"100"、"5"，如图8-9所示。

02 选中长方体并单击鼠标右键，在弹出的快捷菜单中选择【转换为】/【转换为可编辑多边形】命令，如图8-10所示。

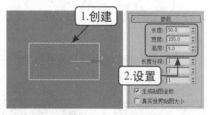

图8-9 创建长方体

图8-10 转换为可编辑多边形

03 在修改器堆栈中单击"可编辑多边形"左侧的 按钮，在展开的列表中选择"多边形"层级，如图8-11所示。

04 在顶视图中选中上面的多边形，在修改面板"编辑多边形"卷展栏中单击 轮廓 按钮右侧的 按钮，如图8-12所示。

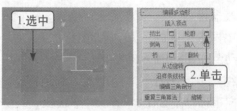

图8-11 选择多边形层级

图8-12 选择轮廓

05 在弹出的界面中将"数量"设置为"−2"，然后单击☑按钮，如图8-13所示。

06 在修改器堆栈中进入"边"层级，在顶视图中框选所有的边，在修改面板"编辑边"卷展栏中单击 切角 按钮右侧的□按钮，如图8-14所示。

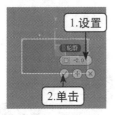
图8-13　轮廓

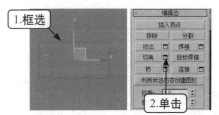
图8-14　切角

07 在弹出的界面中将"边切角量"设置为"0.5"，然后单击☑按钮，如图8-15所示。

08 在顶视图中创建文本，在修改面板"参数"卷展栏中单击"倾斜"按钮 I ，并将"大小"设置为"34"，在"文本"文本框中输入"love"，如图8-16所示。

图8-15　切角

图8-16　创建文本

09 选中文本，在"修改器列表"弹出的列表框中选择"挤出"命令，并将"数量"设置为"2"，如图8-17所示。

10 在前视图中将文本与长方体放置好对应位置，选中长方体，利用布尔命令，以"差集（A-B）"的操作方式，将文本剪切掉，完成模型的建立，如图8-18所示。

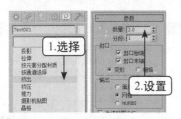
图8-17　选择挤出命令

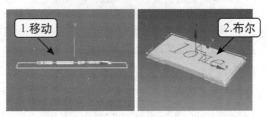
图8-18　布尔

Example 实例 **152** 装饰盒模型

素材文件	无		
效果文件	光盘/效果/第8章/实例152.max	模型图	效果图
动画演示	光盘/视频/第8章/152.swf		
操作重点	编辑多边形（倒角）		

　　编辑多边形（倒角）命令可将多边形对象进行倒角挤出操作。本实例将使用编辑多边

形的倒角功能来创建装饰盒模型，其具体操作如下。

01 在顶视图中创建一条弧，将"半径"设置为"85"，"从"设置为"260"，"到"设置为"280"，如图8-19所示。

02 选中弧并单击鼠标右键，在弹出的快捷菜单中选择【转换为】/【转换为可编辑样条线】命令，如图8-20所示。

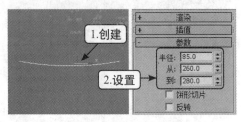
图8-19 创建弧

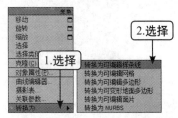
图8-20 转换为可编辑样条线

03 在修改器堆栈中单击"可编辑样条线"左侧的■按钮，在展开的列表中选择"样条线"层级，如图8-21所示。

04 在修改面板"几何体"卷展栏的"轮廓"文本框中输入"−14"，然后单击 轮廓 按钮，如图8-22所示。

05 退出样条线层级，在"修改器列表"弹出的列表框中选择"挤出"命令，并在修改面板"参数"卷展栏中将"数量"设置为"13"，如图8-23所示。

图8-21 选择样条线层级

图8-22 轮廓样条线

图8-23 选择挤出命令

06 在模型上单击鼠标右键，在弹出的快捷菜单中选择【转换为】/【转换为可编辑多边形】命令，如图8-24所示。

07 在修改器堆栈中单击"可编辑多边形"左侧的■按钮，在弹出的列表中选择"边"层级，如图8-25所示。

08 在前视图中框选如图8-26所示的边，在修改面板"编辑边"卷展栏中单击 连接 按钮右侧的■按钮。

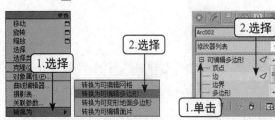
图8-24 转换为可编辑多边形

图8-25 选择边层级

图8-26 选择连接边

09 在弹出的界面中将"分段"设置为"1"，"滑块"设置为"34"，然后单击✓按钮，如图8-27所示。

⑩ 继续在修改面板"编辑边"卷展栏中单击 挤出 按钮右侧的■按钮，在弹出的界面中将"高度"设置为"－3"，"宽度"设置为"0.1"，然后单击 按钮，如图8-28所示。

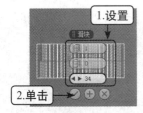

图8-27 连接边

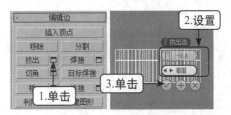

图8-28 挤出边

⑪ 在修改器堆栈中单击"可编辑多边形"左侧的■按钮，在弹出的列表中选择"多边形"层级，如图8-29所示。

⑫ 在透视图中加选上下的多边形，在修改面板"编辑多边形"卷展栏中单击 倒角 按钮右侧的■按钮，在弹出的界面中将"高度"设置为"2"，"轮廓"设置为"2"，然后单击 按钮，如图8-30所示。

图8-29 选择多边形层级

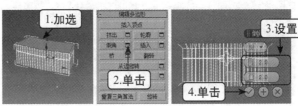

图8-30 倒角多边形

⑬ 继续在修改面板"编辑多边形"卷展栏中单击 倒角 按钮右侧的■按钮，在弹出的界面中将"高度"设置为"2"，"轮廓"设置为"－2"，再单击 按钮，如图8-31所示。

⑭ 继续在前视图中创建一个圆，将半径设置为"1.2"，如图8-32所示。

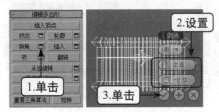

图8-31 倒角多边形

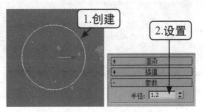

图8-32 创建圆

⑮ 选中圆并单击鼠标右键，在弹出的快捷菜单中选择【转换为】/【转换为可编辑样条线】命令，如图8-33所示。

⑯ 在修改器堆栈中单击"可编辑样条线"左侧的■按钮，在弹出的列表中选择"线段"层级，如图8-34所示。

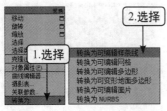

图8-33 转换为可编辑样条线

图8-34 选择线段层级

⑰ 在前视图中框选如图8-35所示的样条线，按【Delete】键将其删除。

⑱ 进入顶点层级，在前视图中选中如图8-36所示的顶点，利用移动工具向左移动顶点。

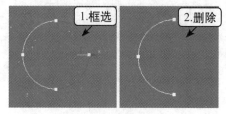
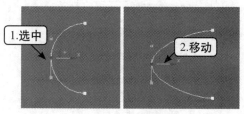

图8-35　删除线段　　　　　　　　　图8-36　移动顶点

⑲ 在前视图中选中线段，按住【Shift】键拖动鼠标克隆出线段，再利用"选择并旋转"工具将克隆的对象向上旋转90度，如图8-37所示。

⑳ 打开"2.5D"捕捉工具，捕捉克隆对象左下方的顶点，拖动鼠标捕捉到原对象上方的顶点，将其放置成如图8-38所示的形状。

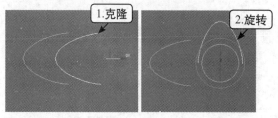

图8-37　克隆、旋转　　　　　　　　图8-38　捕捉放置对象

㉑ 继续在前视图中框选2个线段，利用"镜像"工具沿X、Y轴以"复制"的方式克隆镜像，如图8-39所示。

㉒ 继续利用"2.5D"捕捉工具将镜像出的对象捕捉放置到如图8-40所示的位置。

图8-39　镜像对象　　　　　　　　　图8-40　放置对象

㉓ 在前视图中任意选中一条线段，在修改面板"几何体"卷展栏中单击 附加 按钮，然后再分别单击其他3条线段将其附加，如图8-41所示。

㉔ 进入附加好对象的顶点层级，在前视图中框选如图8-42所示的顶点，在修改面板"几何体"卷展栏的"端点自动焊接"栏中单击 焊接 按钮。

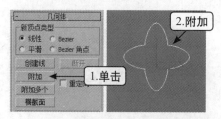
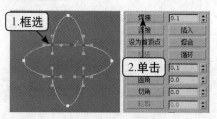

图8-41　附加线段　　　　　　　　　图8-42　焊接顶点

㉕ 继续在前视图中创建一个圆，将"半径"设置为"0.7"，如图8-43所示。

㉖ 将创建的圆克隆出3个，分别在前视图中将其放置在如图8-44所示的位置。

㉗ 继续在前视图中创建圆，将"半径"设置为"0.2"，如图8-45所示。

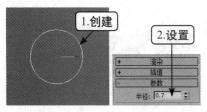
图8-43 创建圆

图8-44 克隆放置圆

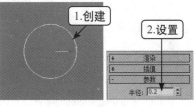
图8-45 创建圆

㉘ 选中圆将其克隆出3个圆，分别在前视图中将其放置在如图8-46所示的位置。

㉙ 将图形中所有对象附加到一起，在"修改器列表"下拉列表框中选择"挤出"命令，并在修改器面板"参数"卷展栏中将"数量"设置为"1"，如图8-47所示。

㉚ 最后将挤出的对象与前面创建的对象放置好对应的位置，完成模型的建立，如图8-48所示。

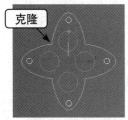

图8-46 克隆放置圆

图8-47 选择挤出命令

图8-48 放置位置

Example 实例 153 简易鞋柜

素材文件	无		
效果文件	光盘/效果/第8章/实例153.max		
动画演示	光盘/视频/第8章/153.swf		
操作重点	编辑多边形（插入）	模型图	效果图

编辑多边形（插入）命令可执行没有高度的倒角操作。本实例将使用编辑多边形的插入功能来创建简易鞋柜，其具体操作如下。

❶ 新建场景，在前视图中创建一个长方体，将"长度"、"宽度"、"高度"分别设置为"1200"、"800"、"300"，再将"长度分段"设置为"5"，如图8-49所示。

❷ 选中长方体并单击鼠标右键，在弹出的快捷菜单中选择【转换为】/【转换为可编辑多边形】命令，如图8-50所示。

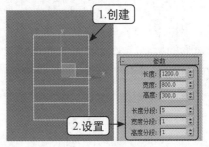
图8-49 创建长方体

03 在修改器堆栈中单击"可编辑多边形"左侧的■按钮，在展开的列表中选择"多边形"层级，如图8-51所示。

04 在前视图中加选正面的多边形，在修改面板"编辑多边形"卷展栏中单击 插入 按钮右侧的□按钮，如图8-52所示。

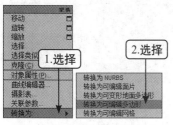

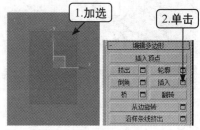

图8-50 转换为可编辑多边形　　图8-51 选择多边形层级　　图8-52 选择插入多边形

05 在弹出的界面中单击"组"按钮右侧的下拉按钮，在弹出的下拉列表中选择"按多边形"选项，并将"数量"设置为"24"，然后单击☑按钮关闭"插入"对话框，如图8-53所示。

06 继续在修改面板"编辑多边形"卷展栏中单击 挤出 按钮右侧的□按钮，在弹出的界面中将"高度"设置为"-290"，最后单击☑按钮，完成模型的建立，如图8-54所示。

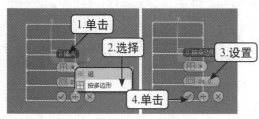

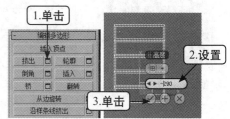

图8-53 插入多边形　　　　　　　　图8-54 挤出多边形

Example 实例 154 水壶模型

素材文件	光盘/素材/第8章/实例154.max		
效果文件	光盘/效果/第8章/实例154.max	模型图	效果图
动画演示	光盘/视频/第8章/154.swf		
操作重点	编辑多边形（桥）		

　　编辑多边形（桥）可连接对象上的两个多边形或用于选定多边形。本实例将使用编辑多边形的桥功能来创建一个水壶模型，其具体操作如下。

01 打开素材提供的"实例154.max"文件，在透视图中选中两个圆柱体构成的对象，在修改器堆栈中单击"可编辑多边形"左侧的■按钮，在展开的列表中选择"多边形"层级，如图8-55所示。

02 在透视图中加选上方圆柱体下侧的多边形与下方圆柱体上侧的多边形，然后在修改面板"编辑多边形"卷展栏中单击 桥 按钮将其连接，如图8-56所示。

图8-55 选择多边形层级

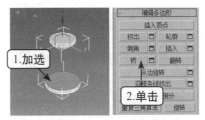

图8-56 桥接多边形

03 切换到"边"层级，在前视图中框选中间所有的边，然后在修改面板"编辑边"卷展栏中单击 连接 按钮右侧的□按钮，如图8-57所示。

04 在弹出的界面中将"分段"设置为"2"，"收缩"设置为"-60"，"滑块"设置为"-290"，然后单击✓按钮，如图8-58所示。

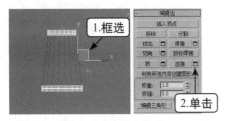

图8-57 选择连接边

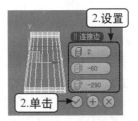

图8-58 连接边

05 切换到多边形层级，在前视图中加选如图8-59所示的多边形，然后在修改面板"编辑多边形"卷展栏中单击 倒角 按钮右侧的□按钮。

06 在弹出的界面中将"高度"设置为"25"，"轮廓"设置为"-3"，然后单击✓按钮。继续在修改面板"编辑多边形"卷展栏中单击 插入 按钮右侧的□按钮，如图8-60所示。

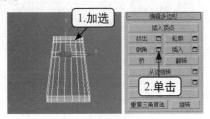

图8-59 选择倒角

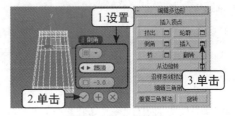

图8-60 倒角多边形

07 在弹出的界面中将"数量"设置为"1"，然后单击✓按钮，按【Delete】键将插入的多边形删除，如图8-61所示。

08 切换到边层级，在透视图中加选壶顶上方如图8-62所示的边，在修改面板"编辑边"卷展栏中单击 挤出 按钮右侧的□按钮。

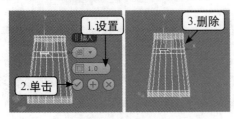

图8-61 插入多边形

图8-62 选择挤出边

09 在弹出的界面中将"高度"设置为"3","宽度"设置为"3",然后单击☑按钮,如图8-63所示。

10 退出边层级,在"修改器列表"下拉列表框中选择"网格平滑"命令,并在修改面板"细分量"卷展栏中将"迭代次数"设置为"2",最后再将壶把手与壶体放置好对应的位置,完成模型的建立,如图8-64所示。

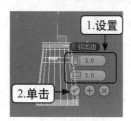 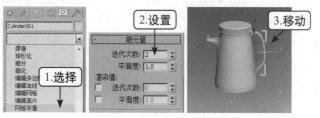

图8-63 挤出边   图8-64 网格平滑

 专家课堂

　　在可编辑多边形"边"层级下,选中多边形对象上的边,在修改面板"编辑边"卷展栏中单击 利用所选内容创建图形 按钮,就可创建出与选中边相同的"可编辑样条线"图形对象,在"边界"层级也可使用相同的方法创建图形。

Example 实例 155 抽油烟机

素材文件	无
效果文件	光盘/效果/第8章/实例155.max
动画演示	光盘/视频/第8章/155.swf
操作重点	编辑多边形(从边旋转)

模型图　　效果图

　　编辑多边形(从边旋转)可对多边形对象进行旋转操作。本实例将使用编辑多边形的从边旋转功能来创建抽油烟机模型,其具体操作如下。

01 新建场景,在前视图中创建一个长方体,将"长度"、"宽度"、"高度"分别设置为"400"、"1000"、"600",如图8-65所示。

02 选中长方体并单击鼠标右键,在弹出的快捷菜单中选择【转换为】/【转换为可编辑多边形】命令,如图8-66所示。

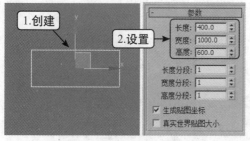 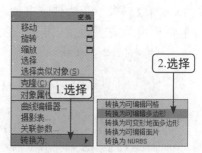

图8-65 创建长方体   图8-66 转换为可编辑多边形

03 在修改器堆栈中单击"可编辑多边形"左侧的■按钮，在展开的列表中选择"多边形"层级，如图8-67所示。

04 在透视图中选中长方体下方的多边形，在修改面板"编辑多边形"卷展栏中单击 从边旋转 按钮右侧的□按钮，如图8-68所示。

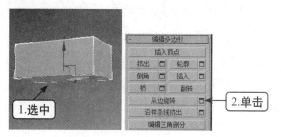

图8-67　选择多边形层级　　　　　图8-68　从边旋转

05 在弹出的界面中单击"拾取转枢"按钮(田◎)，然后在透视图中单击长方体下前方的边，继续将"角度"设置为"30"，然后单击◎按钮关闭"从边旋转"界面，如图8-69所示。

06 继续在修改面板"编辑多边形"卷展栏中单击 插入 按钮右侧的□按钮，在弹出的界面中将"数量"设置为"30"，然后单击◎按钮关闭"插入"界面，如图8-70所示。

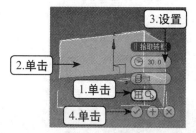

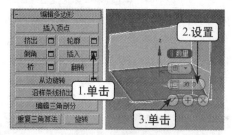

图8-69　设置从边旋转　　　　　图8-70　插入多边形

07 在修改面板"编辑多边形"卷展栏中单击 挤出 按钮右侧的□按钮，在弹出的界面中将"高度"设置为"－30"，然后单击◎按钮，如图8-71所示。

08 在修改器堆栈中进入"边"层级，在前视图中加选如图8-72所示的边，然后在修改面板"编辑边"卷展栏中单击 连接 按钮右侧的□按钮。

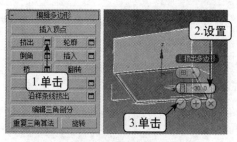

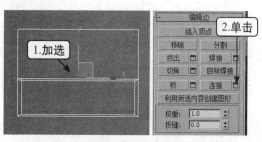

图8-71　挤出多边形　　　　　图8-72　连接边

09 在弹出的界面中将"分段"设置为"2"，然后单击◎按钮，如图8-73所示。

10 在修改器堆栈中进入"多边形"层级，在前视图中加选如图8-74所示的多边形，在修改面板"编辑多边形"卷展栏中单击 插入 按钮右侧的□按钮。

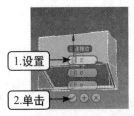

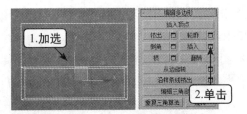

图8-73　连接边　　　　　　　　　　　图8-74　插入多边形

⑪ 在弹出的界面中单击"组"按钮右侧的下列按钮，在弹出的下拉列表中选择"按多边形"选项。继续将"数量"设置为"40"，然后单击☑按钮，如图8-75所示。

⑫ 在修改器堆栈中进入"边"层级，在顶视图中加选如图8-76所示的边，在修改器面板"编辑边"卷展栏中单击 连接 按钮右侧的▢按钮。

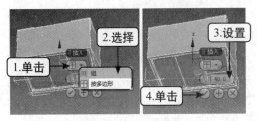

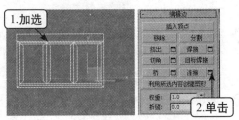

图8-75　插入多边形　　　　　　　　　图8-76　连接边

⑬ 在弹出的界面中将"分段"设置为"4"，然后单击☑按钮，如图8-77所示。

⑭ 在修改面板"编辑边"卷展栏中单击 切角 按钮右侧的▢按钮，在弹出的界面中将"边切角量"设置为"2"，然后单击☑按钮，如图8-78所示。

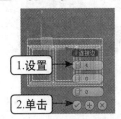

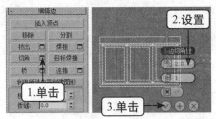

图8-77　连接边　　　　　　　　　　　图8-78　切角边

⑮ 在修改器堆栈中进入"多边形"层级，在透视图中加选如图8-79所示的多边形，在修改面板"编辑多边形"卷展栏中单击 挤出 按钮右侧的▢按钮。

⑯ 在弹出的界面中将"高度"设置为"-10"，然后单击☑按钮，再按【Delete】键删除多边形，如图8-80所示。

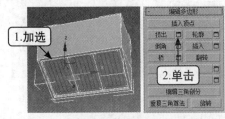

图8-79　挤出多边形　　　　　　　　　图8-80　删除多边形

⑰ 在顶视图中创建一个长方体，将长宽高分别设置为"300"、"600"、"700"，如图8-81所示。

⑱ 最后将2个对象放置好对应的位置完成模型的建立，如图8-82所示。

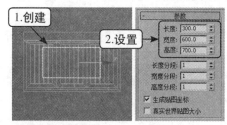

图8-81 创建长方体

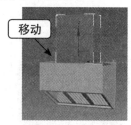

图8-82 放置位置

Example 实例 156 时尚台灯

素材文件	无
效果文件	光盘/效果/第8章/实例156.max
动画演示	光盘/视频/第8章/156.swf
操作重点	编辑多边形（沿样条线挤出）

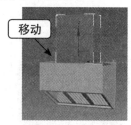

模型图　　　　　效果图

编辑多边形（沿样条线挤出）可将多边形沿样条线对象路径进行挤出。本实例将使用编辑多边形的沿样条线挤出功能来创建一个时尚台灯模型，其具体操作如下。

⓵ 新建场景，在顶视图中创建一个圆锥体，并将"半径1"设置为"50"，"半径2"设置为"20"，"高度"设置为"50"，"高度分段"设置为"5"，"边数"设置为"24"，如图8-83所示。

⓶ 选中圆锥体并单击鼠标右键，在弹出的快捷菜单中选择【转换为】/【转换为可编辑多边形】命令，如图8-84所示。

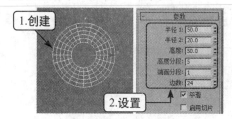

图8-83 创建圆锥体

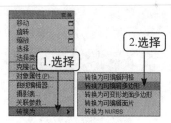

图8-84 转换为可编辑多边形

⓷ 在前视图中创建一个弧，将"半径"设置为"80"，"从"设置为"50"，"到"设置为"220"，如图8-85所示。

⓸ 选中圆锥体，在修改器堆栈中单击"可编辑多边形"左侧的 ■ 按钮，在展开的列表中选择"多边形"层级，如图8-86所示。

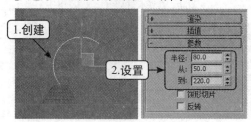

图8-85 创建弧

图8-86 选择多边形层级

05 在顶视图中选中圆锥体上面的多边形，在修改面板"编辑多边形"卷展栏中单击沿样条线挤出 按钮右侧的□按钮，如图8-87所示。

06 在弹出的界面中单击"拾取样条线"按钮，然后单击弧形，如图8-88所示。

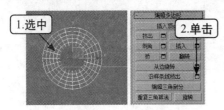

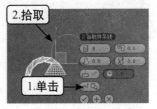

图8-87　沿样条线挤出　　　　　　　　图8-88　拾取样条线

07 继续在该界面中单击"沿样条线挤出对齐"按钮，再将"分段"数设置为"40"，"锥化曲线"设置为"−3"，"扭曲"设置为"100"，最后单击☑按钮，如图8-89所示。

08 在修改器堆栈中进入"边"层级，在前视图中选中如图8-90所示的边，在修改面板"选择"卷展栏中单击 环形 按钮，然后再单击 循环 按钮。

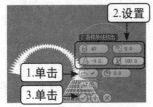

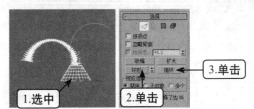

图8-89　设置参数　　　　　　　　　图8-90　选择边

09 在前视图中按住【Alt】键不放，减选取消不需要的边，保留如图8-91所示的边。

10 在修改面板"编辑边"卷展栏中单击 切角 按钮右侧的□按钮，在弹出的界面中将"边切角量"设置为"3"，"连接边分段"设置为"5"，然后单击☑按钮，如图8-92所示。

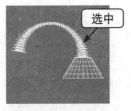

图8-91　取消选择边　　　　　　　　图8-92　切角边

11 在修改器堆栈中进入多边形层级，在透视图中选中如图8-93所示的多边形，在修改面板"编辑多边形"卷展栏中单击 挤出 按钮右侧的□按钮。

12 在弹出的界面中将"高度"设置为"15"，然后单击☑按钮，如图8-94所示。

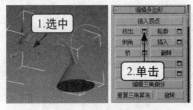

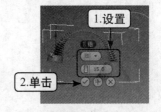

图8-93　挤出多边形　　　　　　　　图8-94　挤出多边形

⑬ 继续在修改面板"编辑多边形"卷展栏中单击 轮廓 按钮右侧的□按钮，在弹出的界面中将"数量"设置为"15"，然后单击☑按钮，完成模型的建立，如图8-95所示。

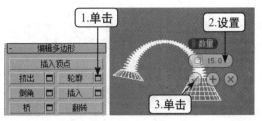

图8-95 轮廓多边形

专家课堂

在可编辑多边形"多边形"层级单击 插入顶点 按钮后可在多边形面上任意插入顶点，且插入的顶点会自动与相邻的顶点中间形成连接的边。

Example 实例 157 咖啡杯

素材文件	无		
效果文件	光盘/效果/第8章/实例157.max		
动画演示	光盘/视频/第8章/157.swf	模型图	效果图
操作重点	编辑几何体（重复上一个）		

"重复上一个"命令可自动重复执行上一步的操作命令。本实例将使用该功能来创建一个咖啡杯模型，其具体操作如下。

① 新建场景。在顶视图中创建一个圆柱体，将"半径"设置为"50"，"高度"设置为"130"，"高度分段"设置为"11"，"端面分段"设置为"13"，"边数"设置为"18"，如图8-96所示。

② 选中圆柱体并单击鼠标右键，在弹出的快捷菜单中选择【转换为】/【转换为可编辑多边形】命令，如图8-97所示。

③ 在修改器堆栈中单击"可编辑多边形"左侧的➕按钮，在弹出的列表中选择"多边形"层级，如图8-98所示。

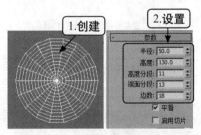

图8-96 创建圆柱体

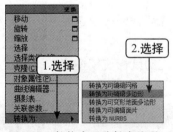

图8-97 转换为可编辑多边形

图8-98 选择多边形层级

④ 在顶视图中加选如图8-99所示的多边形，在修改面板"编辑多边形"卷展栏中单击 挤出 按钮右侧的□按钮。

⑤ 在弹出的界面中将"高度"设置为"－120"，然后单击☑按钮，如图8-100所示。

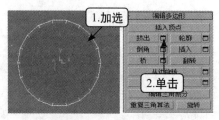

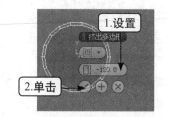

图8-99　选择挤出多边形　　　　　　图8-100　挤出多边形

06 在前视图中选中如图8-101所示的多边形，在修改面板"编辑多边形"卷展栏中单击
　　　 挤出 按钮右侧的□按钮。

07 在弹出的界面中将"高度"设置为"8"，单击☑按钮，然后继续在修改面板"编辑几
何体"卷展栏中单击　　重复上一个　　按钮，如图8-102所示。

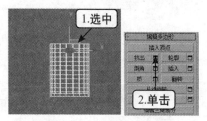

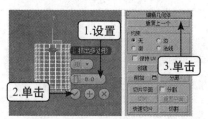

图8-101　选择挤出多边形　　　　　　图8-102　挤出多边形

08 在工具栏中的"角度捕捉切换"按钮 上单击鼠标右键，在打开的"栅格和捕捉设
置"对话框的"角度"文本框中输入"45"，然后单击 X 按钮，然后单击 按钮打
开角度捕捉切换，如图8-103所示。

09 在工具栏单击"选择并旋转"按钮 ，然后在左视图中向下拖动鼠标使模型旋转一次，
继续在修改面板"编辑几何体"卷展栏中单击　　　重复上一个　　　按钮，如图8-104所示。

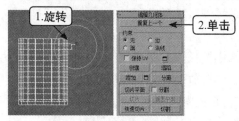

图8-103　设置角度捕捉　　　　　　图8-104　旋转多边形

10 继续在左视图中向下拖动鼠标使模型旋转一次，然后单击　　重复上一个　　按钮7次，
如图8-105所示。

11 继续在左视图中向下拖动鼠标使模型旋转一次，然后单击　　重复上一个　　按钮3次，
如图8-106所示。

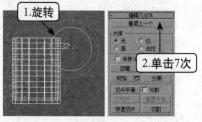

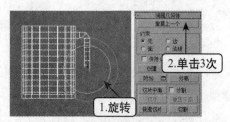

图8-105　重复上一个操作　　　　　　图8-106　旋转多边形

⑫ 继续在左视图中向下拖动鼠标使模型旋转一次，然后单击 ▨重复上一个▨ 按钮2次，如图8-107所示。

⑬ 退出多边形层级，在"修改器列表"下拉列表框中选择"网格平滑"命令，并在修改面板"细分量"卷展栏中将"迭代次数"设置为"2"，完成模型的建立，如图8-108所示。

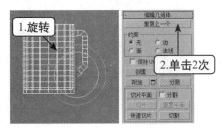

图8-107　重复上一个操作

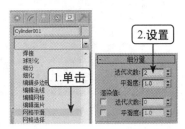

图8-108　选择网格平滑

专家课堂

　　当在"多边形"层级中编辑模型时，在修改面板"编辑多边形"卷展栏中单击 ▨翻转▨ 按钮可将选中的多边形进行法线翻转，即可将模型的外部面变为内部面，内部面变为外部面。

Example 实例 158 石膏壁画

素材文件	光盘/素材/第8章/实例158.max	
效果文件	光盘/效果/第8章/实例158.max	
动画演示	光盘/视频/第8章/158.swf	
操作重点	编辑几何体（创建）	模型图　　　　　　效果图

　　"创建"命令可以在同一多边形上不相邻的两个顶点之间创建一条边。本实例将使用该功能来创建一个石膏壁画，其具体操作如下。

① 打开素材提供的"实例158.max"文件。选中对象，在修改器堆栈中单击"可编辑多边形"左侧的▨按钮，在展开的列表中选择"边"层级，继续在修改面板"编辑几何体"卷展栏中单击 ▨创建▨ 按钮，如图8-109所示。

② 在前视图中单击椭圆内层的顶点，移动鼠标再斜向单击椭圆外层的顶点创建出边，并重复操作，将图形创建成如图8-110所示的形状。

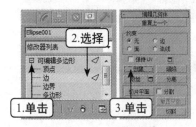

图8-109　选择创建

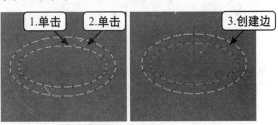

图8-110　创建边

③ 在修改面板"编辑边"卷展栏中单击 ▨挤出▨ 按钮右侧的▨按钮，在弹出的界面中将

"高度"设置为"－3"，"宽度"设置为"0.5"，然后单击◯按钮关闭该界面，如图8-111所示。

04 退出边层级，在"修改器列表"下拉列表框中选择"网格平滑"命令，并在修改面板"细分量"卷展栏中将"迭代次数"设置为"3"，完成模型的建立，如图8-112所示。

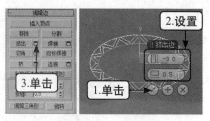 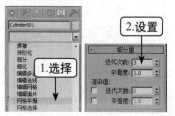

图8-111 挤出边　　　　　　　　　图8-112 选择网格平滑

Example 实例 159 冰淇淋蛋卷

素材文件	无	
效果文件	光盘/效果/第8章/实例159.max	
动画演示	光盘/视频/第8章/159.swf	
操作重点	编辑几何体（塌陷）	
	模型图	效果图

"塌陷"命令可通过将顶点与选择中心的顶点焊接，使连续选定子对象的组产生塌陷效果。本实例将使用编辑几何体的塌陷功能来创建冰淇淋蛋卷模型，其具体操作如下。

01 在顶视图中创建一个圆柱体，将"半径"设置为"8"，"高度"设置为"30"，"高度分段"设置为"1"，"端面分段"设置为"1"，"边数"设置为"18"，如图8-113所示。

02 选中圆柱体并单击鼠标右键，在弹出的快捷菜单中选择【转换为】/【转换为可编辑多边形】命令，如图8-114所示。

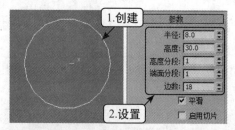 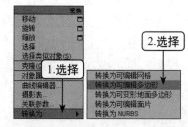

图8-113 创建圆柱体　　　　　　　图8-114 转换为可编辑多边形

03 在修改器堆栈中单击"可编辑多边形"左侧的■按钮，在展开的列表中选择"多边形"层级，如图8-115所示。

04 在透视图中选中如图8-116所示的多边形，按【Delete】键将其删除。

05 选中对象，在修改器堆栈中单击"可编辑多边形"左侧的■按钮，在展开的列表框中选择"顶点"层级，如图8-117所示。

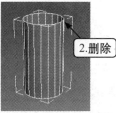
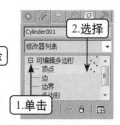

图8-115　选择多边形层级　　　　图8-116　删除多边形　　　　图8-117　选择顶点层级

06 在前视图中框选圆柱体下方的顶点，在修改面板"编辑几何体"卷展栏中单击 塌陷 按钮将顶点塌陷，如图8-118所示。

07 切换到边层级，在前视图中框选中间的边，在修改面板"编辑边"卷展栏中单击 连接 按钮右侧的■按钮，如图8-119所示。

08 在弹出的界面中将"分段"设置为"8"，然后单击✓按钮，如图8-120所示。

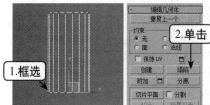
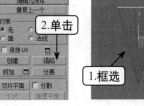
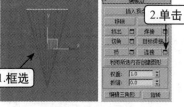
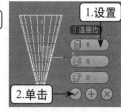

图8-118　塌陷顶点　　　　图8-119　选择连接　　　　图8-120　连接边

09 继续在前视图中框选如图8-121所示的边，然后在修改面板"编辑边"卷展栏中单击 挤出 按钮右侧的■按钮。

10 在弹出的界面中将"高度"设置为"0.1"，"宽度"设置为"0.1"，然后单击✓按钮。退出边层级，在"修改器列表"下拉列表框中选择"网格平滑"命令，完成模型的建立，如图8-122所示。

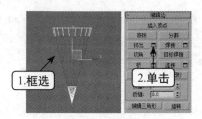

图8-121　选择挤出边　　　　图8-122　选择网格平滑

Example 实例 160　镂空水果篮

素材文件	无	
效果文件	光盘/效果/第8章/实例160.max	
动画演示	光盘/视频/第8章/160.swf	
操作重点	编辑几何体（附加）	模型图　　　　效果图

"附加"命令可以附加任何类型的对象，包括样条线、片面对象和NURBS曲面。本实例将使用该功能来创建镂空水果篮模型，其具体操作如下。

01 新建场景。在顶视图中创建一个球体，将"半径"设置为"50"，如图8-123所示。

02 选中球体并单击鼠标右键，在弹出的快捷菜单中选择【转换为】/【转换为可编辑多边形】命令，如图8-124所示。

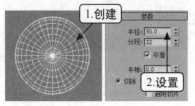
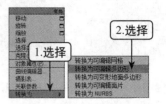

图8-123 创建球体 　　　　图8-124 转换为可编辑多边形

03 在修改器堆栈中单击"可编辑多边形"左侧的■按钮，在展开的列表中选择"多边形"层级，如图8-125所示。

04 在前视图中框选如图8-126所示的多边形，按【Delete】键删除。

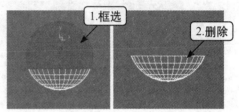

图8-125 选择多边形层级 　　　　图8-126 删除多边形

05 继续在前视图中框选所有多边形，在修改面板"编辑多边形"卷展栏中单击 插入 按钮右侧的■按钮，如图8-127所示。

06 在弹出的界面中单击■按钮，在弹出的下拉列表中选择"按多边形"选项，并将"数量"设置为"1"，然后单击⊘按钮，最后按【Delete】键，将插入的多边形删除，如图8-128所示。

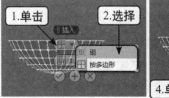
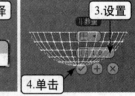

图8-127 选择插入多边形 　　　　图8-128 插入删除多边形

07 在顶视图中创建一个圆环，并将"半径1"设置为"45"，"半径2"设置为"1"，如图8-129所示。

08 在顶视图与前视图中将圆环放置好位置，如图8-130所示。

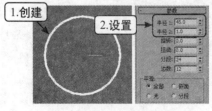
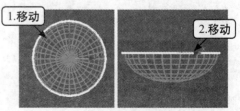

图8-129 创建圆环 　　　　图8-130 放置位置

09 选中下方的篮子，在修改面板"编辑几何体"卷展栏中单击 附加 按钮，然后再单击圆环将其附加，如图8-131所示。

10 继续在"修改器列表"下拉列表框中选择"网格平滑"命令，并在修改面板"细分量"卷展栏中将"迭代次数"设置为"3"，完成模型的建立，如图8-132所示。

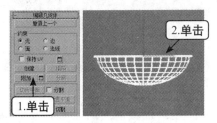
图8-131 创建圆环

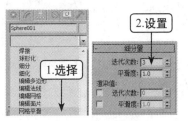
图8-132 选择网格平滑

专家课堂

如果在多边形建模的过程中，对象复杂，不能精确地对目标对象进行编辑，可选中不需要编辑的对象，在修改面板"编辑几何体"卷展栏中单击 隐藏选定对象 按钮将其隐藏。

Example 实例 161 时尚墨镜

素材文件	无		
效果文件	光盘/效果/第8章/实例161.max	模型图	效果图
动画演示	光盘/视频/第8章/161.swf		
操作重点	编辑几何体（分离）		

"分离"命令可将选定的子对象和附加到子对象的多边形进行分离，使其作为单独的对象或元素。本实例将使用该功能来创建一个时尚墨镜模型，其具体操作如下。

01 新建场景。在前视图中创建一个椭圆，将"长度"设置为"66"，"宽度"设置为"110"，如图8-133所示。

02 选中椭圆并单击鼠标右键，在弹出的快捷菜单中选择【转换为】/【转换为可编辑多边形】命令，如图8-134所示。

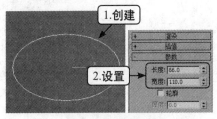
图8-133 创建椭圆

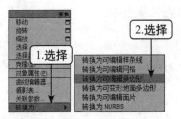
图8-134 转换为可编辑多边形

03 在修改器堆栈中单击"可编辑多边形"左侧的 按钮，在展开的列表中选择"多边形"层级，如图8-135所示。

04 在前视图中选中如图8-136所示的多边形，在修改面板"编辑多边形"卷展栏中单击 插入 按钮右侧的 按钮。

05 在弹出的界面中将"数量"设置为"7",然后单击☑按钮关闭界面,如图8-137所示。

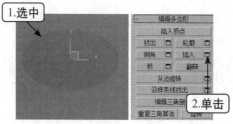
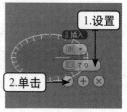

图8-135　选择多边形层级　　　图8-136　选择插入多边形　　　图8-137　插入多边形

06 退出多边形层级,利用"选择并旋转"工具在前视图中向右旋转10度,如图8-138所示。

07 继续在修改器堆栈中单击"可编辑多边形"左侧的■按钮,在展开的列表中选择"多边形"层级,如图8-139所示。

08 继续在前视图中选中中间的多边形,然后在修改面板"编辑几何体"卷展栏中单击 分离 按钮,如图8-140所示。

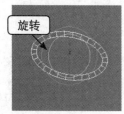

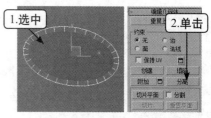

图8-138　旋转　　　　图8-139　选择多边形层级　　　　图8-140　分离多边形

09 打开"分离"对话框,在"分离为"文本框中输入"镜片",然后单击 确定 按钮,如图8-141所示。

10 退出多边形层级,在前视图中选中分离后的外框,然后在"修改器列表"下拉列表框中选择"壳"命令,并在修改面板"参数"卷展栏中将"外部量"设置为"10",如图8-142所示。

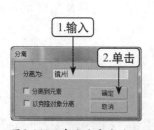

图8-141　命名分离多边形　　　　　　图8-142　选择壳命令

11 继续在前视图中选中分离出的镜片,然后在"修改器列表"下拉列表框中选择"壳"命令。并在修改面板"参数"卷展栏中将"外部量"设置为"3",如图8-143所示。

12 在顶视图中把镜片放置在镜框中间位置,然后框选所有对象,单击鼠标右键,在弹出的快捷菜单中选择【转换为】/【转换为可编辑多边形】命令,如图8-144所示。

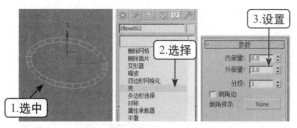

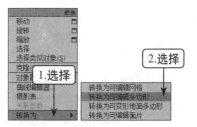

图8-143　选择壳命令　　　　　　　　图8-144　转换为可编辑多边形

⓭　在透视图中选中镜框并进入多边形层级，然后加选如图8-145所示的多边形，在修改面板"编辑多边形"卷展栏中单击 挤出 按钮右侧的 按钮。

⓮　在弹出的界面中将"高度"设置为"100"，然后单击 按钮。利用旋转工具在左视图中向下旋转45度，如图8-146所示。

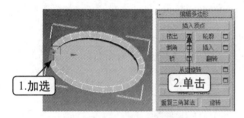

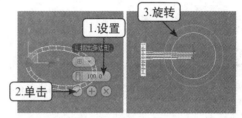

图8-145　选择挤出　　　　　　　　　图8-146　挤出旋转多边形

⓯　继续在修改面板"编辑多边形"卷展栏中单击 倒角 按钮右侧的 按钮，在弹出的界面中将"高度"设置为"30"，"轮廓"设置为"－2"，然后单击 按钮，如图8-147所示。

⓰　在透视图中选中如图8-148所示的多边形，然后在修改面板"编辑多边形"卷展栏中单击 挤出 按钮右侧的 按钮。

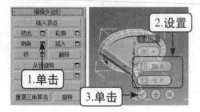

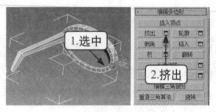

图8-147　倒角多边形　　　　　　　　图8-148　挤出多边形

⓱　在弹出的界面中将"高度"设置为"20"，然后单击 按钮关闭界面。退出多边形层级，框选所有对象，在"修改器列表"下拉列表框中选择"对称"命令，如图8-149所示。

⓲　在修改面板"参数"卷展栏中选中"X"单选项，继续选中"翻转"复选框，然后在修改器堆栈中单击"对称"左侧的 按钮，在展开的列表中选择"镜像"层级，如图8-150所示。

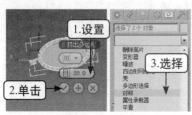

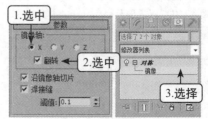

图8-149　选择对称　　　　　　　　　图8-150　设置对称

⑲ 在前视图中利用移动工具将坐标轴向右移动，将图形移动成如图8-151所示的形状。

⑳ 在前视图中选中眼镜外框，在"修改器列表"下拉列表框中选择"网格平滑"命令，并在修改面板"细分量"卷展栏中将"迭代次数"设置为"3"，完成模型的建立，如图8-152所示。

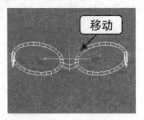

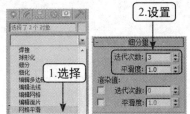

图8-151　对称移动　　　　　　　　　　图8-152　选择网格平滑

Example 实例 162　圆珠笔模型

素材文件	无		
效果文件	光盘/效果/第8章/实例162.max	模型图	效果图
动画演示	光盘/视频/第8章/162.swf		
操作重点	编辑几何体（切片平面）		

　　"切片平面"命令可在多边形上切出环形的边。本实例将使用该功能来创建圆珠笔模型，其具体操作如下。

① 新建场景。在顶视图中创建一个圆柱体，将"半径"设置为"1.2"，"高度"设置为"15"，"高度分段"设置为"1"，"端面分段"设置为"1"，"边数"设置为"18"，如图8-153所示。

② 选中圆柱体并单击鼠标右键，在弹出的快捷菜单中选择【转换为】/【转换为可编辑多边形】命令，如图8-154所示。

③ 在修改器堆栈中单击"可编辑多边形"左侧的⊞按钮，在展开的列表中选择"多边形"层级，如图8-155所示。

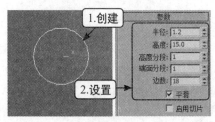

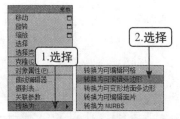

图8-153　创建圆柱体　　　　图8-154　转换为可编辑多边形　　　图8-155　选择多边形层级

④ 在透视图中选中如图8-156所示的多边形，在修改面板"编辑多边形"卷展栏中单击 插入 按钮右侧的▢按钮。

⑤ 在弹出的界面中将"数量"设置为"0.2"，然后单击☑按钮，如图8-157所示。

⑥ 继续在修改面板"编辑多边形"卷展栏中单击 挤出 按钮右侧的▢按钮，在弹出的界面中将"高度"设置为"2"，然后单击☑按钮，如图8-158所示。

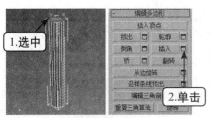

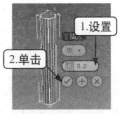
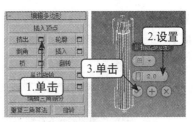

图8-156　选择插入多边形　　　图8-157　插入多边形　　　图8-158　挤出多边形

07 继续在透视图中选中如图8-159所示的多边形，在修改面板"编辑多边形"卷展栏中单击 倒角 按钮右侧的□按钮。

08 在弹出的界面中将"高度"设置为"3"，"轮廓"设置为"-1"，然后单击☑按钮，如图8-160所示。

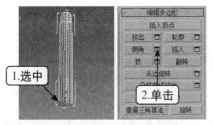
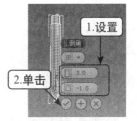

图8-159　选择倒角　　　　　　　图8-160　倒角多边形

09 继续在修改面板"编辑多边形"卷展栏中单击 插入 按钮右侧的□按钮，在弹出的界面中将"数量"设置为"0.05"，然后单击☑按钮。如图8-161所示

10 继续在修改面板"编辑多边形"卷展栏中单击 挤出 按钮右侧的□按钮，在弹出的界面中将"高度"设置为"1"，然后单击☑按钮，如图8-162所示。

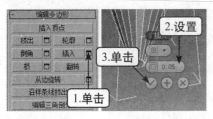

图8-161　插入多边形　　　　　　图8-162　挤出多边形

11 进入顶点层级，在前视图中框选如图8-163所示的顶点，在修改面板"编辑几何体"卷展栏中单击 塌陷 按钮。

12 进入边层级，在前视图中框选如图8-164所示的边，在修改面板"编辑边"卷展栏中单击 连接 按钮右侧的□按钮。

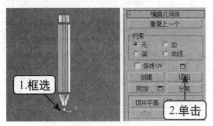
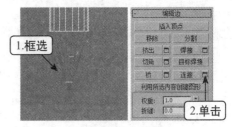

图8-163　塌陷顶点　　　　　　　图8-164　选择连接边

⑬ 在弹出的界面中将"分段"设置为"7"，然后单击☑按钮，如图8-165所示。

⑭ 继续在前视图中框选如图8-166所示的边。

⑮ 在修改面板"编辑边"卷展栏中单击 连接 按钮右侧的■按钮，如图8-167所示。

图8-165 连接边

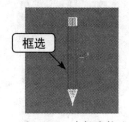
图8-166 选择连接边

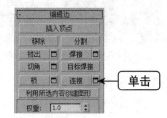
图8-167 选择连接边

⑯ 在弹出的界面中将"分段"设置为"3"，"收缩"设置为"－90"，"滑块"设置为"1500"，然后单击☑按钮，如图8-168所示。

⑰ 继续在透视图中利用"循环"选择功能加选如图8-169所示的边，在修改面板"编辑边"卷展栏中单击 挤出 按钮右侧的■按钮。

⑱ 在弹出的界面中将"高度"设置为"0.3"，"宽度"设置为"0.2"，然后单击☑按钮，如图8-170所示。

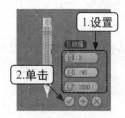
图8-168 连接边

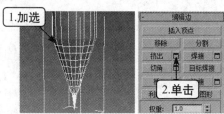
图8-169 选择挤出边

图8-170 挤出边

⑲ 进入多边形层级，在前视图中加选如图8-171所示的多边形，在修改面板"编辑多边形"卷展栏中单击 挤出 按钮右侧的■按钮。

⑳ 在弹出的界面中将"高度"设置为"0.5"，然后单击☑按钮，如图8-172所示。

㉑ 在左视图中利用"选择并旋转"工具将多边形向下旋转45度，如图8-173所示。

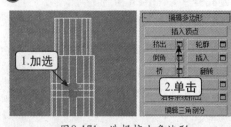
图8-171 选择挤出多边形

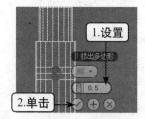
图8-172 挤出多边形

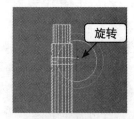
图8-173 旋转多边形

㉒ 然后在修改面板"编辑几何体"卷展栏中单击 重复上一个 按钮，再次在左视图中利用"选择并旋转"工具将多边形向下旋转45度，如图8-174所示。

㉓ 继续在修改面板"编辑几何体"卷展栏中单击 重复上一个 按钮10次，如图8-175所示。

㉔ 进入边层级，在前视图中框选如图8-176所示的边，在修改面板"编辑边"卷展栏中单击 连接 按钮右侧的■按钮。

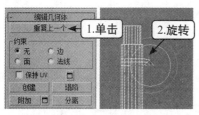

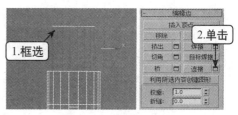

图8-174　旋转多边形　　　　图8-175　重复挤出　　　　图8-176　选择连接边

㉕ 在弹出的界面中将"分段"设置为"5"，然后单击☑按钮，如图8-177所示。

㉖ 继续在透视图中加选如图8-178所示的边，然后在修改面板"编辑边"卷展栏中单击
　 切角 按钮右侧的▣按钮。在弹出的界面中将"边切角量"设置为"0.02"，"连接边
　 分段"设置为"3"，然后单击☑按钮。

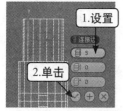

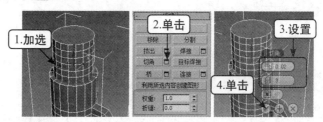

图8-177　连接边　　　　　　　　　图8-178　切角边

㉗ 继续在修改面板"编辑几何体"卷展栏中单击 切片平面 按钮，如图8-179所示。

㉘ 在工具栏中的"角度捕捉切换"按钮🔺上单击鼠标右键，在打开的"栅格和捕捉设
　 置"对话框的"角度"文本框中输入"15"，然后单击 ✕ 按钮，并单击🔺按钮，如
　 图8-180所示。

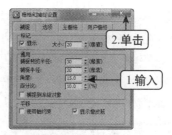

图8-179　单击切片平面　　　　　　图8-180　格栅和捕捉设置

㉙ 利用旋转工具在前视图中将切片向右旋转一次，再利用移动工具将切片移动至如图8-181
　 的位置。

㉚ 在修改面板"编辑几何体"卷展栏中单击 切片 按钮，然后向上移动切片。重复6次
　 相同的操作，将图形切至如图8-182所示的形状。

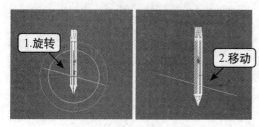

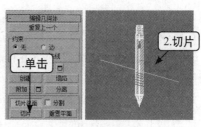

图8-181　旋转移动切片　　　　　　图8-182　切片

③ 在修改面板"编辑边"卷展栏中单击 挤出 按钮右侧的 ▢ 按钮,在弹出的界面中将"高度"设置为"0.5","宽度"设置为"0.3",然后单击 ✓ 按钮,如图8-183所示。

② 退出边层级,在"修改器列表"下拉列表框中选择"网格平滑"命令,并在修改面板"细分量"卷展栏中将"迭代次数"设置为"3",完成模型的建立,如图8-184所示。

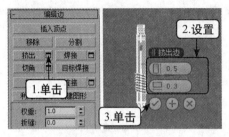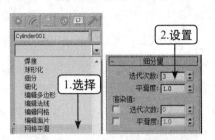

图8-183　挤出边　　　　　　　　　　图8-184　选择网格平滑

Example 实例 163 鞋盒模型

素材文件	无	
效果文件	光盘/效果/第8章/实例163.max	
动画演示	光盘/视频/第8章/163.swf	
操作重点	编辑几何体(切片平面分割)	

模型图　　　　　　　效果图

　　"切片平面分割"命令可在切片平面的基础上将多边形分割。本实例将使用该功能来创建鞋盒模型,其具体操作如下。

① 新建场景。在顶视图中创建一个长方体,将"长度"、"宽度"、"高度"分别设置为"50"、"80"、"30",如图8-185所示。

② 选中长方体并单击鼠标右键,在弹出的快捷菜单中选择【转换为】/【转换为可编辑多边形】命令,如图8-186所示。

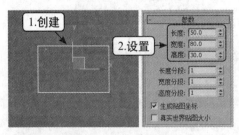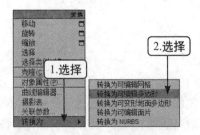

图8-185　创建长方体　　　　　　　图8-186　转换为可编辑多边形

③ 在修改器堆栈中单击"可编辑多边形"左侧的 ➕ 按钮,在展开的列表中选择"边"层级,继续在修改面板"编辑几何体"卷展栏中单击 切片平面 按钮,并选中后面的"分割"复选框,如图8-187所示。

④ 利用旋转工具将切片在前视图中向左旋转15度,然后在修改面板"编辑几何体"卷展栏中单击 切片 按钮进行切片,如图8-188所示。

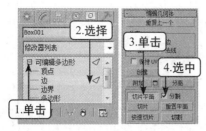
图 8-187　选择切片平面

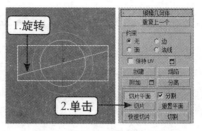
图8-188　旋转并切片

05 继续在前视图中利用旋转工具将切片向左旋转30度，然后在修改面板"编辑几何体"卷展栏中单击 切片 按钮进行切片，如图8-189所示。

06 切换到多边形层级，在透视图中加选如图8-190所示的多边形，并在前视图中利用旋转工具向上旋转30度。

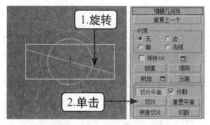
图8-189　旋转并切片

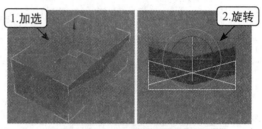
图8-190　旋转多边形

07 继续利用移动工具，在左视图中将多边形移动到如图8-191所示的位置。

08 进入顶点层级，在左视图中框选如图8-192所示的顶点，在修改面板"编辑顶点"卷展栏中单击 焊接 后面的□按钮。

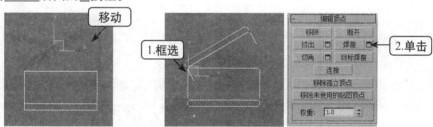

图8-191　移动多边形　　　　图8-192　选择顶点焊接

09 在弹出的界面中将"焊接阈值"设置为"8"，然后单击☑按钮，如图8-193所示。

10 退出顶点层级，在"修改器列表"弹出的列表框中选择"壳"命令，并在修改面板"参数"卷展栏中将"外部量"设置为"1"，"分段"设置为"10"完成模型的建立，如图8-194所示。

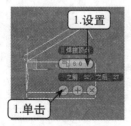
图8-193　焊接顶点

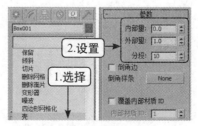
图8-194　选择壳命令

素材文件	无
效果文件	光盘/效果/第8章/实例164.max
动画演示	光盘/视频/第8章/164.swf
操作重点	编辑几何体（重置平面）

模型图	效果图

"重置平面"命令能快速将切片平面恢复到起始位置。本实例将使用该功能来创建电视柜模型，其具体操作如下。

01 新建场景。在顶视图中创建一个长方体，将"长度"、"宽度"、"高度"分别设置为"50"、"130"、"30"，如图8-195所示。

02 选中长方体并单击鼠标右键，在弹出的快捷菜单中选择【转换为】/【转换为可编辑多边形】命令，如图8-196所示。

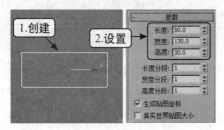

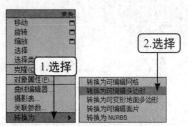

图8-195 创建长方体　　　　　图8-196 转换为可编辑多边形

03 在修改器堆栈中单击"可编辑多边形"左侧的■按钮，在展开的列表中选择"边"层级，然后在修改面板"编辑几何体"卷展栏中单击 切片平面 按钮，如图8-197所示。

04 在前视图中利用移动工具将切片移动到长方体上方，然后单击 切片 按钮切片，如图8-198所示。

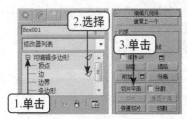

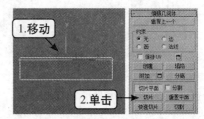

图8-197 选择切片平面　　　　　图8-198 切片

05 继续在前视图中利用移动工具将切片移动到长方体下方，然后单击 切片 按钮切片，如图8-199所示。

06 在修改面板"编辑几何体"卷展栏中单击 重置平面 按钮，然后再次单击 切片 按钮切片，如图8-200所示。

07 继续在前视图中利用旋转工具将切片旋转90度，利用移动工具将切片放置在如图8-201所示的位置。

08 在修改面板"编辑几何体"卷展栏中单击 切片 按钮切片，然后继续利用移动工具将切片向右移动至如图8-202所示，再次单击 切片 按钮。

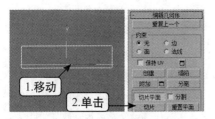

图8-199 切片

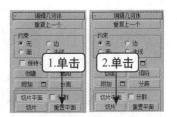

图8-200 重置平面切片

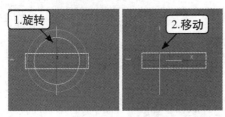

图8-201 旋转切片

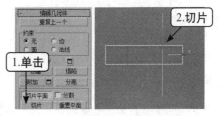

图8-202 切片

⑨ 切换到多边形层级，在前视图中加选如图8-203所示的多边形，然后在修改面板"编辑多边形"卷展栏中单击 倒角 按钮右侧的 ▪ 按钮。

⑩ 在弹出的界面中将"高度"设置为"-2"，"轮廓"设置为"-2"，然后单击 ✓ 按钮，如图8-204所示。

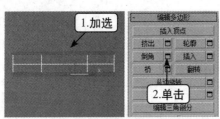

图8-203 选择倒角多边形

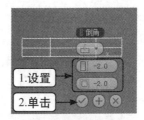

图8-204 倒角多边形

⑪ 继续在前视图中加选如图8-205所示的多边形，在修改面板"编辑多边形"卷展栏中单击 插入 按钮右侧的 ▪ 按钮。

⑫ 在弹出的界面中单击 ▦▾ 按钮，在弹出的下拉列表中选择"按多边形"选项，然后再将"数量"设置为"1"，单击 ✓ 按钮，如图8-206所示。

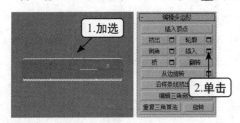

图8-205 选择插入多边形

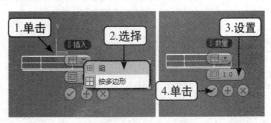

图8-206 插入多边形

⑬ 继续在修改面板"编辑多边形"卷展栏中单击 挤出 按钮右侧的 ▪ 按钮，在弹出的界面中将"高度"设置为"-3"，然后单击 ✓ 按钮，如图8-207所示。

⑭ 继续在修改面板"编辑多边形"卷展栏中单击 倒角 按钮右侧的 ▪ 按钮，在弹出的界面中将"高度"设置为"3"，"轮廓"设置为"-2"，然后单击 ✓ 按钮，如图8-208所示。

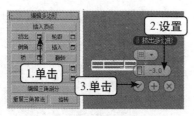

图8-207 挤出多边形

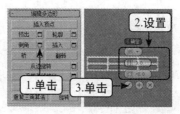

图8-208 倒角多边形

⓯ 切换到边层级，在前视图中加选如图8-209所示的边，然后在修改面板"编辑边"卷展栏中单击 切角 按钮右侧的口按钮。

⓰ 在弹出的界面中将"边切角量"设置为"1"，"连接边分段"设置为"1"，然后单击☑按钮，如图8-210所示。

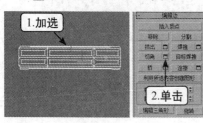

图8-209 选择切角边

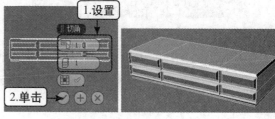

图8-210 边切角

⓱ 在顶视图中创建一条弧线，将"半径"设置为"6"，"从"设置为"210"，"到"设置为"333"，如图8-211所示。

⓲ 在修改面板"渲染"卷展栏中选中"在渲染中启用"复选框与"在视口中启用"复选框，继续向下选中"径向"单选项，并将"厚度"设置为"1"，"边"设置为"12"，如图8-212所示。

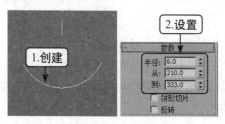

图8-211 创建弧

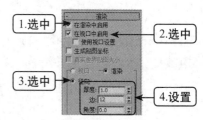

图8-212 可渲染样条线

⓳ 单击鼠标右键，在弹出的快捷菜单中选择【转换为】/【转换为可编辑多边形】命令，如图8-213所示。

⓴ 在修改器堆栈中单击"可编辑多边形"左侧的■按钮，在展开的列表中选择"多边形"层级，如图8-214所示。

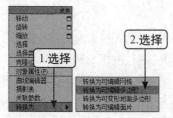

图8-213 转换为可编辑多边形

图8-214 选择多边形层级

㉑ 在顶视图中框选如图8-215所示的多边形，在修改面板"编辑多边形"卷展栏中单击
　　 挤出 按钮右侧的□按钮。

㉒ 在弹出的界面中单击 □▾ 按钮，在弹出的下拉列表中选择"局部法线"选项，然后将
　　"高度"设置为"0.5"，单击 ✔ 按钮，如图8-216所示。

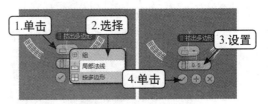

图8-215　选择挤出多边形　　　　　　　　　　图8-216　挤出多边形

㉓ 退出多边形层级，在"修改器列表"下拉列表框中选择"涡轮平滑"命令，并在修改
　　面板"涡轮平滑"卷展栏中将"迭代次数"设置为"1"，如图8-217所示。

㉔ 最后将拉手克隆出5份，分别将其放置好位置完成模型的建立，如图8-218所示。

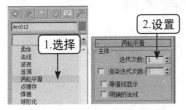

图8-217　选择涡轮平滑命令　　　　　　　　　图8-218　放置位置

Example 实例 165　软垫模型

素材文件	无	
效果文件	光盘/效果/第8章/实例165.max	
动画演示	光盘/视频/第8章/165.swf	
操作重点	编辑几何体（快速切片）	模型图　　　　效果图

　　"快速切片"命令可连续对多边形进行切片。本实例将使用该功能来创建一个软垫模
型，其具体操作如下。

① 新建场景。在顶视图中创建一个长方体，将"长度"、"宽度"、"高度"分别设置
　　为"50"、"50"、"20"，如图8-219所示。

② 选中长方体并单击鼠标右键，在弹出的快捷菜单中选择【转换为】/【转换为可编辑多
　　边形】命令，如图8-220所示。

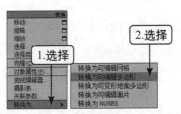

图8-219　创建长方体　　　　　　　　　　图8-220　转换为可编辑多边形

03 选中长方体，在修改面板"编辑几何体"卷展栏中单击 快速切片 按钮，然后在工具栏中打开"2.5D"捕捉工具的中点和顶点捕捉功能，在顶视图中捕捉到长方体上方边的中点并单击鼠标，然后向下移动鼠标到下方边的中点，再次单击鼠标完成切片，如图8-221所示。

04 继续在顶视图中用相同的方法进行捕捉切片，将图形切割成如图8-222所示的形状。

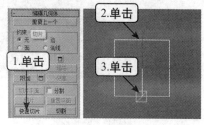

图8-221　快速切片

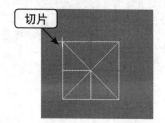

图8-222　快速切片

05 关闭捕捉开关，然后在修改面板"编辑几何体"卷展栏中再次单击 快速切片 按钮关闭快速切片。进入边层级，加选顶视图中单面切割出来的边，在修改面板"编辑边"卷展栏中单击 挤出 按钮右侧的■按钮，如图8-223所示。

06 在弹出的界面中将"高度"设置为"－6"，"宽度"设置为"3"，然后单击☑按钮。退出边层级，在"修改器列表"下拉列表框中选择"网格平滑"命令，完成模型的建立，如图8-224所示。

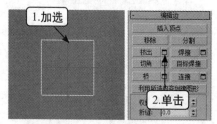

图8-223　选择挤出边

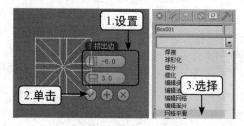

图8-224　选择网格平滑

Example 实例 **166** 雕花笔筒

素材文件	无		
效果文件	光盘/效果/第8章/实例166.max	模型图	效果图
动画演示	光盘/视频/第8章/166.swf		
操作重点	编辑几何体（切割）		

"切割"命令可用于创建一个多边形到另一个多边形的边，或在多边形内创建边。本实例将使用该功能来创建雕花笔筒模型，其具体操作如下。

01 新建场景。在顶视图中创建一个圆柱体，将"半径"设置为"25"，"高度"设置为"100"，"高度分段"设置为"1"，"端面分段"设置为"1"，"边数"设置为"18"，如图8-225所示。

02 选中圆柱体并单击鼠标右键，在弹出的快捷菜单中选择【转换为】/【转换为可编辑多边形】命令，如图8-226所示。

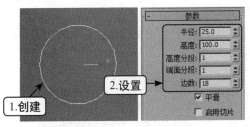

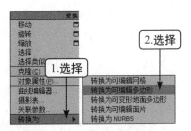

图8-225 创建圆柱体　　　　图8-226 转换为可编辑多边形

03 在修改器堆栈中单击"可编辑多边形"左侧的▦按钮，在展开的列表中选择"边"层级，如图8-227所示。

04 在前视图中框选如图8-228所示的边，然后在修改面板"编辑边"卷展栏中单击 连接 按钮右侧的▢按钮。

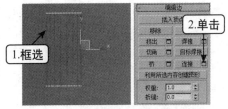

图8-227 选择边层级　　　　图8-228 选择连接边

05 在弹出的界面中将"分段"设置为"2"，"收缩"设置为"90"，然后单击☑按钮，如图8-229所示。

06 进入多边形层级，在透视图中选中如图8-230所示的多边形，在修改面板"编辑多边形"卷展栏中单击 插入 按钮右侧的▢按钮。

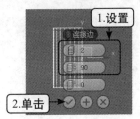

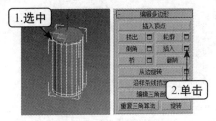

图8-229 连接边　　　　图8-230 选择插入多边形

07 在弹出的界面中将"数量"设置为"1"，然后单击☑按钮，如图8-231所示。

08 继续在修改面板"编辑多边形"卷展栏中单击 挤出 按钮右侧的▢按钮，在弹出的界面中将"高度"设置为"-95"，然后单击☑按钮，如图8-232所示。

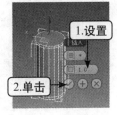

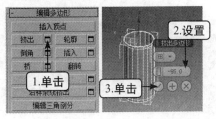

图8-231 插入多边形　　　　图8-232 挤出多边形

09 退出多边形层级，继续在前视图中创建一个圆，将"半径"设置为"5.5"，如图8-233所示。

10 选中圆并单击鼠标右键，在弹出的快捷菜单中选择【转换为】/【转换为可编辑样条线】命令，如图8-234所示。

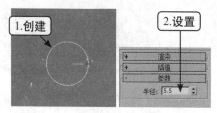
图8-233 创建圆

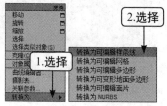
图8-234 转换为可编辑样条线

11 在修改器堆栈中单击"可编辑样条线"左侧的 按钮，在展开的列表中选择"顶点"层级，如图8-235所示。

12 利用移动工具，在前视图中分别将圆的上下两个顶点移动至如图8-236所示的形状。

图8-235 选择顶点层级

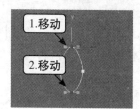
图8-236 移动顶点

13 在前视图中选中下方的顶点，在修改面板"几何体"卷展栏的"圆角"文本框中输入"4"，然后单击 圆角 按钮，如图8-237所示。

14 进入线段层级，在前视图中框选如图8-238所示的线段，按【Delete】键将其删除。

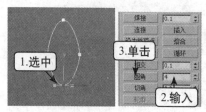
图8-237 顶点圆角

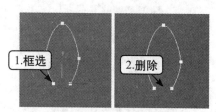
图8-238 删除线段

15 退出线段层级，在前视图中选中图形按住【Shift】键拖动鼠标，克隆出一条线段，再利用"选择并旋转"工具将克隆出的对象向左旋转90度。如图8-239所示。

16 打开"2.5D"捕捉开关，利用移动工具将克隆对象与原对象捕捉移动到如图8-240所示的形状。

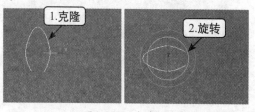
图8-239 克隆、旋转

图8-240 捕捉移动

17 在前视图中框选两个对象，利用"镜像"工具沿XY轴以"复制"的方式克隆镜像出对象，如图8-241所示。

18 再次利用"2.5D"捕捉将镜像克隆对象与原对象放置好位置，如图8-242所示。

图8-241 克隆镜像　　　　　　　　　图8-242 捕捉放置

19 在前视图中创建一个圆，将半径设置为"1.5"，如图8-243所示。

20 在前视图中将圆放置在如图8-244所示的位置，并将图形全部附加到一起。

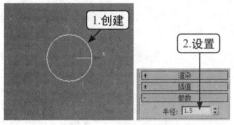

图8-243 创建圆　　　　　　　　　图8-244 附加对象

21 将附加好的对象前视图中放置在圆柱体中间位置，选中圆柱体，在修改面板"编辑几何体"卷展栏中单击 切割 按钮，然后在前视图中利用"2.5D"捕捉工具捕捉花瓣顶点，单击并移动鼠标切割出相同的图形，如图8-245所示。

22 切割出花瓣后单击鼠标右键停止切割，继续通过捕捉花瓣中心的圆，利用"切割"功能切割出相同的图形，然后单击鼠标右键退出切割，并关闭"2.5D"捕捉，如图8-246所示。

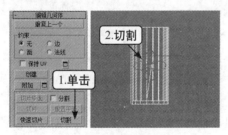

图8-245 切割花瓣　　　　　　　　　图8-246 切割圆

23 进入多边形层级，在前视图中加选如图8-247所示的多边形，然后在修改面板"编辑多边形"卷展栏中单击 挤出 按钮右侧的■按钮，在弹出的界面中将"高度"设置为"2"，然后单击✓按钮。

24 退出多边形层级，在"修改器列表"下拉列表框中选择"平滑"命令，并在修改面板"参数"卷展栏中选中"自动平滑"复选框，在"阈值"文本框中输入"30"，完成模型的建立，如图8-248所示。

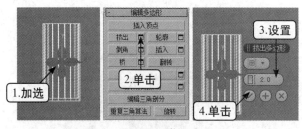

图8-247　挤出多边形

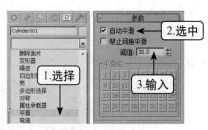

图8-248　选择平滑

Example 实例 **167** 插线板模型

素材文件	无		
效果文件	光盘/效果/第8章/实例167.max	模型图	效果图
动画演示	光盘/视频/第8章/167.swf		
操作重点	编辑几何体（网格平滑）		

　　"网格平滑"命令适用于对多边形对象进行平滑处理。本实例将使用该功能来创建插线板模型，其具体操作如下。

01 新建场景。在顶视图中创建一个切角长方体，将"长度"、"宽度"、"高度"分别设置为"8"、"18"、"2.5"，"圆角"设置为"0.1"，"宽度分段"设置为"3"，如图8-249所示。

02 选中切角长方体并单击鼠标右键，在弹出的快捷菜单中选择【转换为】/【转换为可编辑多边形】命令，如图8-250所示。

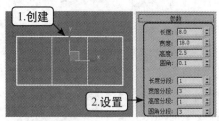

图8-249　创建切角长方体

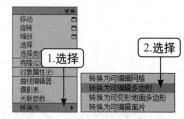

图8-250　转换为可编辑多边形

03 在修改器堆栈中单击"可编辑多边形"左侧的■按钮，在展开的列表中选择"多边形"层级，如图8-251所示。

04 在透视图中加选如图8-252所示的多边形，在修改面板"编辑多边形"卷展栏中单击 插入 按钮右侧的□按钮。

图8-251　选择多边形层级

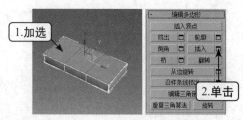

图8-252　选择插入多边形

05 在弹出的界面中单击 按钮，在弹出的下拉列表中选择"按多边形"选项，然后将 "数量"设置为"0.5"，最后单击 按钮，如图8-253所示。

06 继续在修改面板"编辑多边形"卷展栏中单击 挤出 按钮右侧的 按钮，在弹出的界面 中将"高度"设置为"－0.5"，然后单击 按钮，如图8-254所示。

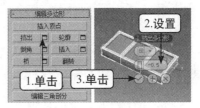

图8-253 插入多边形   图8-254 挤出多边形

07 进入边层级，在透视图中加选如图8-255所示的边，在修改面板"编辑边"卷展栏中单 击 连接 按钮右侧的 按钮。

08 在弹出的界面中将"分段"设置为"4"，然后单击 按钮，如图8-256所示。

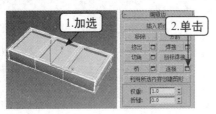

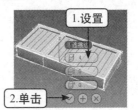

图8-255 选择连接边   图8-256 连接边

09 继续在透视图中加选如图8-257所示的边，在修改面板"编辑边"卷展栏中单击 连接 按钮右侧的 按钮。

10 在弹出的界面中将"分段"设置为"4"，然后单击 按钮，如图8-258所示。

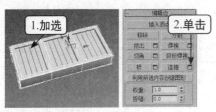

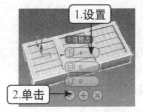

图8-257 选择连接边   图8-258 连接边

11 进入多边形层级，在透视图中加选如图8-259所示的多边形，在修改面板"编辑多边 形"卷展栏中单击 挤出 按钮右侧的 按钮。

12 在弹出的界面中将"高度"设置为"－1"，单击 按钮，然后按【Delete】键将挤出 的多边形删除，如图8-260所示。

图8-259 选择挤出多边形   图8-260 挤出多边形

⑬ 退出多边形层级，在修改面板
"编辑几何体"卷展栏中单击
3次 网格平滑 按钮，完成模型的建
立，如图8-261所示。

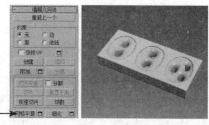

单击3次 →

图8-261　网格平滑

专家课堂

选择某个多边形后，在修改面板"选择"卷展栏中单击 扩大 按钮可扩大选择当前多边
形周围一圈的所有多边形，单击 收缩 按钮将收缩选择当前多边形最外侧的一圈对象。

Example 实例 168　软包电视墙

素材文件	无		
效果文件	光盘/效果/第8章/实例168.max	模型图	效果图
动画演示	光盘/视频/第8章/168.swf		
操作重点	编辑几何体（细化）		

"细化"命令可以对选择的任何多边形进行细分。本实例将使用该命令来创建软包电
视墙模型，其具体操作如下。

① 新建场景。在前视图中创建一个长方体，将"长度"、"宽度"、"高度"分别设置
为"80"、"140"、"10"，如图8-262所示。

② 选中长方体并单击鼠标右键，在弹出的快捷菜单中选择【转换为】/【转换为可编辑多
边形】命令，如图8-263所示。

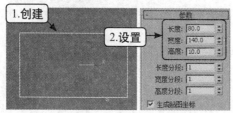

图8-262　创建长方体

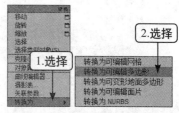

图8-263　转换为可编辑多边形

③ 在修改面板"编辑几何体"卷展栏中单击2次 细化 按钮，如图8-264所示。

④ 继续在修改面板"编辑几何体"卷展栏中单击 细化 按钮右侧的▣按钮，在弹出的界面
中单击▣▼按钮，在弹出的下拉列表中选择"面"选项，然后单击✓按钮，如图8-265
所示。

⑤ 进入多边形层级，在前视图中加选正面的所有多边形，在修改面板"编辑多边形"卷
展栏中单击 倒角 按钮右侧的▣按钮，如图8-266所示。

⑥ 在弹出的界面中单击▣▼按钮，在弹出的下拉列表中选择"按多边形"选项，然后将
"高度"设置为"2"，"轮廓"设置为"-1.5"，单击✓按钮，如图8-267所示。

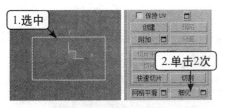

图8-264 细化长方体

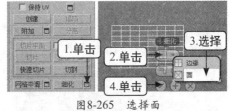

图8-265 选择面

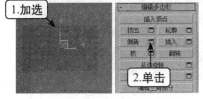

图8-266 选择倒角多边形

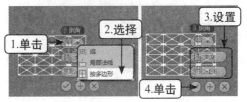

图8-267 倒角多边形

07 退出多边形层级，继续在修改面板"编辑几何体"卷展栏中单击 细化 按钮，如图8-268 所示。

08 然后在卷展栏中单击2次 网格平滑 按钮，完成模型的建立，如图8-269所示。

图8-268 单击细化

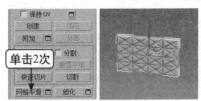

图8-269 单击网格平滑

Example 实例 169 胶囊模型

素材文件	无		
效果文件	光盘/效果/第8章/实例169.max	模型图	效果图
动画演示	光盘/视频/第8章/169.swf		
操作重点	编辑几何体（平面化）		

"平面化"命令可平面化选定的所有子对象，并使该平面与对象的局部坐标系中的相应平面对齐。本实例将使用该功能来创建胶囊模型，其具体操作如下。

01 新建场景。在顶视图中创建一个球体，将"半径"设置为"24"，如图8-270所示。

02 选中球体并单击鼠标右键，在弹出的快捷菜单中选择【转换为】/【转换为可编辑多边形】命令，如图8-271所示。

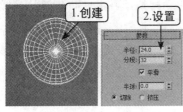

图8-270 创建球体

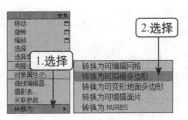

图8-271 转换为可编辑多边形

03 在前视图中选中球体，在修改器堆栈中单击"可编辑多边形"左侧的 ⊞ 按钮，在展开的列表中选择"多边形"层级，然后继续在前视图中框选如图8-272所示的多边形。

04 在修改面板"编辑几何体"卷展栏中单击 平面化 按钮，然后利用移动工具将多边形向上移动至如图8-273所示的位置，再按【Delete】键将其删除。

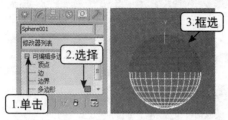
图8-272　框选多边形

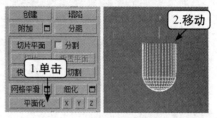
图8-273　平面化

05 在前视图中选中对象，利用"镜像"工具在Y轴镜像复制出相同的对象，如图8-274所示。

06 选中镜像出的对象，利用"选择并均匀缩放"工具将其在透视图中略微放大，最后将两个对象放置好对应位置，完成模型的建立，如图8-275所示。

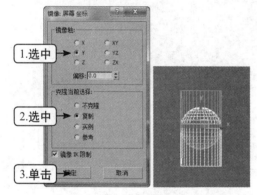
图8-274　镜像对象

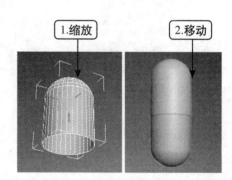
图8-275　缩放放置

Example 实例 **170** 哨子模型

素材文件	无	
效果文件	光盘/效果/第8章/实例170.max	
动画演示	光盘/视频/第8章/170.swf	
操作重点	编辑几何体（视图对齐）	模型图　　　　效果图

　　"视图对齐"命令可使对象中的所有顶点与活动视口所在的平面对齐。本实例将使用该功能来创建哨子模型，其具体操作如下。

01 新建场景。在左视图中创建一个圆柱体，将"半径"设置为"4"，"高度"设置为"5"，"高度分段"设置为"5"，"端面分段"设置为"2"，如图8-276所示。

02 选中圆柱体并单击鼠标右键，在弹出的快捷菜单中选择【转换为】/【转换为可编辑多边形】命令，如图8-277所示。

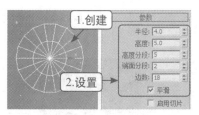 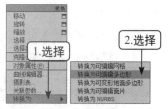

图8-276　创建圆柱体　　　　图8-277　转换为可编辑多边形

03 在修改器堆栈中单击"可编辑多边形"左侧的+按钮，在展开的列表中选择"多边形"层级，然后继续在透视图中加选如图8-278所示的多边形。

04 在前视图中单击鼠标右键，然后在修改面板"编辑几何体"卷展栏中单击 视图对齐 按钮，如图8-279所示。

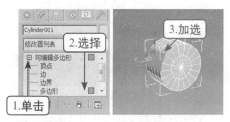 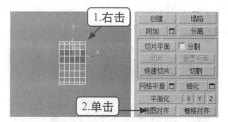

图8-278　加选多边形　　　　图8-279　前视图对齐

05 继续在修改面板"编辑多边形"卷展栏中单击 倒角 右侧的□按钮，在弹出的界面中将"高度"设置为"12"，"轮廓"设置为"−1"，然后单击☑按钮，如图8-280所示。

06 利用移动工具在左视图中沿Y轴向下移动至如图8-281所示的位置，然后继续在修改面板"编辑多边形"卷展栏中单击 插入 按钮右侧的□按钮。

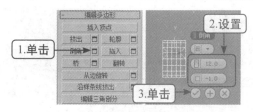 

图8-280　倒角多边形　　　　图8-281　插入多边形

07 在弹出的界面中将"数量"设置为"0.2"，然后单击☑按钮。继续在"编辑多边形"卷展栏中单击 挤出 按钮右侧的□按钮，如图8-282所示。

08 在弹出的界面中将"高度"设置为"−0.5"，然后单击☑按钮，如图8-283所示。

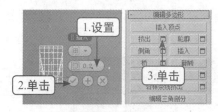 

图8-282　插入多边形　　　　图8-283　挤出多边形

09 进入边层级，在透视图中加选如图8-284所示的边，然后在修改面板"编辑边"卷展栏中单击 连接 按钮右侧的□按钮。

⑩ 在弹出的界面中将"分段"设置为"2","收缩"设置为"-60","滑块"设置为"-240",再单击☑按钮，如图8-285所示。

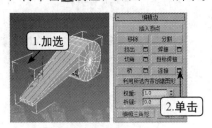

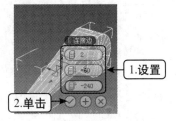

图8-284　选择连接边　　　　　　　　　　图8-285　连接边

⑪ 进入多边形层级，在透视图中加选如图8-286所示的多边形，然后按【Delete】键删除。

⑫ 退出多边形层级，在修改面板"编辑几何体"卷展栏中单击3次 网格平滑 按钮，完成模型的建立，如图8-287所示。

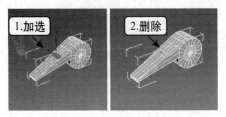

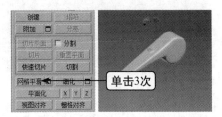

图8-286　删除多边形　　　　　　　　　　图8-287　平滑多边形

Example 实例 **171** 鸭舌帽模型

素材文件	无	
效果文件	光盘/效果/第8章/实例171.max	
动画演示	光盘/视频/第8章/171.swf	
操作重点	编辑几何体（栅格对齐）	模型图　　　　　　效果图

　　"栅格对齐"命令可使选定对象中的所有顶点与活动视图所在的平面对齐。本实例将使用该功能来创建鸭舌帽模型，其具体操作如下。

① 新建场景。在顶视图中创建一个球体，将"半径"设置为"13.5"，"分段"设置为"16"，如图8-288所示。

② 选中球体并单击鼠标右键，在弹出的快捷菜单中选择【转换为】/【转换为可编辑多边形】命令，如图8-289所示。

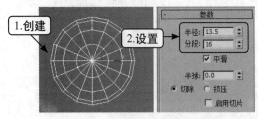

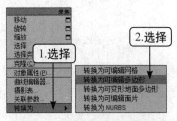

图8-288　创建球体　　　　　　　　　　图8-289　转换为可编辑多边形

03 在修改器堆栈中单击"可编辑多边形"左侧的■按钮，在展开的列表中选择"多边形"层级，如图8-290所示。

04 在前视图中框选如图8-291所示的多边形，按【Delete】键将其删除。

图8-290 选择多边形层级

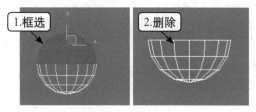

图8-291 删除多边形

05 进入顶点层级，在前视图中选中如图8-292所示的顶点，利用移动工具向上移动。

06 进入边层级，在前视图中框选如图8-293所示的边。在修改面板"编辑边"卷展栏中单击 连接 按钮右侧的□按钮。

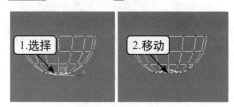

图8-292 移动顶点

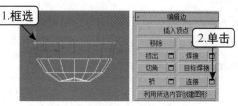

图8-293 选择连接边

07 在弹出的界面中将"分段"设置为"2"，然后单击✓按钮，如图8-294所示。

08 进入多边形层级，然后在透视图中加选如图8-295所示的多边形。

图8-294 连接边

图8-295 加选多边形

09 在左视图中单击鼠标右键，在修改面板"编辑几何体"卷展栏中单击 栅格对齐 对齐按钮，如图8-296所示。

10 在顶视图中利用移动工具将帽檐沿X轴向后移动至如图8-297所示的位置，然后利用"选择并均匀缩放"工具在顶视图沿Y轴向下缩放。

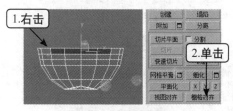

图8-296 左视图栅格对齐

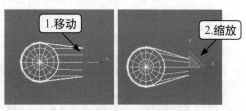

图8-297 移动缩放多边形

11 切换到顶点层级，在透视图中加选如图8-298所示的顶点，利用移动工具沿Z轴向上移动。

⑫ 退出点层级，在修改面板"编辑几何体"卷展栏中单击3次 网格平滑 按钮，完成模型的建立，如图8-299所示。

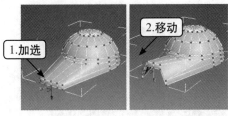

图8-298　移动顶点

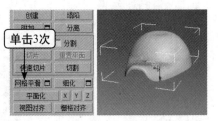

图8-299　网格平滑

Example 实例 172　冰淇淋模型

素材文件	光盘/素材/第8章/实例172.max		
效果文件	光盘/效果/第8章/实例172.max	模型图	效果图
动画演示	光盘/视频/第8章/172.swf		
操作重点	编辑几何体（松弛）		

"松弛"命令可通过移动顶点来控制其与相邻顶点的距离来更改网格中的外观曲面张力。本实例将使用该功能来创建冰淇淋模型，其具体操作如下。

① 打开素材提供的"实例172.max"文件。在前视图中选中圆柱体，在修改器堆栈中单击"可编辑多边形"左侧的■按钮，在展开的列表中选择"顶点"层级，如图8-300所示。

② 在前视图中框选圆柱体上方的顶点，在修改面板"编辑几何体"卷展栏中单击 塌陷 按钮，如图8-301所示。

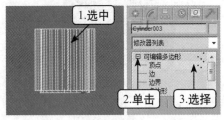

图8-300　选择多边形层级

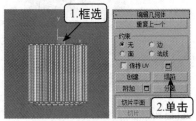

图8-301　塌陷顶点

③ 进入边层级，继续在顶视图中框选如图8-302所示的边，然后在修改面板"编辑边"卷展栏中单击 连接 按钮右侧的■按钮。

④ 在弹出的界面中将"分段"设置为"10"，然后单击☑按钮，如图8-303所示。

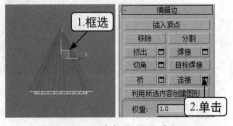

图8-302　选择多边形层级

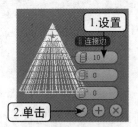

图8-303　塌陷顶点

05 退出边层级，在"修改器列表"下拉列表框中选择"扭曲"命令，并在修改面板"参数"卷展栏的"扭曲"栏中将"角度"设置为"360"，如图8-304所示。

06 选中扭曲后的对象，单击鼠标右键，在弹出的快捷菜单中选择【转换为】/【转换为可编辑多边形】命令，如图8-305所示。

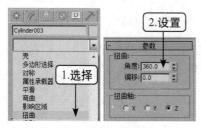

图8-304　选择扭曲

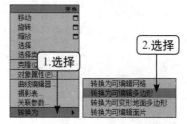

图8-305　转换为可编辑多边形

07 在修改面板"编辑几何体"卷展栏中单击4次 松弛 按钮，如图8-306所示。

08 最后在"编辑几何体"卷展栏中单击3次 网格平滑 按钮，然后将对象放置在蛋卷上方，完成模型的建立，如图8-307所示。

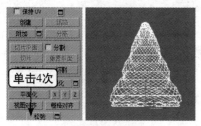

图8-306　松弛对象

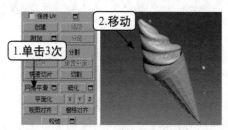

图8-307　平滑对象

专家解疑

1. 问：如何在透视图的模型上显示出线框？

答：按【F3】键可切换到线框模式，此时仅显示模型的线框。当处于非线框模式时，按【F4】键可切换到边面模式，即在实体模型上显示该模型的边面结构。

2. 问：什么是3ds Max 2013的交互式设置界面？

答：交互式设置界面即单击某种命令按钮右侧的██按钮后弹出的设置界面。在交互式设置界面中可进行参数设置，可直接输入需要的数据，也可在左侧的图标或微调按钮上拖动鼠标来动态调整数据。若在图标或微调按钮上单击鼠标右键，可快速将设置的数据归零。

3. 问：使用焊接顶点的交互式设置界面下方出现的顶点数据有什么用？

答：它表示焊接前后的顶点数量对比数据，这是非常重要的数据，特别是当焊接的顶点较多时，可利用该数据来更好地控制顶点距离，以避免将本来不需要焊接的顶点进行了焊接操作，或遗漏了需要焊接的顶点。

4. 问：如何更好地控制使用"软选择"功能后的模型效果？

答：使用了软选择后，可通过"软选择"卷展栏的"衰减"文本框来调整移动对象范围，可通过"收缩"文本框调整移动对象锐度，通过"膨胀"文本框调整移动的平滑度。

第9章
Graphite建模

　　Graphite是将多边形建模的功能集成后的建模模块，也称"石墨建模"。它不仅集成了多边形建模的各种功能，还增加了许多扩展功能和一些特色的操作，与多边形建模相比，此建模方式更加灵活。本章将通过大量的实例介绍Graphite建模的具体操作方法。

Example 实例 173 牛仔帽

素材文件	光盘/素材/第9章/实例173.max		
效果文件	光盘/效果/第9章/实例173.max		
动画演示	光盘/视频/第9章/173.swf	模型图	效果图
操作重点	软选择		

"软选择"可对多边形子层级对象进行平滑的移动变形。本实例将使用"多边形建模"选项卡的软选择功能来创建牛仔帽模型，其具体操作如下。

01 打开素材提供的"实例173.max"文件，在顶视图中选中模型，在工具栏中单击 Graphite 建模工具 选项卡下的"多边形建模"选项卡，单击 修改模式 按钮，如图9-1所示。

02 继续在"多边形建模"选项卡中单击"顶点"层级按钮，然后在下方单击"使用软选择"按钮，如图9-2所示。

图9-1 单击修改模式　　　图9-2 单击使用软选择

专家课堂

如果工具栏中未出现 Graphite 建模工具 选项卡，可单击工具栏右侧的"Graphite建模工具"按钮将该选项卡显示出来。

03 在前视图中框选如图9-3所示的顶点，在修改面板"选择"卷展栏中单击 收缩 按钮，然后利用移动工具将顶点向下移动。

04 在顶视图中加选如图9-4所示的顶点，并在前视图中利用移动工具将顶点向上移动。

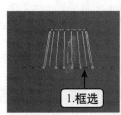

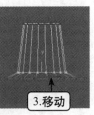
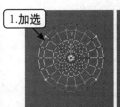
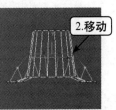

图9-3 移动顶点　　　　　　图9-4 移动顶点

05 在透视图中选中如图9-5所示的顶点，将其向上移动。

06 再次单击"顶点"层级按钮，退出顶点层级，然后在"Graphite建模工具"选项卡的"细分"选项卡中单击3次"网格平滑"按钮，完成模型的建立，如图9-6所示。

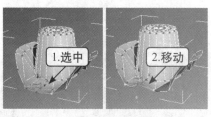

图9-5 移动顶点

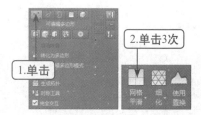

图9-6 平滑对象

Example 实例 174 牛角号

素材文件	无	
效果文件	光盘/效果/第9章/实例174.max	
动画演示	光盘/视频/第9章/174.swf	
操作重点	塌陷堆栈	

| | 模型图 | 效果图 |

"塌陷堆栈"功能可将选定对象的整个堆栈塌陷到可编辑对象,该对象可以保留基础对象上塌陷的修改器的累加效果。本实例将使用该功能来创建牛角号模型,其具体操作如下。

01 新建场景。在顶视图中创建一个圆锥体,将"半径1"设置为"23","半径2"设置为"7","高度"设置为"230","高度分段"设置为"20",如图9-7所示。

02 选中圆锥体,在工具栏中单击"Graphite建模工具"选项卡下的"多边形建模"选项卡,然后单击其中的 ✓ 转化为多边形 按钮,如图9-8所示。

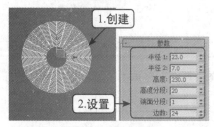

图9-7 创建圆锥体

图9-8 转换为多边形

03 在"多边形建模"选项卡中单击"边"层级按钮 ✓ ,如图9-9所示。

04 在前视图中加选如图9-10所示的边,在"Graphite建模工具"选项卡的"边"选项卡中单击"挤出"下拉按钮,在弹出的下拉列表中单击 ██ 挤出设置 按钮,并在弹出的界面中将"高度"设置为"2","宽度"设置为"2",然后单击 ✓ 按钮。

图9-9 单击边层级按钮

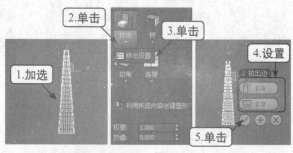

图9-10 挤出边

　　若想在多边形的子层级中预览其他子层级,但不进行编辑操作,只需在"Graphite建模工具"选项卡的"编辑多边形"选项卡中单击"预览多个"按钮,然后在模型上将鼠标指针放置在需要预览的子层级上,便可对多边形其他子层级进行预览查看。

05 退出边层级,在"修改器列表"下拉列表框中选择"弯曲"命令,并在"参数"卷展栏中将"角度"设置为"140",如图9-11所示。

06 在"Graphite建模工具"选项卡的"多边形建模"选项卡中单击 塌陷堆栈 按钮,如图9-12所示。

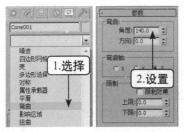

图9-11　选择弯曲命令

图9-12　塌陷堆栈

07 在"多边形建模"选项卡中单击"多边形"层级按钮,然后在透视图中加选如图9-13所示的多边形,按【Delete】键将其删除。

08 在"多边形建模"选项卡中再次单击"多边形"层级按钮退出多边形层级,最后在"细分"选项卡中单击2次"网格平滑"按钮,完成模型的建立,如图9-14所示。

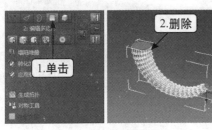

图9-13　删除多边形

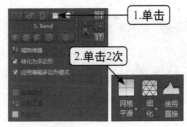

图9-14　平滑对象

Example 实例 175 工艺竹篮

素材文件	无	
效果文件	光盘/效果/第9章/实例175.max	
动画演示	光盘/视频/第9章/175.swf	
操作重点	生成拓扑	

模型图　　　　效果图

　　"生成拓扑"功能可将对象的网格细分重做为按过程生成的图案。本实例将使用该功能来创建工艺竹篮模型,其具体操作如下。

01 新建场景。在前视图中从上至下创建出一条线,并将线调节成如图9-15所示的形状。

02 选中线，在"修改器列表"下拉列表框中选择"车削"命令。如图9-16所示。

03 在修改器堆栈中单击"车削"左侧的 ⊞ 按钮，在展开的列表中选择"轴"层级，如图9-17所示。

图9-15　创建线　　　　　图9-16　选择车削命令　　　　图9-17　选择轴层级

04 在前视图中利用移动工具将坐标轴向右移动，将图形创建成如图9-18所示的形状。

05 在工具栏中单击"Graphite建模工具"选项卡，然后在"多边形建模"选项卡中单击 转化为多边形 按钮，如图9-19所示。

06 在"多边形建模"选项卡中单击 生成拓扑 按钮，在打开的"拓扑"对话框的"程序"卷展栏中单击"边方向"按钮，如图9-20所示。

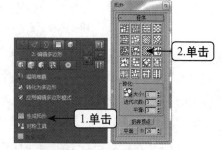

图9-18　移动轴创建图形　　　图9-19　转换为多边形　　　　图9-20　使用拓扑

07 继续在"多边形建模"选项卡中单击"多边形"层级按钮，然后在"Graphite建模工具"选项卡的"多边形"选项卡中单击"插入"下拉按钮，在弹出的下拉列表中单击 插入设置 按钮，如图9-21所示。

08 在弹出的界面中单击 按钮，在弹出的下拉列表中选择"按多边形"选项，然后将"数量"设置为"0.5"，单击 按钮，如图9-22所示。

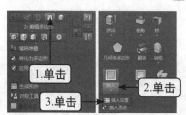

图9-21　单击插入设置　　　　　　　图9-22　插入多边形

09 按【Delete】键将插入的多边形删除，然后再次单击"多边形"层级按钮 退出多边形层级，如图9-23所示。

10 在"修改器列表"下拉列表框中选择"壳"命令，并在修改面板"参数"卷展栏中将"外部量"设置为"0.2"，完成模型的建立，如图9-24所示。

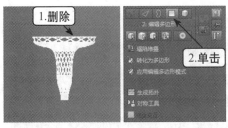

图9-23　删除多边形

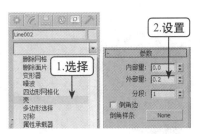

图9-24　选择壳命令

176　文化石板

素材文件	无		
效果文件	光盘/效果/第9章/实例176.max		
动画演示	光盘/视频/第9章/176.swf	模型图	效果图
操作重点	生成拓扑碎化		

　　"生成拓扑碎化"功能可使对象在拓扑中生成由成排多边形分隔的"孔"效果。本实例将使用"多边形建模"选项卡的"生成拓扑碎化"功能来创建文化石板模型，其具体操作如下。

01 新建场景。在顶视图中创建一个平面，将"长度"、"宽度"分别设置为"100"、"150"，"长度分段"设置为"10"、"宽度分段"设置为"10"，如图9-25所示。

02 选中平面，单击工具栏"Graphite建模工具"选项卡，在"多边形建模"选项卡中单击 `🔲 转化为多边形` 按钮，如图9-26所示。

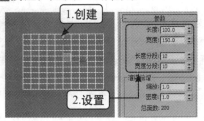

图9-25　创建平面

图9-26　转换为多边形

专家课堂

　　使用"Graphite建模工具"建模时，当修改器堆栈中有多个修改器存在时，可直接在"多边形建模"选项卡中单击"上一个"按钮 或"下一个"按钮 来对需要的修改器进行切换。

03 继续在"多边形建模"选项卡中单击 `🔲 生成拓扑` 按钮，在打开的"拓扑"对话框的"碎化"栏中单击"碎化"按钮 ，如图9-27所示。

04 在"多边形建模"选项卡中单击"多边形"层级按钮 ，然后在"Graphite建模工具"选项卡的"多边形"选项卡中单击"倒角"下拉按钮，在弹出的下拉列表中单击 `🔲 倒角设置` 按钮，在弹出的界面中将"高度"设置为"3"，"轮廓"设置为"－4"，然后单击 按钮，如图9-28所示。

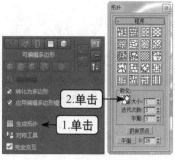

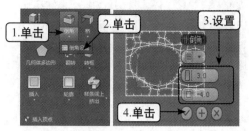

图9-27 单击碎化　　　　　　　　　图9-28 多边形倒角

05 退出多边形层级，在"修改器列表"下拉列表框中选择"壳"命令，并在修改面板"参数"卷展栏中将"外部量"设置为"5"，如图9-29所示。

06 继续在"修改器列表"下拉列表框中选择"网格平滑"命令，并在修改面板"细分量"卷展栏中将"迭代次数"设置为"2"，完成模型的建立，如图9-30所示。

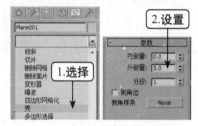

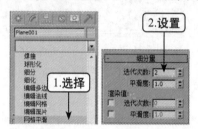

图9-29 选择壳命令　　　　　　　　图9-30 选择网格平滑

专家课堂

　　在顶视图中框选多边形顶部子层级对象的同时也会选到多边形背面的子层级对象，如果只需要选择顶部子层级对象，可在"Graphite建模工具"选项卡的"编辑多边形"选项卡中单击"忽略背面"按钮，这样就不会选择到背面的子层级。再次单击该按钮后可恢复设置。

Example 实例 **177** 水龙头模型

素材文件	无	
效果文件	光盘/效果/第9章/实例177.max	模型图　　　　　效果图
动画演示	光盘/视频/第9章/177.swf	
操作重点	增长	

　　"增长"功能可朝所有可用方向外侧扩展选择区域。本实例将使用该功能来创建水龙头模型，其具体操作如下。

01 新建场景。在顶视图中创建一个球体，将"半径"设置为"1"，"分段"设置为"32"，如图9-31所示。

02 选中球体，在工具栏中单击"Graphite建模工具"选项卡，然后在"多边形建模"选项卡中单击 转化为多边形 按钮，如图9-32所示。

03 继续在"多边形建模"选项卡中单击"多边形"层级按钮■，在前视图中框选如图9-33 所示的多边形，按【Delete】键将其删除。

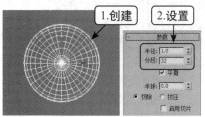

图9-31 创建球体

图9-32 转换为多边形

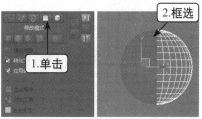
图9-33 选择多边形层级

04 在透视图中选中如图9-34所示的多边形。

05 在"Graphite建模工具"选项卡的"修改选择"选项卡中单击2次"增长"按钮■，如图 9-35所示。

06 然后在"Graphite建模工具"选项卡的"多边形"选项卡中单击"挤出"下拉按钮，在 弹出的下拉列表中单击 挤出设置 按钮，在弹出的界面中将"高度"设置为"4"，然后单 击 ✓ 按钮，如图9-36所示。

图9-34 选择多边形

图9-35 增长选择多边形

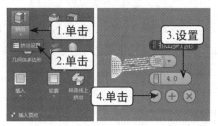
图9-36 挤出多边形

07 继续在"多边形"选项卡单击"挤出"下拉按钮，在弹出的下拉列表中单击 挤出设置 按 钮，在弹出的界面中将"高度"设置为"1"，然后单击 ✓ 按钮关闭对话框，如图9-37 所示。

08 在透视图中加选如图9-38所示的多边形，在"多边形"选项卡中单击"插入"下拉按 钮，在弹出的下拉列表中单击 插入设置 按钮。

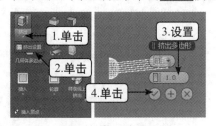
图9-37 挤出多边形

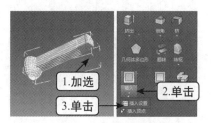
图9-38 单击插入设置

09 在弹出的界面中将"数量"设置为"0.1"，然后单击 ✓ 按钮关闭对话框。继续在 "多边形"选项卡中单击"挤出"下拉按钮，在弹出的下拉列表中单击 挤出设置 按钮， 如图9-39所示。

10 在打开的"挤出多边形"对话框中将"高度"设置为"0.5"，然后单击 ✓ 按钮关闭对 话框，再次在"多边形"选项卡中单击"插入"下拉按钮，在弹出的下拉列表中单击 插入设置 按钮，如图9-40所示。

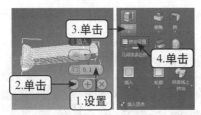

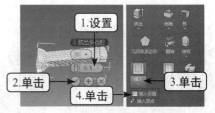

图9-39　插入多边形　　　　　　　　　　　图9-40　挤出多边形

11 在弹出的界面中将"数量"设置为"0.02"，然后单击☑按钮关闭对话框。再次在"多边形"选项卡中单击"挤出"下拉按钮，在弹出的下拉列表中单击█挤出设置█按钮，如图9-41所示。

12 在弹出的界面中将"高度"设置为"－0.5"，然后单击☑按钮关闭对话框。退出多边形层级，在"细分"选项卡中单击3次"网格平滑"按钮█，完成模型的建立，如图9-42所示。

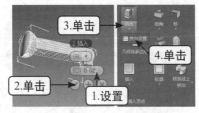

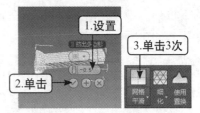

图9-41　插入多边形　　　　　　　　　　图9-42　平滑多边形

Example **实例** **178** **工业照明灯**

素材文件	无	
效果文件	光盘/效果/第9章/实例178.max	
动画演示	光盘/视频/第9章/178.swf	
操作重点	收缩	模型图　　　　　　效果图

　　"收缩"功能可通过取消选择最外部的子对象缩小子对象的选择区域。本实例将使用该功能来创建工业照明灯模型，其具体操作如下。

01 新建场景。在顶视图中创建圆柱体，将"半径"设置为"10"，"高度"设置为"4"，"端面分段"设置为"5"，"边数"设置为"8"，如图9-43所示。

02 在"Graphite建模工具"选项卡的"多边形建模"选项卡中单击█转化为多边形█按钮，如图9-44所示。

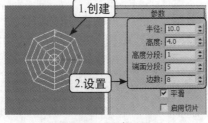

图9-43　创建圆柱体　　　　　　　　　图9-44　转换为多边形

03 在"多边形建模"选项卡中单击"多边形"层级按钮█，然后在前视图中框选如图9-45所示的多边形（不包含底层的多边形）。

04 在"Graphite建模工具"选项卡的"修改选择"选项卡中单击3次"收缩"按钮🔳，然后按【Delete】键删除多边形，如图9-46所示。

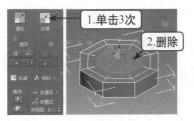

图9-45　选择多边形　　　　　　　　　　图9-46　删除多边形

专家课堂

当在"Graphite建模工具"选项卡的"多边形建模"选项卡中单击 ✔ 应用编辑多边形模式 按钮后，同样可对模型进行"可编辑多边形"编辑，但它可在修改器堆栈中单击 💡 按钮来开启与关闭可编辑多边形效果。当关闭时模型将恢复初始效果，这样可以避免将某个模型永久转化成可编辑多边形的情况。换句话说，该按钮相当于为模型添加了一个"可编辑多边形"修改器。

---

05 继续在"多边形建模"选项卡中单击"边界"层级按钮██，然后在透视图中选中删除多边形处的边界，如图9-47所示。

06 在"边界"选项卡中单击"挤出"下拉按钮，在弹出的下拉列表中单击 ▦挤出设置 按钮，在弹出的界面中将"高度"设置为"30"，"宽度"设置为"0"，然后单击 ✅ 按钮，如图9-48所示。

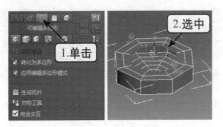

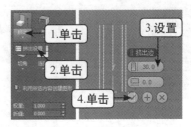

图9-47　选中边界　　　　　　　　　　图9-48　挤出多边形

07 利用"选择并均匀缩放"工具在左视图中将图形缩放至如图9-49所示的形状。

08 选择边层级，在前视图中框选如图9-50所示的边，在"边"选项卡中单击"切角"下拉按钮，在弹出的下拉列表中单击 ▦切角设置 按钮。

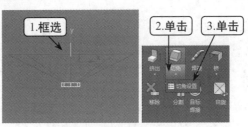

图9-49　缩放边界　　　　　　　　　　图9-50　选择切角

09 在弹出的界面中将"边切角量"设置为"2","连接边分段"设置为"1",然后单击✅按钮,如图9-51所示。

10 选择多边形层级,在透视图中加选如图9-52所示的多边形,然后在"几何体（全部）"选项卡中单击"分离"按钮📌,在打开的"分离"对话框中默认分离后的模型名称,直接单击 确定 按钮。

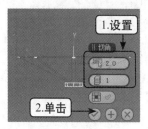
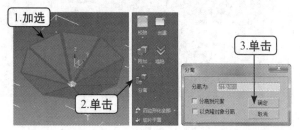

图9-51　切角边　　　　　　图9-52　分离对象

专家课堂

　　如果需要连续选择多边形对象中一条平行线上的边,可选中一条边后在"Graphite建模工具"选项卡的"修改选择"选项卡中单击"增长循环"按钮➕来选择,每单击一次将沿选中边的平行线进行增加选择,单击"收缩循环"按钮➖就按相反的规律进行减选。

11 退出多边形层级,选中分离出的对象,在"修改器列表"下拉列表框中选择"壳"命令,在"参数"卷展栏中将"外部量"设置为"2",如图9-53所示。

12 在顶视图中创建一个圆柱体,将"半径"设置为"5","高度"设置为"120","端面分段"设置为"5","边数"设置为"8",并将其放置好位置,完成模型的建立,如图9-54所示。

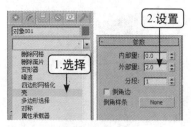
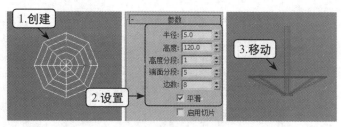

图9-53　选择壳命令　　　　　　图9-54　创建放置圆柱体

Example 实例 **179 工业吊灯**

素材文件	无
效果文件	光盘/效果/第9章/实例179.max
动画演示	光盘/视频/第9章/179.swf
操作重点	循环

模型图　　　　　效果图

　　"循环"可根据当前子对象选择,快速选择与之相关的一个或多个循环对象。本实例将使用该命令来创建工业吊灯模型,其具体操作如下。

01 新建场景,在顶视图中创建一个球体,将半径设置为"22",如图9-55所示。

02 选中球体,在工具栏的"Graphite建模工具"选项卡的"多边形建模"选项卡中单击 转化为多边形 按钮,如图9-56所示。

03 继续在"多边形建模"选项卡中单击"多边形"层级按钮 ■ ,如图9-57所示。

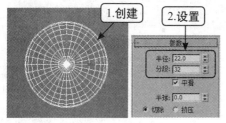

图9-55 创建球体　　　　图9-56 转换为多边形　　图9-57 单击多边形层级

04 在前视图中框选如图9-58所示的多边形,按【Delete】键将其删除。

05 在顶视图中加选如图9-59所示的多边形,在"多边形"选项卡中单击"挤出"下拉按钮,在弹出的下拉列表中单击 挤出设置 按钮。

06 在弹出的界面中将"高度"设置为"1",然后单击 ✓ 按钮,如图9-60所示。

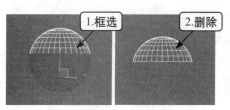
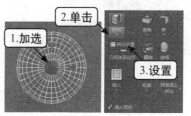
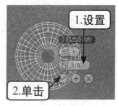

图9-58 删除多边形　　　　图9-59 选择挤出多边形　　　图9-60 挤出多边形

07 在"多边形"选项卡中单击"插入"下拉按钮,在弹出的下拉列表中单击 插入设置 按钮,在弹出的界面中将"数量"设置为"0.5",然后单击 ✓ 按钮,如图9-61所示。

08 继续在"多边形"选项卡中单击"倒角"下拉按钮,在弹出的下拉列表中单击 倒角设置 按钮,在弹出的界面中将"高度"设置为"-1","轮廓"设置为"-0.2",然后单击 ✓ 按钮,如图9-62所示。

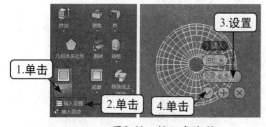
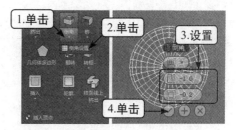

图9-61 插入多边形　　　　　　图9-62 倒角多边形

09 继续在"多边形"选项卡中单击"挤出"下拉按钮,在弹出的下拉列表中单击 挤出设置 按钮,在弹出的界面中将"高度"设置为"17",然后单击 ✓ 按钮,如图9-63所示。

10 在"多边形"选项卡中单击"倒角"下拉按钮,在弹出的下拉列表中单击 倒角设置 按钮,在弹出的界面中将"高度"设置为"-1","轮廓"设置为"-0.5",然后单击 ✓ 按钮,如图9-64所示。

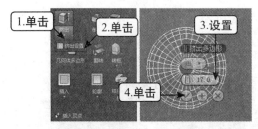

图9-63　挤出多边形

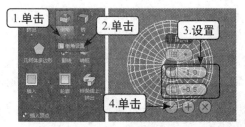

图9-64　倒角多边形

⑪ 继续在"多边形"选项卡中单击"挤出"下拉按钮，在弹出的下拉列表中单击 ▤挤出设置 按钮，在弹出的界面中将"高度"设置为"17"，然后单击 ⊘ 按钮，如图9-65所示。

⑫ 在"多边形"选项卡中单击"倒角"下拉按钮，在弹出的下拉列表中单击 ▤倒角设置 按钮，在弹出的界面中将"高度"设置为"－1"，"轮廓"设置为"－0.5"，然后单击 ⊘ 按钮，如图9-66所示。

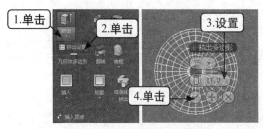

图9-65　挤出多边形

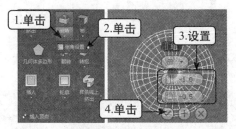

图9-66　倒角多边形

⑬ 继续在"多边形"选项卡中单击"挤出"下拉按钮，在弹出的下拉列表中单击 ▤挤出设置 按钮，在弹出的界面中将"高度"设置为"17"，然后单击 ⊘ 按钮，如图9-67所示。

⑭ 在"多边形"选项卡中单击"倒角"下拉按钮，在弹出的下拉列表中单击 ▤倒角设置 按钮，在弹出的界面中将"高度"设置为"3"，"轮廓"设置为"－2"，然后单击 ⊘ 按钮，如图9-68所示。

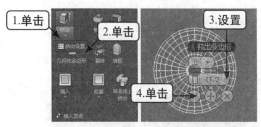

图9-67　挤出多边形

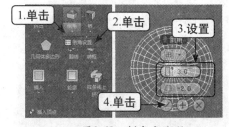

图9-68　倒角多边形

⑮ 继续在"多边形"选项卡中单击"插入"下拉按钮，在弹出的下拉列表中单击 ▤插入设置 按钮，在弹出的界面中将"数量"设置为"0.1"，然后单击 ⊘ 按钮，如图9-69所示。

⑯ 在"多边形"选项卡中单击"挤出"下拉按钮，在弹出的下拉列表中单击 ▤挤出设置 按钮，在弹出的界面中将"高度"设置为"－50"，然后单击 ⊘ 按钮，如图9-70所示。

图9-69　插入多边形

⑰ 在"多边形建模"选项卡中单击"边"层级按钮 ◢，然后在透视图中选中如图9-71所示的边。

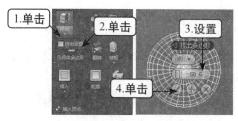

图9-70　挤出多边形　　　　　　　　图9-71　加选边

⓲ 在 "Graphite建模工具" 选项卡的 "修改选择" 选项卡中单击━━循环┳按钮，然后在 "边"
选项卡中单击 "切角" 下拉按钮，在弹出的下拉列表中单击▦切角设置按钮，如图9-72所示。

⓳ 在弹出的界面中将 "边切角量" 设置为 "1"，"连接边分段" 设置为 "1"，然后单
击▢按钮，如图9-73所示。

⓴ 在 "多边形建模" 选项卡中单击 "多边形" 层级按钮▦，进入多边形层级，如图9-74
所示。

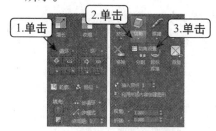

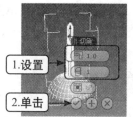

图9-72　循环边　　　　　　　　图9-73　切角边　　　　　　图9-74　单击多边形层级

㉑ 在前视图中框选如图9-75所示的多边形，然后在 "多边形" 选项卡中单击 "挤出" 下
拉按钮，在弹出的下拉列表中单击▦挤出设置按钮。

㉒ 在弹出的界面中单击▦▼按钮，在弹出的下拉列表中选择 "局部法线" 选项，然后将
"高度" 设置为 "2"，单击▢按钮。最后在 "细分" 选项卡中单击2次 "网格平滑"
按钮完成模型的建立，如图9-76所示。

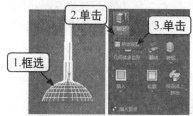

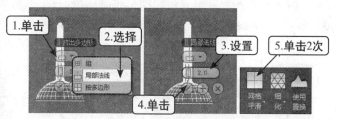

图9-75　选择挤出多边形　　　　　　　图9-76　挤出平滑多边形

Example 实例 180 饮料瓶子

素材文件	无		
效果文件	光盘/效果/第9章/实例180.max		
动画演示	光盘/视频/第9章/180.swf		
操作重点	循环模式	模型图	效果图

"循环模式"可实现在选择子对象的同时自动选择关联循环对象的效果。本实例将使用该功能来创建饮料瓶子模型，其具体操作如下。

01 新建场景。在顶视图中创建一个圆柱体，将"半径"设置为"18"，"高度"设置为"70"，"高度分段"设置为"2"，如图9-77所示。

02 选中圆柱体，在工具栏的"Graphite建模工具"选项卡的"多边形建模"选项卡中单击 转化为多边形 按钮，如图9-78所示。

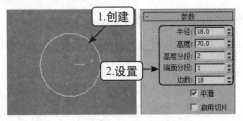

图9-77 创建圆柱体

图9-78 转换为多边形

03 在"多边形建模"选项卡中单击"边"层级按钮，进入边层级，如图9-79所示。

04 在"修改选择"选项卡中单击"循环模式"按钮，如图9-80所示。

图9-79 单击边层级按钮

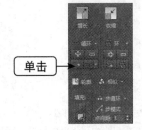

图9-80 单击循环模式按钮

05 在透视图中选中如图9-81所示的边，然后在"边"选项卡中单击"挤出"下拉按钮，在弹出的下拉列表中单击 挤出设置 按钮，在弹出的界面中将"高度"设置为"－4"，"宽度"设置为"23"，然后单击✓按钮。

06 进入多边形层级，在透视图中选中如图9-82所示的多边形，然后在"多边形"选项卡中单击"倒角"下拉按钮，在弹出的下拉列表中单击 倒角设置 按钮。

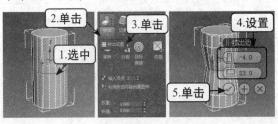

图9-81 挤出边

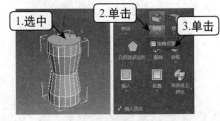

图9-82 选择倒角多边形

07 在弹出的界面中将"高度"设置为"15"，"轮廓"设置为"－10"，然后单击✓按钮。继续在"多边形"选项卡单击"挤出"下拉按钮，在弹出的下拉列表中单击 挤出设置 按钮，在弹出的界面中将"高度"设置为"13"，单击✓按钮，如图9-83所示。

08 进入边层级，在前视图中框选如图9-84所示的边，然后在"循环"选项卡中单击"连接"下拉按钮，在弹出的下拉列表中单击 连接设置 按钮。

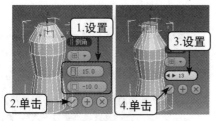

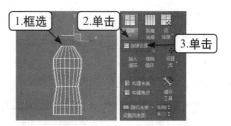

图9-83　倒角/挤出多边形　　　　　　　　图9-84　连接边

09 在弹出的界面中将"分段"设置为"5"，然后单击☑按钮。在"边"选项卡中单击
"挤出"下拉按钮，在弹出的下拉列表中单击 挤出设置 按钮，在弹出的界面中将"高度"
设置为"1"，"宽度"设置为"3"，单击☑按钮，如图9-85所示。

10 退出边层级，在"修改器列表"下拉列表框中选择"涡轮平滑"命令，并在修改面板
"涡轮平滑"卷展栏中将"迭代次数"设置为"2"，完成模型的建立，如图9-86所示。

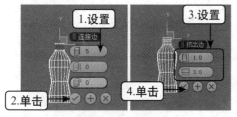

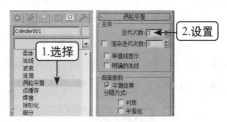

图9-85　连接/挤出边　　　　　　　　　图9-86　选择涡轮平滑

Example 实例 181 路由器模型

素材文件	光盘/素材/第9章/实例181.max	
效果文件	光盘/效果/第9章/实例181.max	
动画演示	光盘/视频/第9章/181.swf	
操作重点	点循环	模型图　　　　　　效果图

　　"点循环"功能可选择有间距的间隔循环。本实例将使用该功能来创建路由器模型，
其具体操作如下。

01 打开素材提供的"实例181.max"文件，选中模型，在工具栏的"Graphite建模工具"
选项卡的"多边形建模"选项卡中单击"边"层级按钮 ，如图9-87所示。

02 在顶视图中加选如图9-88所示的边，然后在"修改选择"选项卡中单击"点循环"按
钮 。

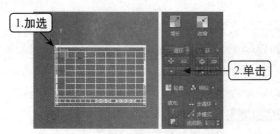

图9-87　单击边层级　　　　　　　　　图9-88　单击点循环

03 在"边"选项卡中单击"切角"下拉按钮,在弹出的下拉列表中单击■切角设置按钮,在弹出的界面中将"边切角量"设置为"1","连接边分段"设置为"1",然后单击✓按钮,如图9-89所示。

04 再次加选如图9-90所示的边,然后在"修改选择"选项卡中单击"点循环"按钮█。

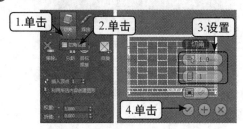
图9-89 切角边

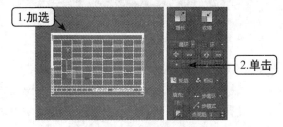
图9-90 单击点循环

05 在"边"选项卡中单击"切角"按钮,在弹出的下拉列表中单击■切角设置按钮,在弹出的界面中将"边切角量"设置为"1","连接边分段"设置为"1",然后单击✓按钮,如图9-91所示。

06 进入多边形层级,在顶视图中加选如图9-68所示的多边形,将其挤出"-1",然后按【Delete】键删除,完成模型的建立,如图9-92所示。

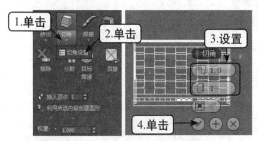
图9-91 切角边

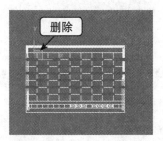
图9-92 删除多边形

Example 实例 182 香皂盒模型

素材文件	无
效果文件	光盘/效果/第9章/实例182.max
动画演示	光盘/视频/第9章/182.swf
操作重点	环

模型图　　　　效果图

　　"环"功能可根据当前子对象选择,选择一个或多个环形分布的对象。本实例将使用该功能来创建香皂盒模型,其具体操作如下。

01 新建场景。在顶视图中创建一个平面,将"长度"设置为"43","宽度"设置为"98","长度分段"设置为"7","宽度分段"设置为"7",如图9-93所示。

02 选中平面,在工具栏的"Graphite建模工具"选项卡的"多边形建模"选项卡中单击■转化为多边形按钮,如图9-94所示。

03 在"多边形建模"选项卡中单击"多边形"层级按钮█,如图9-95所示。

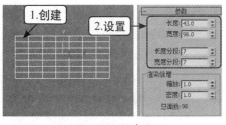

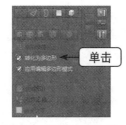

图9-93 创建平面　　　　　图9-94 转换为多边形　　　图9-95 单击多边形层级

04 在透视图中加选如图9-96所示的多边形，在"修改选择"选项卡中单击 ＝环 按钮。

05 在"多边形"选项卡中单击"倒角"下拉按钮，在弹出的下拉列表中单击 ■倒角设置 按钮，在弹出的界面中将"高度"设置为"25"，"轮廓"设置为"－3"，然后单击 ✓ 按钮，如图9-97所示。

06 退出多边形层级，在"修改器列表"下拉列表框中选择"涡轮平滑"命令，在修改面板"涡轮平滑"卷展栏中将"迭代次数"设置为"2"，完成模型的建立，如图9-98所示。

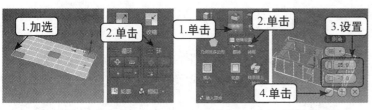

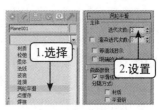

图9-96 单击环　　　　　　图9-97 倒角多边形　　　　　图9-98 选择涡轮平滑

Example 实例 **183** **木桶模型**

素材文件	无
效果文件	光盘/效果/第9章/实例183.max
动画演示	光盘/视频/第9章/183.swf
操作重点	环模式

模型图　　　　　效果图

"环模式"功能可实现在选择子对象的同时自动选择关联环形分布的对象。本实例将使用该功能来创建木桶模型，其具体操作如下。

01 新建场景。在顶视图中创建一个圆柱体，将"半径"设置为"108"，"高度"设置为"252"，"高度分段"设置为"1"，"端面分段"设置为"1"，如图9-99所示。

02 选中圆柱体，在工具栏的"Graphite建模工具"选项卡的"多边形建模"选项卡中单击 ■ 转化为多边形 按钮，如图9-100所示。

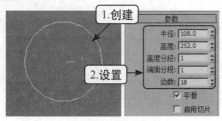

图9-99 创建圆柱体　　　　　　图9-100 转换为多边形

03 在"多边形建模"选项卡中单击"多边形"层级按钮█，然后在透视图中选中如图9-101所示的多边形，按【Delete】键将其删除。

04 进入顶点层级，然后在前视图中框选圆柱体下方的顶点，利用"选择并缩放"工具在透视图中将其向内缩放至如图9-102所示的形状。

05 在工具栏的"Graphite建模工具"选项卡的"多边形建模"选项卡中单击"边"层级按钮█，如图9-103所示。

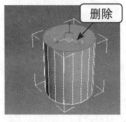
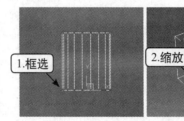

图9-101　删除多边形　　　　　　图9-102　缩放顶点　　　　　　图9-103　单击边层级

06 在"修改选择"选项卡中单击"环模式"按钮█，然后在透视图中单击如图9-104所示的边。

07 在"边"选项卡中单击"切角"下拉按钮，在弹出的下拉列表中单击█切角设置按钮，在弹出的界面中将"边切角量"设置为"1"，"连接边分段"设置为"1"，然后单击█按钮，如图9-105所示。

08 进入多边形层级，在透视图中加选如图9-106所示的多边形，按【Delete】键将其删除。

图9-104　单击边　　　　　　图9-105　边切角　　　　　　图9-106　删除多边形

09 退出多边形层级，在"修改器列表"下拉列表框中选择"壳"命令，在修改面板"参数"卷展栏中将"外部量"设置为"5"，如图9-107所示。

10 创建两个管状体并将其与木桶放置好位置，完成模型的建立，如图9-108所示。

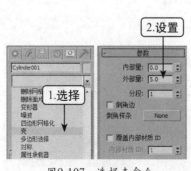

图9-107　选择壳命令　　　　　　图9-108　创建管状体

184 时尚手环

素材文件	无		
效果文件	光盘/效果/第9章/实例184.max		
动画演示	光盘/视频/第9章/184.swf		
操作重点	点环	模型图	效果图

　　"点环"功能可基于当前选择的对象，快速选择指定间距的边环。本实例将使用该功能来创建时尚手环，其具体操作如下。

01 新建场景。在顶视图中创建一个圆柱体，将"半径"设置为"1.55"，"高度"设置为"0.7"，"高度分段"设置为"3"，"边数"设置为"28"，如图9-109所示。

02 选中圆柱体，在工具栏的"Graphite建模工具"选项卡的"多边形建模"选项卡中单击 [转化为多边形] 按钮，如图9-110所示。

03 在"多边形建模"选项卡中单击"多边形"层级按钮 ，进入多边形层级，如图9-111所示。

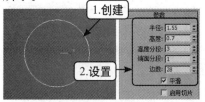

图9-109　创建圆柱体

图9-110　转换为多边形

图9-111　单击多边形层级

04 在透视图中加选圆柱体的上下两面，按【Delete】键删除，如图9-112所示。

05 在"多边形建模"选项卡中单击"边"层级按钮 ，如图9-113所示。

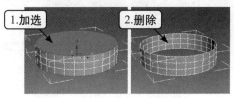

图9-112　删除多边形

图9-113　单击边层级按钮

06 在透视图中加选如图9-114所示的边，然后在"修改选择"选项卡中单击"点环"按钮 。

07 在"边"层级面板单击"切角"下拉按钮，在弹出的下拉列表中单击 [切角设置] 按钮，在弹出的界面中将"边切角量"设置为"0.02"，"连接边分段"设置为"1"，然后单击 按钮，如图9-115所示。

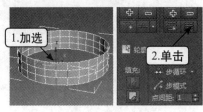

图9-114　单击点环

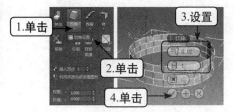

图9-115　切角边

08 单击多边形层级，在透视图中加选如图9-116所示的边，然后按【Delete】键将其删除。

09 退出多边形层级，在"修改器列表"下拉列表框中选择"涡轮平滑"命令，如图9-117所示。

10 在"多边形建模"选项卡中单击"塌陷堆叠"按钮 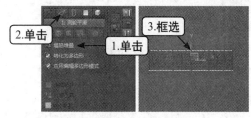 塌陷堆叠，然后继续单击边层级，在前视图中框选如图9-118所示的边。

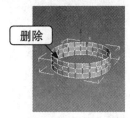

图9-116 删除多边形   图9-117 选择涡轮平滑命令   图9-118 框选边

11 在"边"选项卡中单击"挤出"下拉按钮，在弹出的下拉列表中单击 挤出设置 按钮，在弹出的界面中将"高度"设置为"0.05"，"宽度"设置为"0.01"，然后单击 ✓ 按钮，如图9-119所示。

12 退出边层级，在"修改器列表"下拉列表框中选择"壳"命令，并在修改面板"参数"卷展栏中将"外部量"设置为"0.05"，完成模型的建立，如图9-120所示。

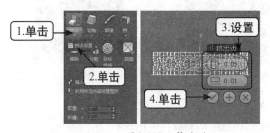
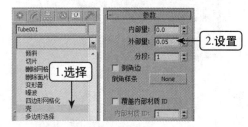

图9-119 挤出边   图9-120 选择壳命令

专家课堂

在多边形对象子层级，加选到一条平行线上的两个有间隔的子层级对象，然后在"Graphite建模工具"选项卡的"修改选择"选项卡中单击"步循环"按钮 步循环，就选中以所选两个子层级对象为间隔的所有子层级对象。

Example 实例 **185** **欧式石柱**

素材文件	光盘/素材/第9章/实例185.max	
效果文件	光盘/效果/第9章/实例185.max	
动画演示	光盘/视频/第9章/185.swf	
操作重点	轮廓	

模型图   效果图

"轮廓"功能可快速选择当前子对象周围的所有子对象并取消选择上一次"轮廓"选择的部分。本实例将使用该功能来创建欧式石柱模型，其具体操作如下。

01 打开素材提供的"实例185.max"文件,选中模型,在工具栏的"Graphite建模工具"选项卡的"多边形建模"选项卡中单击"边"层级按钮 ☑ ,如图9-121所示。

02 在前视图中选中如图9-122所示的边,然后在"修改选择"选项卡中单击5次 ☑ 轮廓 按钮。

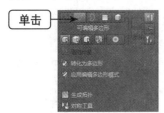

图9-121 单击边层级

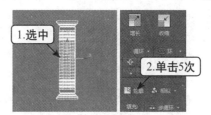

图9-122 单击轮廓按钮

03 在"边"选项卡中单击"挤出"下拉按钮,在弹出的下拉列表中单击 ☑ 挤出设置 按钮,在弹出的界面中将"高度"设置为"0.3","宽度"设置为"0.2",然后单击 ☑ 按钮,如图9-123所示。

04 继续在"边"选项卡中单击"切角"下拉按钮,在弹出的下拉列表中单击 ☑ 切角设置 按钮,在弹出的界面中将"边切角量"设置为"0.2","连接边分段"设置为"6",然后单击 ☑ 按钮,完成模型的建立,如图9-124所示。

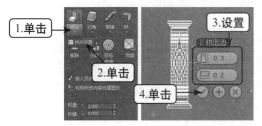

图9-123 挤出边

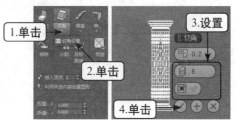

图9-124 切角边

专家课堂

在多边形层级中,若加选需要某两个不相邻的多边形子对象,然后在"Graphite建模工具"选项卡的"修改选择"选项卡中单击"填充孔洞"按钮 ☑ ,此时可快速选择已所选两个多边形子对象为对角线的所有多边形子对象。

Example 实例 186 电视机模型

素材文件	光盘/素材/第9章/实例186.max	
效果文件	光盘/效果/第9章/实例186.max	
动画演示	光盘/视频/第9章/186.swf	
操作重点	使用NURMS	模型图　　　　效果图

"使用NURMS"功能可通过NURMS的细分计算方法来平滑多边形对象。本实例将使用该命令来创建电视机模型,其具体操作如下。

01 新建场景。在前视图中创建一个长方体,将"长度"、"宽度"、"高度"分别设置为"300"、"500"、"20",如图9-125所示。

02 选中长方体,在工具栏的"Graphite建模工具"选项卡的"多边形建模"选项卡中单击 "转换为多边形"按钮 ,如图9-126所示。

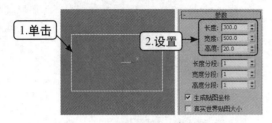

图9-125　创建长方体　　　　　图9-126　转换为多边形

03 在"多边形建模"选项卡中单击"多边形"层级按钮 ,然后在透视图中选中长方体 背面的多边形,在"多边形"选项卡中单击"倒角"下拉按钮,在弹出的下拉列表中 单击 倒角设置 按钮,如图9-127所示。

04 在弹出的界面中将"高度"设置为"20","轮廓"设置为"-18",然后单击 按 钮,如图9-128所示。

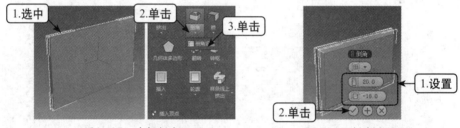

图9-127　选择倒角设置　　　　　图9-128　倒角多边形

05 在"多边形"选项卡中单击"插入"下拉按钮,在弹出的下拉列表中单击 插入设置 按钮, 在弹出的界面中将"数量"设置为"10",然后单击 按钮,如图9-129所示。

06 在"多边形"选项卡中单击"挤出"下拉按钮,在弹出的下拉列表中单击 挤出设置 按钮, 在弹出的界面中将"高度"设置为"-18",然后单击 按钮,如图9-130所示。

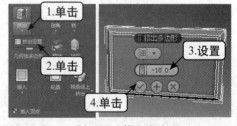

图9-129　插入多边形　　　　　图9-130　挤出多边形

07 进入边层级,在透视图中加选如图9-131所示的边,在"循环"选项卡中单击"连接" 下拉按钮,在弹出的下拉列表中单击 连接设置 按钮。

08 在弹出的界面中将"分段"设置为"32",然后单击 按钮,如图9-132所示。

09 在"边"选项卡中单击"切角"下拉按钮,在弹出的下拉列表中单击 切角设置 按钮,在 弹出的界面中将"数量"设置为"1","分段"设置为"1",然后单击 按钮, 如图9-133所示。

10 进入多边形层级，在透视图中选中如图9-134所示的多边形，然后在"修改选择"选项卡中单击 相修 按钮。

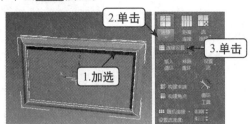

图9-131 选择连接边

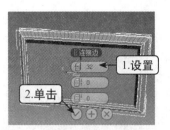

图9-132 连接边

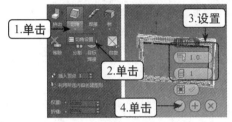

图9-133 边切角

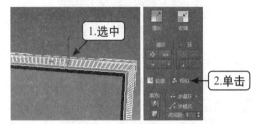

图9-134 选择多边形

11 在"多边形"选项卡中单击"挤出"下拉按钮，在弹出的下拉列表中单击 挤出设置 按钮，在弹出的界面中将"高度"设置为"−4"，然后单击 按钮关闭界面，再按【Delete】键将挤出的多边形删除，如图9-135所示。

12 进入边层级，在透视图中加选如图9-136所示的两条边，在"循环"选项卡中单击"连接"下拉按钮，在弹出的下拉列表中单击 连接设置 按钮。

图9-135 挤出多边形

图9-136 选择连接边

13 在弹出的界面中将"分段"设置为"2"，"收缩"设置为"70"，"滑块"设置为"8"，然后单击 按钮应用设置。重新将"分段"设置为"2"，"滑块"设置为"75"，然后单击 按钮关闭界面，如图9-137所示。

14 进入多边形层级，在透视图中选中如图9-138所示的多边形，在"多边形"选项卡中单击"倒角"下拉按钮，在弹出的下拉列表中单击 倒角设置 按钮。

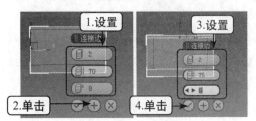

图9-137 连接边

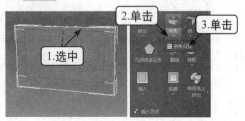

图9-138 选择倒角多边形

⑮ 在弹出的界面中将"高度"设置为"-6","轮廓"设置为"-4",然后单击☑按钮,如图9-139所示。

⑯ 进入边层级,在透视图中加选如图9-140所示的边,在"循环"选项卡中单击"连接"下拉按钮,在弹出的下拉列表中单击连接设置按钮。

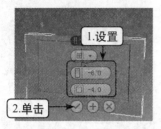
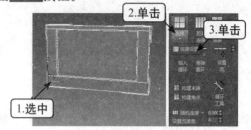

图9-139　倒角多边形　　　　图9-140　选择连接边

⑰ 在弹出的界面中将"分段"设置为"5",单击☑按钮。保持当前所选的边,按相同方法重新为其连接14条边,如图9-141所示。

⑱ 在透视图中加选如图9-142所示的边,在"循环"选项卡中单击"连接"下拉按钮,在弹出的下拉列表中单击连接设置按钮,在弹出的界面中将"分段"设置为"1",然后单击☑按钮。

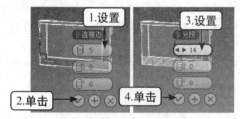
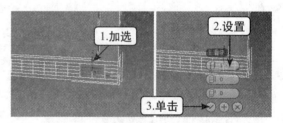

图9-141　连接多边形　　　　图9-142　连接边

⑲ 进入多边形层级,在透视图中加选如图9-143所示的多边形,在"多边形"选项卡中单击"倒角"下拉按钮,在弹出的下拉列表中单击倒角设置按钮,在弹出的界面中将"高度"设置为"-4","轮廓"设置为"-2",然后单击☑按钮。

⑳ 在"多边形"选项卡中单击"挤出"下拉按钮,在弹出的下拉列表中单击挤出设置按钮,在弹出的界面中将"高度"设置为"4",然后单击☑按钮,如图9-144所示。

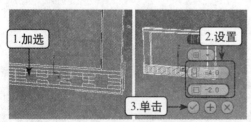
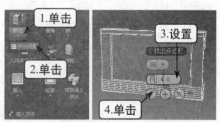

图9-143　倒角多边形　　　　图9-144　挤出多边形

㉑ 进入边层级,在透视图中加选如图9-145所示的边,然后在"循环"选项卡中单击"连接"下拉按钮,在弹出的下拉列表中单击连接设置按钮。

㉒ 在弹出的界面中将"分段"设置为"10",然后单击⊕按钮应用设置。重新将"分段"设置为"40",单击☑按钮关闭界面,如图9-146所示。

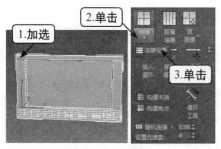
图9-145 选择连接边

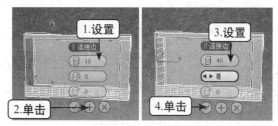
图9-146 连接边

㉓ 单击多边形层级，在透视图中选中如图9-147所示的多边形，在"修改选择"选项卡中单击 相似 按钮右侧的下拉按钮，在弹出的下拉列表中取消选中"边计数"复选框和"拓扑"复选框，然后单击 相似 按钮。

㉔ 在"多边形"选项卡中单击"插入"下拉按钮，在弹出的下拉列表中单击 插入设置 按钮，在弹出的界面中以"按多边形"的方式将"数量"设置为"1"，单击 按钮，如图9-148所示。

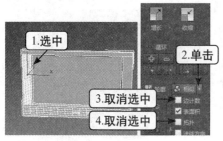
图9-147 选择多边形

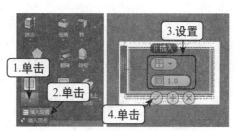
图9-148 插入多边形

㉕ 在"多边形"选项卡中单击"挤出"下拉按钮，在弹出的下拉列表中单击 挤出设置 按钮，在弹出的界面中将"数量"设置为"−8"，单击 按钮，然后按【Delete】键删除多边形，如图9-149所示。

㉖ 用以上相同的方法将模型的右方部分创建完整。最后在"编辑"选项卡中单击"使用NURMS"按钮 ，在弹出的界面中将"迭代次数"设置为"0"，完成模型的建立，如图9-150所示。

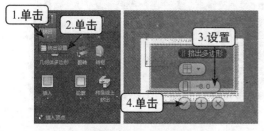
图9-149 挤出多边形

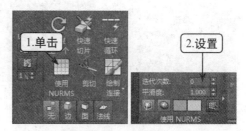
图9-150 使用NURMS

专家课堂

　　单击"使用NURMS"按钮 后，在弹出的界面中不仅可以控制迭代次数，还能通过设置"平滑度"来综合控制模型的细分与平滑效果。

Example 实例 **187** 浮雕饼干

素材文件	无
效果文件	光盘/效果/第9章/实例187.max
动画演示	光盘/视频/第9章/187.swf
操作重点	绘制连接

模型图　　　　　　　　效果图

　　"绘制连接"功能可以通过交互的方式绘制边和顶点之间的连接线。本实例将使用该功能来创建浮雕饼干模型，其具体操作如下。

01 新建场景。在顶视图中创建一个长方体，将"长度"设置为"10"，"宽度"设置为"10"，"高度"设置为"0.1"，"长度分段"设置为"10"，"宽度分段"设置为"10"，"高度分段"设置为"1"，如图9-151所示。

02 选中长方体，在工具栏的"Graphite建模工具"选项卡的"多边形建模"选项卡中单击 转化为多边形 按钮，如图9-152所示。

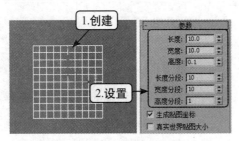

图9-151　创建长方体　　　　　　　　　　图9-152　转换为多边形

03 在"多边形建模"选项卡中单击"顶点"层级按钮，进入点层级的编辑状态，如图9-153所示。

04 在"编辑"选项卡中单击"绘制连接"按钮，然后在顶视图中按住【Ctrl】键不放，同时按住鼠标左键并拖动鼠标绘制如图9-154所示的图形。

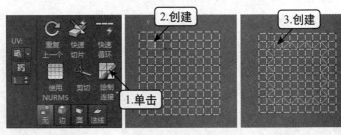

图9-153　单击顶点层级　　　　　　　图9-154　绘制连接

05 进入边层级，在"边"选项卡中单击"挤出"下拉按钮，在弹出的下拉列表中单击 挤出设置 按钮，在弹出的界面中将"高度"设置为"0.3"，"宽度"设置为"0.5"，然后单击 按钮，如图9-155所示。

06 退出边层级，最后在"编辑"选项卡中单击"使用NURMS"按钮，在弹出的界面中将"迭代次数"设置为"1"，完成模型的建立，如图9-156所示。

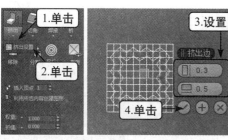
图9-155 挤出边

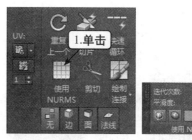
图9-156 使用NURMS

专家课堂

　　在"Graphite建模工具"选项卡的"修改选择"选项卡中单击 ▰▰步循环▰ 按钮后，任意加选模型一条平行线间隔的两个子对象层级，就会按所选对象的间隔位置自动加选其他相同的子层级，其效果与"步循环"功能相同，但更为便捷。

Example **实例** **188** **欧式烛台**

素材文件	光盘/素材/第9章/实例188.max	
效果文件	光盘/效果/第9章/实例188.max	
动画演示	光盘/视频/第9章/188.swf	
操作重点	四边形化	模型图　　　　　效果图

　　"四边形化"功能可用于将三角形转化为四边形。本实例将使用该功能来创建欧式烛台，其具体操作如下。

01 打开素材提供的"实例188.max"文件，选中模型，在工具栏中的"Graphite建模工具"选项卡的"多边形建模"选项卡中单击"多边形"层级按钮▭，如图9-157所示。

02 在前视图中框选如图9-158所示的多边形，在"细分"卷展栏中单击"细化"下拉按钮，在弹出的下拉列表中单击▰细化设置▰按钮。

03 在弹出的界面中单击▰▰按钮，在弹出的下拉列表中选择"面"选项，然后单击✓按钮，如图9-159所示。

图9-157 单击多边形层级

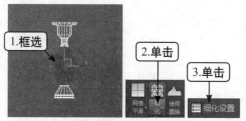
图9-158 单击细化设置

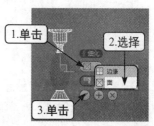
图9-159 细化多边形

04 在"几何体（全部）"选项卡中单击▰▰四边形化全部▰按钮，如图9-160所示。

05 在"多边形"卷展栏中单击"插入"下拉按钮，在弹出的下拉列表中单击▰插入设置▰按钮，如图9-161所示。

06 在弹出的界面中单击 按钮，在弹出的下拉列表中选择"按多边形"选项，然后将"数量"设置为"0.2"，单击 按钮，如图9-162所示。

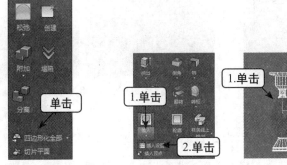

图9-160　单击四边形化全部　　图9-161　单击插入设置　　　图9-162　插入多边形

07 在"多边形"选项卡中单击"挤出"下拉按钮，在弹出的下拉列表中单击 按钮，在弹出的界面中将"数量"设置为"－1"，然后按【Delete】键删除多边形，如图9-163所示。

08 退出多边形层级，在"修改器列表"下拉列表框中选择"涡轮平滑"命令，并在修改面板"涡轮平滑"卷展栏中将"迭代次数"设置为"2"，完成模型的建立，如图9-164所示。

 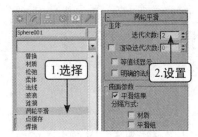

图9-163　挤出多边形　　　　　图9-164　选择涡轮平滑命令

Example 实例 **189** **风扇模型**

素材文件	光盘/素材/第9章/实例189.max		
效果文件	光盘/效果/第9章/实例189.max		
动画演示	光盘/视频/第9章/189.swf	模型图	效果图
操作重点	利用所选内容创建图形		

"利用所选内容创建图形"功能可通过选中的边创建出样条线图形。本实例将使用该功能来创建风扇模型，其具体操作如下。

01 打开素材提供的"实例189.max"文件，在前视图中创建一个球体，将"半径"设置为"3"，如图9-165所示。

02 选中球体，在"Graphite建模工具"选项卡的"多边形建模"选项卡中单击 转化为多边形 按钮，如图9-166所示。

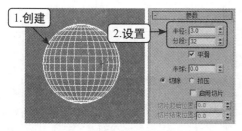

图9-165　创建球体　　　　　　　图9-166　转换为多边形

专家课堂

通过在"Graphite建模工具"选项卡的"修改选择"选项卡"点距离"文本框中输入数字，可配合边层级使用"点循环"来控制循环的间隔距离。输入的数字与循环时的间隔距离相同。

03　在顶视图中选中球体，在"多边形建模"选项卡中单击"多边形"层级按钮■，如图9-167所示。

04　在顶视图中框选如图9-168所示的多边形，并按【Delete】键将其删除。

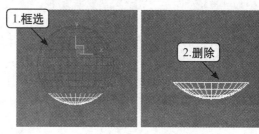

图9-167　单击多边形层级　　　　　　图9-168　删除多边形

05　在"多边形建模"选项卡中单击"边"层级按钮，然后在顶视图中框选半球体所有的边，如图9-169所示。

06　在"边"选项卡中单击利用所选内容创建图形按钮，在打开的"创建图形"对话框的"图形类型"栏中默认曲线的名称，然后单击确定按钮关闭对话框，如图9-170所示。

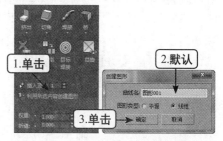

图9-169　框选边　　　　　　图9-170　单击利用所选内容创建图形

07　退出边层级，将多边形半球对象按【Delete】键删除，选中创建出的样条线半球对象。

08　进入"线段"层级，在前视图中框选如图9-171所示的线段，然后按【Delete】键将其删除。

09　继续在修改面板"渲染"卷展栏中选中"在渲染中启用"复选框与"在视口中启用"复选框，然后选中"径向"单选项，并将"厚度"设置为"0.02"，如图9-172所示。

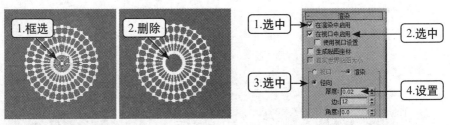

图9-171　删除线段　　　　　　　　图9-172　可渲染样条线

⑩ 在顶视图中利用镜像工具，将对象沿Y轴以实例的方式克隆出对象，并将其与原对象放置好位置，如图9-173所示。

⑪ 在前视图中创建一个圆环，将"半径1"设置为"2.15"，"半径2"设置为"0.05"，"分段"设置为"32"，最后将圆柱体与样条线放置好位置，完成模型的建立，如图9-174所示。

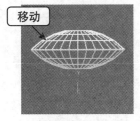

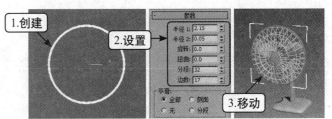

图9-173　放置对象　　　　　　　图9-174　创建放置对象

Example 实例 190　电饭煲内胆

素材文件	无		
效果文件	光盘/效果/第9章/实例190.max	模型图	效果图
动画演示	光盘/视频/第9章/190.swf		
操作重点	折缝		

"折缝"功能可通过对选定边进行参数设置来改变平滑所产生的效果。本实例将使用该功能来创建电饭煲内胆模型，其具体操作如下。

① 新建场景。在顶视图中创建一个圆柱体，将"半径"设置为"40"，"高度"设置为"55"，"高度分段"设置为"5"，"端面分段"设置为"1"，"边数"设置为"14"，如图9-175所示。

② 选中圆柱体，在"Graphite建模工具"选项卡的"多边形建模"选项卡中单击 转化为多边形 按钮，如图9-176所示。

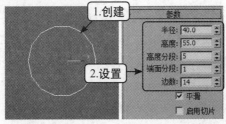

图9-175　创建圆柱体　　　　　　图9-176　转换为多边形

⑱ 进入多边形层级，在透视图中选中圆柱体上方的多边形，按【Delete】键将其删除，如图9-177所示。

⑭ 进入边层级，在透视图中加选删除多边形处的边，然后在"边"选项卡中单击"挤出"下拉按钮，在弹出的下拉列表中单击 挤出设置 按钮，如图9-178所示。

⑮ 在弹出的界面中将"高度"设置为"8"，"宽度"设置为"3"，然后单击☑按钮，如图9-179所示。

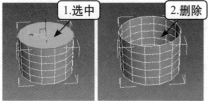
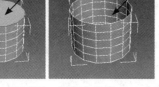
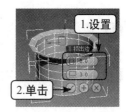

图9-177　删除多边形　　　　　图9-178　挤出边　　　　　图9-179　挤出边

⑯ 在"边"选项卡的"折缝"数值框中输入"0.8"，如图9-180所示。

⑰ 退出边层级，在"编辑"选项卡中单击"使用NURMS"按钮，在弹出的界面中将"迭代次数"设置为"2"，如图9-181所示。

⑱ 最后在"修改器列表"下拉列表框中选择"壳"命令，并在修改面板"参数"卷展栏中将"外部量"设置为"1"，完成模型的建立，如图9-182所示。

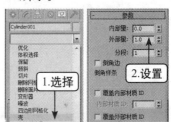

图9-180　输入折缝量　　　　　图9-181　使用NURMS　　　　　图9-182　选择壳命令

Example 实例 191　欧式花盆

素材文件	无	
效果文件	光盘/效果/第9章/实例191.max	
动画演示	光盘/视频/第9章/191.swf	模型图　　　　　效果图
操作重点	距离连接	

　　"距离连接"功能能在跨越一定距离和其他拓扑的顶点和边之间创建边循环。本实例将使用该功能来创建欧式花盆模型，其具体操作如下。

① 新建场景。在顶视图中创建一个管状体，将"半径1"设置为"70"，"半径2"设置为"60"，"高度"设置为"110"，"高度分段"设置为"1"，"端面分段"设置为"1"，如图9-183所示。

② 选中管状体，在"Graphite建模工具"选项卡的"多边形建模"选项卡中单击 转化为多边形 按钮，如图9-184所示。

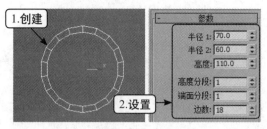

图9-183 创建圆柱体

图9-184 转换为多边形

03 在"多边形建模"选项卡中单击"边"层级按钮 ，然后在透视图中加选如图9-185所示的边。

04 在"循环"选项卡中单击"距离连接"按钮 ，如图9-186所示。

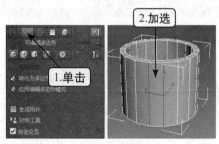

图9-185 选择边

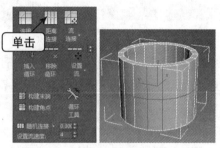

图9-186 距离连接

05 选中连接循环出来的边，利用移动工具在前视图中将其向上移动到如图9-187所示的位置。

06 进入多边形层级，在透视图中加选如图9-188所示的多边形，然后在"多边形"选项卡中单击"挤出"下拉按钮，在弹出的下拉列表中单击 按钮。

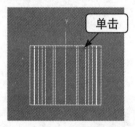

图9-187 移动边

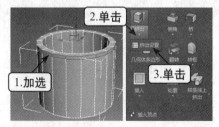

图9-188 挤出多边形

07 在弹出的界面中单击 按钮，在弹出的下拉列表中选择"局部法线"选项，将"高度"设置为"20"，单击 按钮，如图9-189所示。

08 在前视图中利用移动工具将挤出的多边形向下略微移动，如图9-190所示。

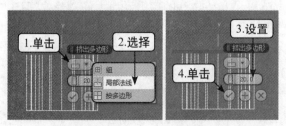

图9-189 挤出多边形

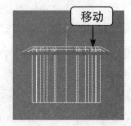

图9-190 移动多边形

09　在透视图中加选如图9-191所示的多边形，然后在"多边形"选项卡中单击"倒角"下拉按钮，在弹出的下拉列表中单击 倒角设置 按钮。

10　在弹出的界面中单击 按钮，在弹出的下拉列表中选择"按多边形"选项，然后将"高度"设置为"7"，"轮廓"设置为"-3"，单击 按钮，如图9-192所示。

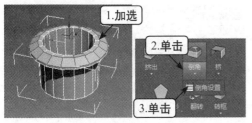
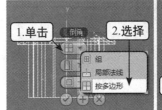
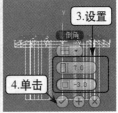

图9-191　选择倒角多边形　　　　图9-192　倒角多边形

11　进入边层级，然后在透视图中加选如图9-193所示的边，在"循环"选项卡中单击"距离连接"按钮 。

12　选中循环连接出来的边，然后在"边"选项卡中单击"挤出"下拉按钮，在弹出的下拉列表中单击 挤出设置 按钮，如图9-194所示。

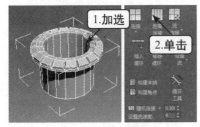
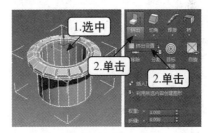

图9-193　单击距离连接　　　　图9-194　挤出边

专家课堂

　　如果想在多边形对象上快速添加循环的边，可在"Graphite建模工具"选项卡的"编辑"选项卡中单击"快速循环"按钮 ，然后在模型上移动鼠标便会出现用于循环的边，将其移动到需要循环的位置单击鼠标，即可在模型上创建出一条循环的边。

13　在弹出的界面中将"高度"设置为"3"，"宽度"设置为"6"，然后单击 按钮，继续在"边"选项卡中单击"切角"下拉按钮，在弹出的下拉列表中单击 切角设置 按钮，如图9-195所示。

14　在弹出的界面中将"边切角量"设置为"3"，"连接边分段"设置为"5"，单击 按钮，如图9-196所示。

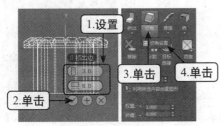
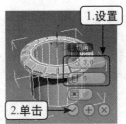

图9-195　挤出边　　　　图9-196　边切角

⑮ 在前视图中框选如图9-197所示的边，然后利用"选择并均匀缩放"工具在透视图中向内进行少许缩放。

⑯ 退出边层级，在"编辑"选项卡中单击"使用NURMS"按钮▦，在弹出的界面中将"迭代次数"设置为"2"，完成模型的建立，如图9-198所示。

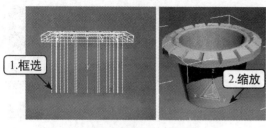

图9-197　缩放边

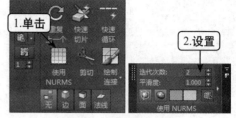

图9-198　使用NURMS

专家课堂

在对模型使用平滑修改器时，如果想让某处不进行平滑或减少平滑效果，可在"Graphite建模工具"选项卡子对象层级面板的"权重"文本框中通过调节数值来控制某处子对象的平滑结果，数值越高平滑效果越明显，数值越低平滑效果越突出。

Example 实例 192 发胶瓶

素材文件	无	
效果文件	光盘/效果/第9章/实例192.max	模型图　　　　效果图
动画演示	光盘/视频/第9章/192.swf	
操作重点	流连接	

"流连接"功能能跨越一个或多个边环连接选定边，并可调整新循环的位置以适合周围网格的图形。本实例将使用该功能来创建发胶瓶模型，其具体操作如下。

① 新建场景。在顶视图中创建一个切角圆柱体，将"半径"设置为"3"，"高度"设置为"13"，"圆角"设置为"0.1"，"高度分段"设置为"1"，"圆角分段"设置为"3"，"边数"设置为"13"，如图9-199所示。

② 选中切角长方体。在"Graphite建模工具"选项卡的"多边形建模"选项卡中单击 ▦ 转化为多边形 按钮，如图9-200所示。

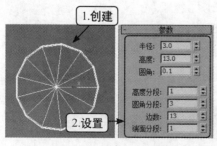

图9-199　创建切角圆柱体

图9-200　转换为多边形

03 在"多边形建模"选项卡中单击"边"层级按钮，然后在透视图中选中如图9-201所示的边。

04 在"循环"选项卡中单击"流连接"下拉按钮，在弹出的下拉列表中选中"自动环"复选框，然后单击"流连接"按钮，如图9-202所示。

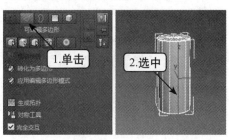

图9-201　选中边

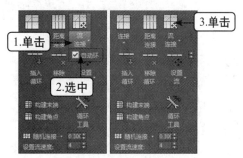

图9-202　单击流连接

05 在透视图选中如图9-203所示的边，在"循环"选项卡单击"流连接"按钮。

06 循环选中连接出来的上下两条边，利用移动工具在前视图中分别将其移动到圆柱体上下两端位置，如图9-204所示。

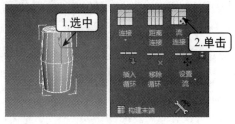

图9-203　连接边

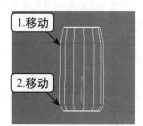

图9-204　移动边

07 加选连接出的两条边，在"边"选项卡的"折缝"文本框中输入"1"，如图9-205所示。

08 进入多边形层级，在透视图中加选如图9-206所示的多边形，在"多边形"选项卡中单击"插入"下拉按钮，在弹出的下拉列表中单击"插入设置"按钮。

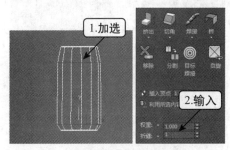

图9-205　设置边折缝

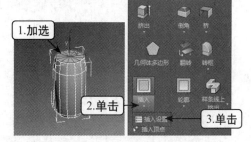

图9-206　插入多边形

09 在弹出的界面中将"数量"设置为"0.3"，然后单击按钮。继续在"多边形"选项卡中单击"倒角"下拉按钮，在弹出的下拉列表中单击按钮，如图9-207所示。

10 在弹出的界面中将"高度"设置为"3"，"轮廓"设置为"-1.5"，然后单击按钮。继续在"多边形"选项卡单击"插入"下拉按钮，在弹出的下拉列表中单击按钮，如图9-208所示。

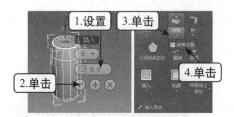
图9-207 单击倒角设置

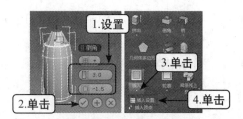
图9-208 单击插入设置

⓫ 在弹出的界面中将"数量"设置为"0.2",然后单击☑按钮。继续在"多边形"选项卡中单击"挤出"下拉按钮,在弹出的下拉列表中单击 挤出设置 按钮,如图9-209所示。

⓬ 在弹出的界面中将"高度"设置为"1.2",然后单击☑按钮,如图9-210所示。

⓭ 在透视图中加选如图9-211所示的多边形,在"多边形"选项卡中单击"挤出"下拉按钮,在弹出的下拉列表中单击 挤出设置 按钮。

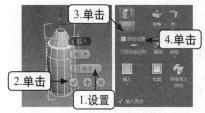
图9-209 插入多边形

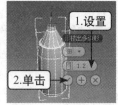
图9-210 挤出多边形

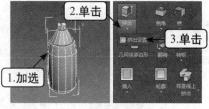
图9-211 单击挤出多边形

⓮ 在弹出的界面中将"高度"设置为"0.3",然后单击☑按钮,如图9-212所示。

⓯ 进入边层级,在透视图中加选如图9-213所示的边,然后在"边"选项卡中单击"切角"下拉按钮,在弹出的下拉列表中单击 切角设置 按钮。

⓰ 在弹出的界面中将"边切角量"设置为"0.1","连接边分段"设置为"3",然后单击☑按钮,如图9-214所示。

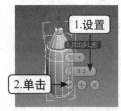
图9-212 挤出多边形

图9-213 单击切角设置

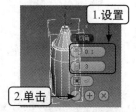
图9-214 边切角

⓱ 进入顶点层级,在透视图中分别选中圆柱体最上方与最下方的顶点,将其向内移动至如图9-215所示的形状。

⓲ 退出顶点层级,在"编辑"选项卡中单击"使用NURMS"按钮▦,在弹出的界面中将"迭代次数"设置为"2",完成模型的建立,如图9-216所示。

图9-215 移动顶点

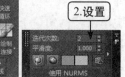
图9-216 使用NURBS

193 **不锈钢垃圾桶**

素材文件	无
效果文件	光盘/效果/第9章/实例193.max
动画演示	光盘/视频/第9章/193.swf
操作重点	构建末端

模型图　　　　　　效果图

"构建末端"功能可根据选择的顶点或边，构建以两个平行循环为末端的四边形。本实例将使用该命令来创建不锈钢垃圾桶模型，其具体操作如下。

01 新建场景。在顶视图中创建一个切角圆柱体，将"半径"设置为"10"，"高度"设置为"40"，"圆角"设置为"0.3"，"高度分段"设置为"5"，"圆角分段"设置为"3"，"边数"设置为"16"，"端面分段"设置为"1"，如图9-217所示。

02 选中切角圆柱体，在"Graphite建模工具"选项卡的"多边形建模"选项卡中单击 转化为多边形 按钮，如图9-218所示。

03 在"多边形建模"选项卡中单击"边"层级按钮 ，然后在前视图中加选如图9-219所示的边。

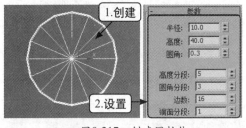

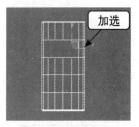

图9-217　创建圆柱体　　　　图9-218　转换为多边形　　　　图9-219　加选边

04 在"循环"选项卡中单击"连接"下拉按钮，在弹出的下拉列表中单击 连接设置 按钮，在弹出的界面中将"分段"设置为"2"，"收缩"设置为"-20"，然后单击 按钮，如图9-220所示。

05 继续在透视图中加选如图9-221所示的边。

06 在"循环"选项卡中单击 构建末端 按钮，如图9-222所示。

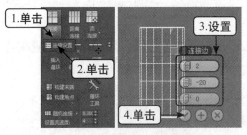
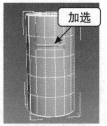

图9-220　连接边　　　　　　图9-221　加选边　　　　图9-222　单击构建末端

07 进入多边形层级，在透视图中加选如图9-223所示的多边形，在"多边形"选项卡中单击"挤出"下拉按钮，在弹出的下拉列表中单击 挤出设置 按钮。

08 在弹出的界面中将"高度"设置为"-2"，然后单击 按钮。继续在"多边形"选项卡中单击"插入"下拉按钮，在弹出的下拉列表中单击 插入设置 按钮，如图9-224所示。

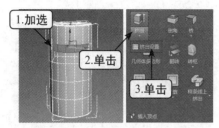

图9-223　单击挤出多边形

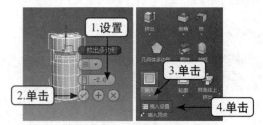

图9-224　单击插入

09 在弹出的界面中将"数量"设置为"0.5"，然后单击 ✓ 按钮。再次单击"挤出"下拉按钮，在弹出的下拉列表中单击 挤出设置 按钮，如图9-225所示。

10 在弹出的界面中将"高度"设置为"–2"，然后单击 ✓ 按钮，最后为对象添加"使用NURMS"平滑，完成模型的建立，如图9-226所示。

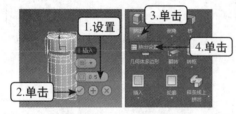

图9-225　单击挤出多边形

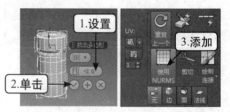

图9-226　挤出删除多边形

Example 实例 **194 欧式凉亭**

素材文件	光盘/素材/第9章/实例194.max	
效果文件	光盘/效果/第9章/实例194.max	
动画演示	光盘/视频/第9章/194.swf	
操作重点	双循环	

模型图　　　　效果图

　　"双循环"功能可选择两个或更多个平行边，并通过调整微调器来更改这些边之间的距离。本实例将使用该功能来创建欧式凉亭模型，其具体操作如下。

01 打开素材提供的"实例194.max"文件。在顶视图中创建一个球体，并将半径设置为"27"，如图9-227所示。

02 选中球体，在"Graphite建模工具"选项卡的"多边形建模"选项卡中单击 转化为多边形 按钮，如图9-228所示。

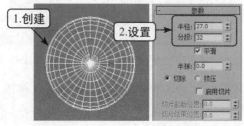

图9-227　创建球体

图9-228　转换为多边形

03 进入多边形层级，在前视图中框选如图9-229所示的多边形，按【Delete】键将其删除。

04 进入边层级，在透视图中加选如图9-230所示的边，然后在"循环"选项卡中单击"循环工具"按钮 。

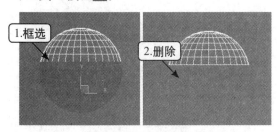

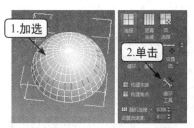

图9-229 删除多边形   图9-230 单击循环工具

05 在打开的"循环工具"对话框中选中"自动循环"复选框，然后在"调整循环"栏的"双循环"图标 右侧调节按钮 处按住鼠标左键不放向上拖动鼠标，将图形调整至如图9-231所示的形状。

06 进入多边形层级，在顶视图中加选如图9-232所示的多边形，在"多边形"选项卡中单击"挤出"下拉按钮，在弹出的下拉列表中单击 按钮。

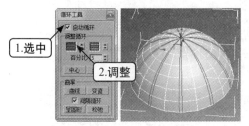

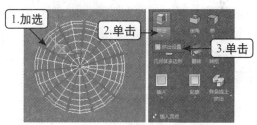

图9-231 调整双循环   图9-232 单击挤出多边形

07 在弹出的界面中将"高度"设置为"1"，然后单击 按钮，如图9-233所示。

08 进入边界层级，在透视图中选中如图9-234所示的边界，在"边界"选项卡中单击"挤出"下拉按钮，在弹出的下拉列表中单击 按钮。

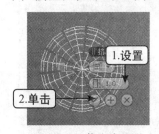

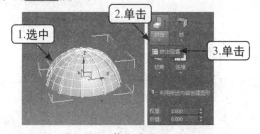

图9-233 挤出多边形   图9-234 挤出多边形

09 在弹出的界面中将"高度"设置为"5"，"宽度"设置为"0"，然后单击 按钮。继续在前视图中按住【Shift】键，利用移动工具将挤出的边界向下克隆并移动至如图9-235所示的位置。

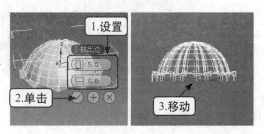

图9-235 挤出边

10 在"几何体（全部）"选项卡中单击"封口多边形"按钮🔘，如图9-236所示。

11 退出边界层级，在"编辑"选项卡中单击"使用NURMS"按钮▦，在弹出的界面中将"迭代次数"设置为"2"，如图9-237所示。

12 在顶视图中创建一个切角圆柱体，将"半径"设置为"28"，"高度"设置为"5"，"圆角"设置为"0.1"，"高度分段"设置为"2"，"圆角分段"设置为"3"，"边数"设置为"12"，"端面分段"设置为"1"，如图9-238所示。

 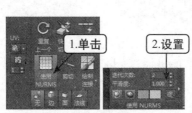 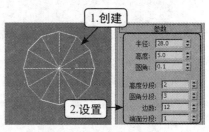

图9-236　单击封口多边形　　　图9-237　使用NURMS　　　图9-238　创建圆柱体

13 选中切角圆柱体，在"Graphite建模工具"选项卡的"多边形建模"选项卡中单击 转化为多边形 按钮，如图9-239所示。

14 在"多边形建模"选项卡中单击"边"层级按钮，在透视图中加选如图9-240所示的一圈边，在"边"选项卡中单击"挤出"下拉按钮，在弹出的下拉列表中单击 挤出设置 按钮。

 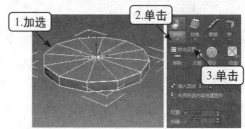

图9-239　转换为多边形　　　　图9-240　选择挤出边

15 在弹出的界面中将"高度"设置为"-0.5"，"宽度"设置为"3"，然后单击☑按钮，如图9-241所示。

16 进入多边形层级，在透视图中加选如图9-242所示的多边形，在"多边形"选项卡中单击"插入"下拉按钮，在弹出的下拉列表中单击 插入设置 按钮。

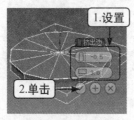 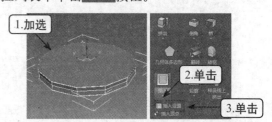

图9-241　挤出边　　　　　图9-242　选择插入多边形

17 在弹出的界面中将"数量"设置为"9.5"，然后单击☑按钮，如图9-243所示。

18 在"多边形"选项卡中单击"倒角"下拉按钮，在弹出的下拉列表中单击 倒角设置 按钮，在弹出的界面中将"高度"设置为"1.3"，"轮廓"设置为"－0.5"，然后单击⊕按钮应用设置。重新将"高度"设置为"1.3"，"轮廓"设置为"0.5"，然后单击☑按钮，如图9-244所示。

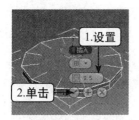

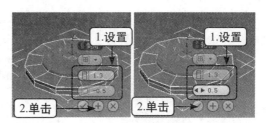

图9-243　插入多边形　　　　　　　图9-244　倒角多边形

⑲ 进入边层级，在前视图中框选如图9-245所示的边，在"循环"选项卡中单击"连接"下拉按钮，在弹出的下拉列表中单击 连接设置 按钮。

⑳ 在弹出的界面中将"分段"设置为"5"，然后单击☑按钮，如图9-246所示。

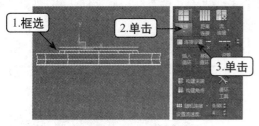

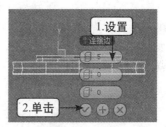

图9-245　选择连接边　　　　　　　图9-246　连接边

㉑ 退出边层级，在"编辑"选项卡中单击"使用NURMS"按钮▦，在弹出的界面中将"迭代次数"设置为"2"。然后将创建出的两个对象与素材提供的对象放置好对应的位置，如图9-247所示。

㉒ 在前视图中选中最上方的对象，在"几何体"选项卡中单击"附加"按钮，然后分别单击下方的两个对象将其附加，完成模型的建立，如图9-248所示。

图9-247　放置位置　　　　　　　图9-248　附加对象

Example 实例 195 电池模型

素材文件	光盘/素材/第9章/实例195.max		
效果文件	光盘/效果/第9章/实例195.max		
动画演示	光盘/视频/第9章/195.swf	模型图	效果图
操作重点	三循环		

"三循环"功能可选择一个或多个边，并通过调整微调器以更改选定循环任一边的位置。本实例将使用该功能来创建电池模型，其具体操作如下。

01 打开素材提供的"实例195.max"文件，选中对象，在"Graphite建模工具"选项卡的"多边形建模"选项卡中单击"边"层级按钮，如图9-249所示。

02 在透视图加选如图9-250所示的边，在"循环"选项卡单击"循环工具"按钮。

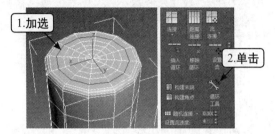

图9-249　单击边层级　　　　图9-250　单击循环工具

03 在打开的"循环工具"对话框中选中"自动循环"复选框，然后向上拖动"三循环"图标右方的调节按钮至如图9-251所示的形状。

04 在"边"选项卡中单击"挤出"下拉按钮，在弹出的下拉列表中单击按钮，在弹出的界面中将"高度"设置为"−1.5"，"宽度"设置为"1"，然后单击按钮，如图9-252所示。

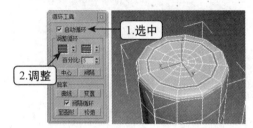
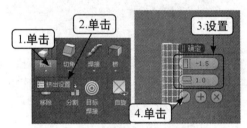

图9-251　三循环边　　　　图9-252　挤出边

05 在透视图中加选如图9-253所示的边，打开"循环工具"对话框，再次向上拖动"三循环"图标右方的调节按钮来调整边。

06 在"边"选项卡中单击"挤出"下拉按钮，在弹出的下拉列表中单击按钮，在弹出的界面中将"高度"设置为"−1"，"宽度"设置为"1"，然后单击按钮，如图9-254所示。

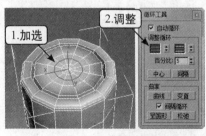
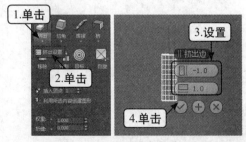

图9-253　三循环边　　　　图9-254　挤出边

07 进入多边形层级，在透视图中加选如图9-255所示的多边形，在"多边形"选项卡中单击"挤出"下拉按钮，在弹出的下拉列表中单击按钮。

08 在弹出的界面中将"高度"设置为"3",然后单击✓按钮,如图9-256所示。

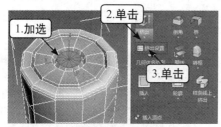

图9-255 选择挤出多边形

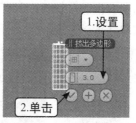

图9-256 挤出多边形

09 进入边层级,在透视图中加选如图9-257所示的边,然后在"边"选项卡中单击"切角"下拉按钮,在弹出的下拉列表中单击 切角设置 按钮。

10 在弹出的界面中将"边切角量"设置为"0.5","连接边分段"设置为"3",然后单击✓按钮。退出边层级,在"编辑"选项卡中单击"使用NURMS"按钮,将迭代次数设置为"2",完成模型的建立,如图9-258所示。

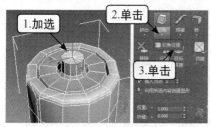

图9-257 选择切角

图9-258 使用NURMS

Example 实例 196 方形花瓶

素材文件	无
效果文件	光盘/效果/第9章/实例196.max
动画演示	光盘/视频/第9章/196.swf
操作重点	曲线

模型图	效果图

"曲线"功能可将每组选定边或"开放"边循环调整为光滑曲线。本实例将使用该功能来创建方形花瓶模型,其具体操作如下。

01 在顶视图中创建一个切角长方体,将"长度"设置为"30","宽度"设置为"30","高度"设置为"80","圆角"设置为"0.5","长度分段"设置为"1","宽度分段"设置为"1","高度分段"设置为"8","圆角分段"设置为"3",如图9-259所示。

02 选中切角长方体,在"Graphite建模工具"选项卡的"多边形建模"选项卡中单击 转化为多边形 按钮,如图9-260所示。

03 在"多边形建模"选项卡中单击"顶点"层

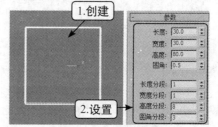

图9-259 创建切角长方体

级按钮■，如图9-261所示。

04 在前视图中框选如图9-262所示的顶点，然后利用"选择并均匀缩放"工具在透视图中
将顶点向外缩放。

  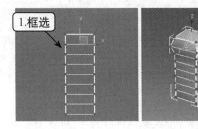

图9-260 转换为多边形　图9-261 单击顶点层级　　　　图9-262 缩放顶点

05 进入边层级，在前视图中框选如图9-263所示的边，然后在"循环"选项卡中单击"循
环工具"按钮■。

06 在打开的"循环工具"选项卡中选中"自动循环"复选框，然后在"曲率"栏中单击
■曲线■按钮，如图9-264所示。

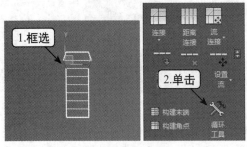 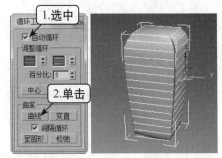

图9-263 单击循环工具　　　　　　　　图9-264 单击曲线

07 进入多边形层级，在透视图中选中如图9-265所示的多边形，然后在"多边形"选项卡
中单击"插入"下拉按钮，在弹出的下拉列表中单击■插入设置■按钮。

08 在弹出的界面中将"数量"设置为"1"，然后单击☑按钮。继续在"多边形"选项卡
单击"挤出"下拉按钮，在弹出的下拉列表中单击■挤出设置■按钮，如图9-266所示。

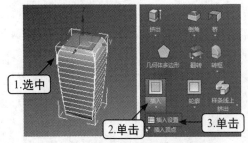 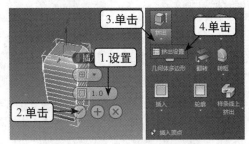

图9-265 插入多边形　　　　　　　　　图9-266 挤出多边形

09 在弹出的界面中将"高度"设置为"-2"，单击☑按钮。继续在"多边形"选项卡中
单击"插入"下拉按钮，在弹出的下拉列表中单击■插入设置■按钮，如图9-267所示。

10 在弹出的界面中将"数量"设置为"1"，然后单击☑按钮。继续在"多边形"选项卡
单击"挤出"下拉按钮，在弹出的下拉列表中单击■挤出设置■按钮，如图9-268所示。

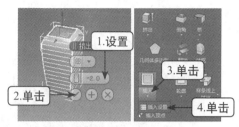

图9-267 插入多边形

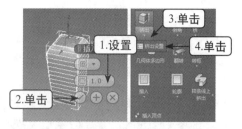

图9-268 挤出多边形

⑪ 在弹出的界面中将"高度"设置为"－75"，然后单击☑按钮，如图9-269所示。

⑫ 退出多边形层级，在"编辑"选项卡中单击"使用NURMS"按钮▦，在弹出的界面中将"迭代次数"设置为"2"，完成模型的建立，如图9-270所示。

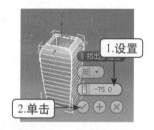

图9-269 挤出多边形

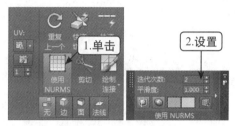

图9-270 使用NURMS

Example 实例 197 手机模型

素材文件	光盘/素材/第9章/实例197.max
效果文件	光盘/效果/第9章/实例197.max
动画演示	光盘/视频/第9章/197.swf
操作重点	呈圆形

模型图　　　　　　效果图

"呈圆形"功能可将每组选定边和边循环调整为圆形。本实例将使用该功能来创建手机模型，其具体操作如下。

① 打开素材提供的"实例197.max"文件，选中对象，在"Graphite建模工具"选项卡的"多边形建模"选项卡中单击"边"层级按钮▦，如图9-271所示。

② 在顶视图中加选如图9-272所示的边，然后在"循环"选项卡单击"连接"下拉按钮，在弹出的下拉列表中单击连接设置按钮。

图9-271 单击边层级

图9-272 单击连接设置

③ 在弹出的界面中将"分段"设置为"7"，然后单击⊕按钮应用设置。重新将"分段"

设置为"2"，单击➕按钮再次应用设置。继续将"分段"设置为"1"，然后单击☑按钮关闭界面，如图9-273所示。

04 在"编辑"选项卡单击"剪切"按钮，然后在顶视图中剪切出如图9-274所示的边。

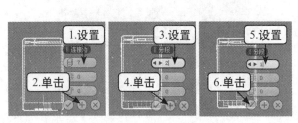

图9-273 连接边

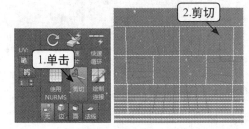

图9-274 剪切边

05 进入多边形层级，在顶视图中加选如图9-275所示的多边形，然后按【Delete】键将其删除。

06 进入边层级，在顶视图中加选如图9-276所示的边，然后在"循环"选项卡单击"循环工具"按钮。

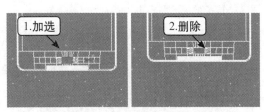

图9-275 删除多边形

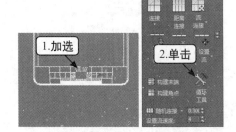

图9-276 单击循环工具

07 在打开的"循环工具"选项卡中单击 呈圆形 按钮，如图9-277所示。

08 进入边界层级，在顶视图中选中圆形边界，在"几何体（全部）"选项卡单击"封口多边形"按钮，如图9-278所示。

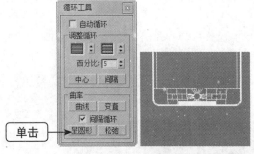

图9-277 单击呈圆形

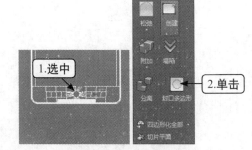

图9-278 封口多边形

09 进入多边形层级，在顶视图中选中圆形多边形，在"多边形"选项卡中单击"倒角"下拉按钮，在弹出的下拉列表中单击 按钮，如图9-279所示。

10 在弹出的界面中将"高度"设置为"-0.05"，"轮廓"设置为"-0.02"，单击☑按钮。继续在"多边形"选项卡中单击"挤出"下拉按钮，在弹出的下拉列表中单击 按钮，在弹出的界面中将"高度"设置为"0.04"，单击☑按钮，完成模型的建立，如图9-280所示。

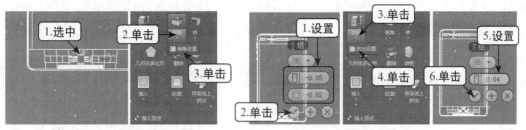

图9-279　倒角多边形　　　　　　　　图9-280　挤出多边形

专家解疑

1. 问："循环"选项卡中的"移除循环"按钮█有什么作用？

答：当不需要某条循环边时，可选中该循环线上的某个单条边，然后在"Graphite建模工具"选项卡的"循环"选项卡中单击"移除循环"按钮█，便可直接删除选中边所在的整条循环边。

2. 问：有时候删除了某些边，但发现还存在许多孤立的顶点，有没有什么方法可以快速将这些无用的顶点删除呢？

答：在"Graphite建模工具"选项卡的"顶点"选项卡中单击 ▊ 删除孤立顶点 按钮即可。为了避免出现孤立的顶点，在删除边时一定在按住【Ctrl】键的同时单击修改面板"编辑边"卷展栏中的 ▊ 移除 ▊ 按钮，也可按【Ctrl+BackSpace】组合键移除。

3. 问：如何快速插入一条循环边？

答：在多边形对象"顶点"层级中加选一条平行线上相邻的两个顶点，在"Graphite建模工具"选项卡的"循环"选项卡中单击"插入循环"按钮█，便可在两个顶点之间插入一条循环的边。

4. 问："循环"选项卡中的"随机连接"按钮█ 随机连接 该怎么使用？

答：在多边形对象"边"层级中，任意加选两条以上的边，然后在"Graphite建模工具"选项卡的"循环"选项卡中单击"随机连接"按钮█ 随机连接，可在所选边之间随机连接一条循环的边。

5. 问："Graphite建模工具"选项卡右侧的"自由形式"选项卡有什么作用呢？

答："自由形式"选项卡中常用"多边形绘制"选项卡和"绘制变形"选项卡。其中"多边形绘制"选项卡是用于快速在主栅格上绘制和编辑网格，且不需要先选定某个子层级对象便可进行操作。需要注意的是，其中的大部分功能如果同时配合【Ctrl】键、【Shift】键或【Alt】键来使用会得到不同的效果。"绘制变形"选项卡是通过直接在对象上拖动鼠标来实现将多边形对象以交互方式直观地进行变形，主要操作功能有偏移、推拉、松弛/柔化、涂抹、展平、收缩/扩展、噪波、放大和还原等，可将其理解为使用鼠标为模型中的某个特定区域添加相应的修改器效果。

第10章
综合实例建模

本章将综合运用前面各章所学的知识，创建一些较为复杂和精致的模型，主要包括计算器、室内卧室和精致手表模型等。通过这些模型的建立，一方面可以巩固本书讲到的建模知识，另一方面也可以适当了解在室内设计和产品设计领域的建模思路，为以后在学习和工作中更加熟练地使用3ds Max进行建模打下良好的基础。

Example 实例 198 **计算器模型**

素材文件	无
效果文件	光盘/效果/第10章/实例198.max
动画演示	光盘/视频/第10章/198-1.swf、198-2.swf、198-3.swf
操作重点	样条线建模、修改器建模、多边形建模

实例目标

本实例将综合运用样条线建模、修改器建模和多边形建模等建模方法来创建一个计算器模型，具体的实例模型图和效果图如下。

模型图　　　　　　　　　　　　　　　　效果图

实例分析

本实例的制作不算复杂，但可以通过本例的制作了解普通模型的基本建模方式和流程。本实例将分为三大环节，首先利用样条线建模制作计算器轮廓，然后利用多边形建模制作计算器的屏幕，最后利用多边形建模制作计算机的按键等细节，具体分析如下。

(1) 创建计算器轮廓：通过样条线的创建、编辑，并结合"挤出"修改器得到计算器基本模型，然后将其"转换为可编辑多边形"，并通过顶点层级等对象的编辑创建计算器的基础轮廓。

(2) 创建计算器屏幕：利用多边形建模中各层级的设置创建计算器的屏幕区域。

(3) 创建计算器按键：进一步使用多边形建模来创建计算器的按键等各种细节部分，最终完成模型。

▶ 实例步骤

下面具体介绍计算器模型的创建过程。

1. 创建计算器轮廓

01 新建场景。在前视图中创建一条线，如图10-1所示。

02 在修改器堆栈中单击"Line"左侧的 **+** 按钮，在展开的列表中选择"样条线"层级，如图10-2所示。

03 在修改面板"几何体"卷展栏的"轮廓"文本框中输入"7"，然后单击 轮廓 按钮，如图10-3所示。

图10-1 创建线　　　　图10-2 选择样条线层级　　　　图10-3 轮廓样条线

04 选中样条线，在"修改器列表"下拉列表框中选择"挤出"命令，并在"参数"卷展栏中将"数量"设置为"60"，如图10-4所示。

05 选中挤出的对象，在其上单击鼠标右键，在弹出的快捷菜单中选择【转换为】/【转换为可编辑多边形】命令，如图10-5所示。

06 在修改器堆栈中单击"可编辑多边形"左侧的 **+** 按钮，在展开的列表中选择"边"层级，如图10-6所示。

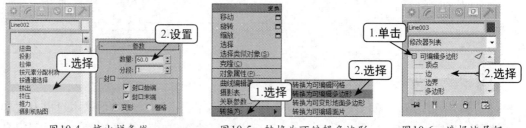

图10-4 挤出样条线　　　　图10-5 转换为可编辑多边形　　　　图10-6 选择边层级

07 在透视图中加选如图10-7所示的边，然后在修改面板"编辑边"卷展栏中单击 切角 按钮右侧的 ■ 按钮。

08 在弹出的界面中将"边切角量"设置为"1"，"连接边分段"设置为"6"，然后单击 ☑ 按钮，如图10-8所示。

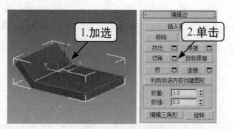 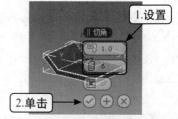

图10-7 选择切角　　　　　　图10-8 边切角

09 进入顶点层级，在前视图中分别框选如图10-9所示的顶点，利用移动工具适当移动，以调整模型厚度。

⑩ 进入边层级，在顶视图中加选如图10-10所示的边，然后在"编辑边"卷展栏中单击 连接 按钮右侧的■按钮。

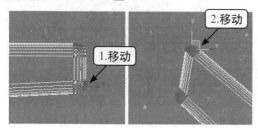
图10-9　移动顶点

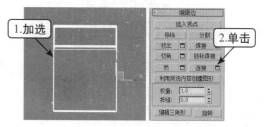
图10-10　选择连接边

⑪ 在弹出的界面中将"分段"设置为"1"，"滑块"设置为"70"，然后单击✅按钮，如图10-11所示。

⑫ 在顶视图中加选如图10-12所示的边，然后在"编辑边"卷展栏中单击 连接 按钮右侧的■按钮。

⑬ 在弹出的界面中将"分段"设置为"5"，"收缩"设置为"－70"，"滑块"设置为"－510"，然后单击✅按钮，如图10-13所示。

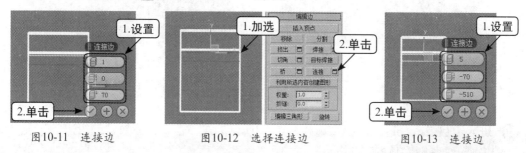
图10-11　连接边　　　　　图10-12　选择连接边　　　　　图10-13　连接边

⑭ 进入顶点层级，在连接出的边处利用移动工具将顶点调节成如图10-14所示的形状。

⑮ 进入多边形层级，在顶视图中加选如图10-15所示的多边形，在"编辑多边形"卷展栏中单击 倒角 按钮右侧的■按钮。

⑯ 在弹出的界面中将"高度"设置为"0.5"，"轮廓"设置为"－1"，然后单击✅按钮，如图10-16所示。

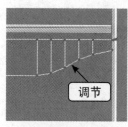
图10-14　调整顶点

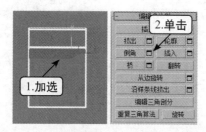
图10-15　选择倒角

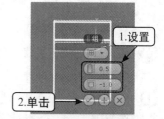
图10-16　倒角多边形

2. 创建计算器屏幕

① 选择计算器轮廓模型，进入多边形层级，在顶视图中选中如图10-17所示的多边形，然后在修改面板"编辑多边形"卷展栏中单击 插入 按钮右侧的■按钮。

02 在弹出的界面中将"数量"设置为"2",然后单击☑按钮,如图10-18所示。

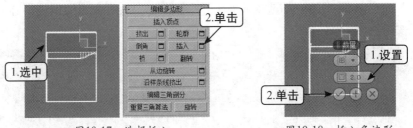

图10-17 选择插入 　　　　　图10-18 插入多边形

03 在修改面板"编辑多边形"卷展栏中单击 挤出 按钮右侧的■按钮,在弹出的界面中将"高度"设置为"−2",然后单击☑按钮,如图10-19所示。

04 在修改面板"编辑多边形"卷展栏中单击 插入 按钮右侧的■按钮,在弹出的界面中将"数量"设置为"1",然后单击☑按钮,如图10-20所示。

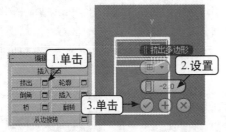
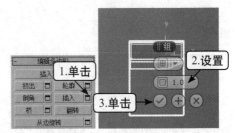

图10-19 挤出多边形 　　　　　图10-20 插入多边形

05 在修改面板"编辑多边形"卷展栏中单击 挤出 按钮右侧的■按钮,在弹出的界面中将"高度"设置为"−1",然后单击☑按钮,如图10-21所示。

06 进入边层级,在透视图中加选如图10-22所示的边,在修改面板"编辑边"卷展栏中单击 切角 按钮右侧的■按钮。

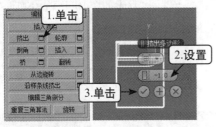

图10-21 挤出多边形 　　　　　图10-22 选择切角边

07 在弹出的界面中将"边切角量"设置为"0.5","连接边分段"设置为"4",然后单击☑按钮,如图10-23所示。

08 在顶视图中加选如图10-24所示的边,在"编辑边"卷展栏中单击 连接 按钮右侧的■按钮。

09 在弹出的界面中将"分段"设置为"4",然后单击☑按钮关闭界面,如图10-25所示。

10 进入多边形层级,在顶视图中加选如图10-26所示的多边形,在修改面板"编辑多边形"卷展栏中单击 倒角 按钮右侧的■按钮。

⑪ 在弹出的界面中将"高度"设置为"－1"，"轮廓"设置为"－0.5"，然后单击☑按钮，如图10-27所示。

⑫ 在修改面板"编辑多边形"卷展栏中单击 挤出 按钮右侧的▯按钮，在弹出的界面中将"高度"设置为"1"，然后单击☑按钮，如图10-28所示。

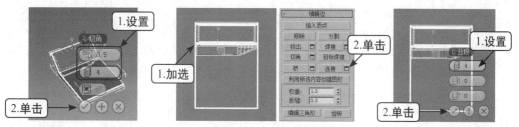

图10-23 边切角　　　　　　图10-24 选择连接边　　　　　　图10-25 连接边

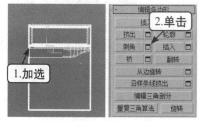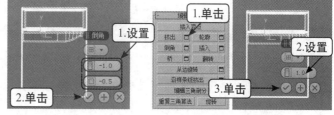

图10-26 选择倒角多边形　　　图10-27 倒角多边形　　　　图10-28 挤出多边形

⑬ 进入边层级，在透视图中加选如图10-29所示的边，然后在修改面板"编辑边"卷展栏中单击 切角 按钮右侧的▯按钮。

⑭ 在弹出的界面中将"边切角量"设置为"0.2"，"连接边分段"设置为"2"，然后单击☑按钮，如图10-30所示。

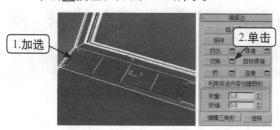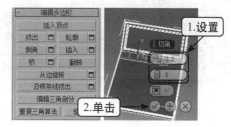

图10-29 选择边切角　　　　　　　　图10-30 边切角

3. 创建计算器按钮

① 选中模型，进入边层级，在修改面板"编辑几何体"卷展栏中单击 切片平面 按钮，在顶视图中利用旋转工具将切角平面旋转至如图10-31所示的形状并放置好位置，再在修改面板"编辑几何体"卷展栏中单击 切片 按钮。

② 继续单击 切片平面 按钮关闭切片，在顶视图中加选如图10-32所示的边，在修改面板"编辑边"卷展栏中单击 连接 按钮右侧的▯按钮。

③ 在弹出的界面中将"分段"设置为"4"，然后单击☑按钮，如图10-33所示。

④ 继续在前视图中加选如图10-34所示的边，在修改面板"编辑边"卷展栏中单击 连接 按钮右侧的▯按钮。

05 在弹出的界面中将"分段"设置为"4",然后单击✓按钮,如图10-35所示。

图10-31 切片平面切片   图10-32 选择连接边

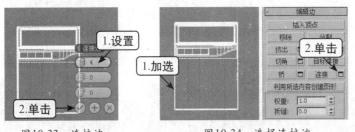
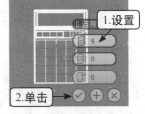

图10-33 连接边   图10-34 选择连接边   图10-35 连接边

06 进入多边形层级,在顶视图中加选如图10-36所示的多边形,在修改面板"编辑多边形"卷展栏中单击 插入 按钮右侧的■按钮。

07 在弹出的界面中单击■▼按钮,在弹出的下拉列表中选择"按多边形"选项,然后将"数量"设置为"1.5",单击⊕按钮应用设置,如图10-37所示。

08 重新将"数量"设置为"0.4",然后单击✓按钮,如图10-38所示。

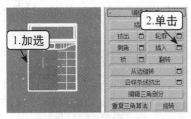

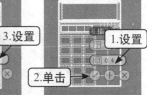

图10-36 选择插入多边形   图10-37 插入多边形   图10-38 插入多边形

09 在修改面板"编辑多边形"卷展栏中单击 挤出 按钮右侧的■按钮,在弹出的界面中将"高度"设置为"1",然后单击✓按钮,如图10-39所示。

10 在顶视图中利用"Graphite工具建模"的"相似"功能,加选如图10-40所示的多边形,在修改面板"编辑多边形"卷展栏中单击 挤出 按钮右侧的■按钮。在弹出的界面中将"高度"设置为"0.2",然后单击✓按钮。

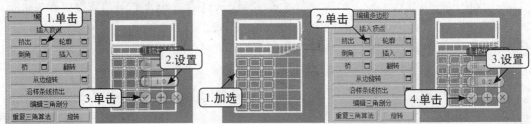

图10-39 挤出多边形   图10-40 挤出多边形

⑪ 在顶视图中加选如图10-41所示的多边形，在修改面板"编辑多边形"卷展栏中单击 插入 按钮右侧的□按钮。

⑫ 在弹出的界面中将"数量"设置为"2"，然后单击☑按钮，如图10-42所示。

⑬ 继续在修改面板"编辑多边形"卷展栏中单击 挤出 按钮右侧的□按钮，在弹出的界面中将"高度"设置为"－1"，然后单击☑按钮，如图10-43所示。

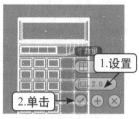
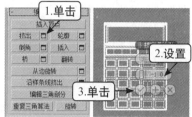

图10-41 选择插入多边形 　　　图10-42 插入多边形 　　　图10-43 挤出多边形

⑭ 进入边层级，通过"Graphite工具建模"的"相似"功能，在透视图中加选如图10-44所示的边（即上一步挤出后形成高度的4条边），然后在修改面板"编辑边"卷展栏中单击 切角 按钮右侧的□按钮。

⑮ 在弹出的界面中将"边切角量"设置为"2.5"，"连接分段"设置为"15"，然后单击☑按钮，如图10-45所示。

⑯ 进入多边形层级，在顶视图中加选如图10-46所示的多边形，然后在修改面板"编辑多边形"卷展栏中单击 挤出 按钮右侧的□按钮。

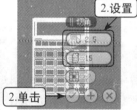
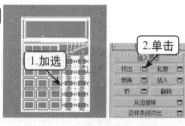

图10-44 选择边切角 　　　图10-45 边切角 　　　图10-46 选择挤出多边形

⑰ 在弹出的界面中将"高度"设置为"2"，然后单击☑按钮，如图10-47所示。

⑱ 进入边层级，加选所有按钮顶部的边，在修改面板"编辑边"卷展栏中单击 切角 按钮右侧的□按钮，在弹出的界面中将"边切角量"设置为"0.1"，"连接边分段"设置为"4"，然后单击☑按钮，完成模型的建立，如图10-48所示。

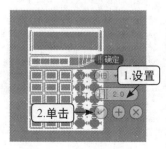

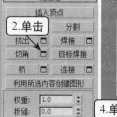
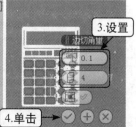

图10-47 挤出多边形 　　　　　　　图10-48 边切角

Example 实例 199 室内卧室模型

素材文件	光盘/素材/第10章/实例199.max
效果文件	光盘/效果/第10章/实例199.max
动画演示	光盘/视频/第10章/199-1.swf、199-2.swf、199-3.swf、199-4.swf、199-5.swf、199-6.swf
操作重点	样条线建模、修改器建模、多边形建模

实例目标

本实例将制作下图所示的室内卧室模型，通过本实例的制作，学会3ds Max在室内设计领域的模型创建方法和思路。

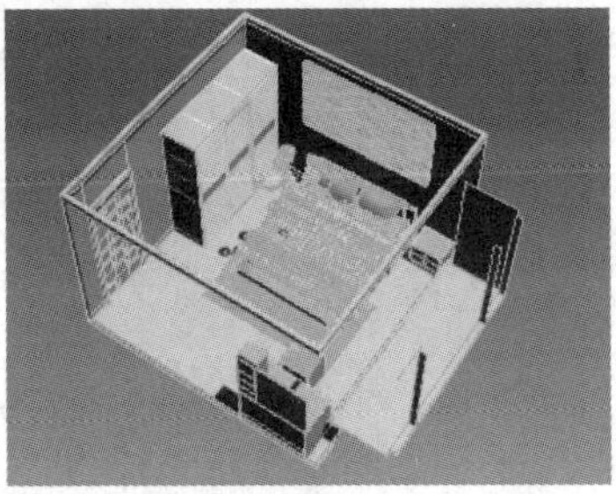

模型图

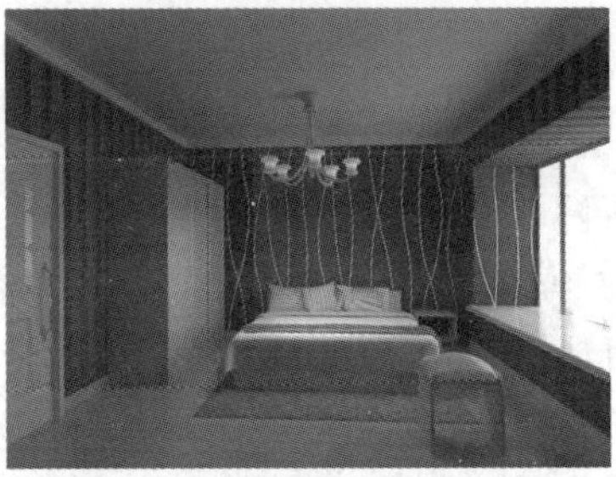

效果图

实例分析

本实例除了利用相关建模方法进行室内设计建模外，还将涉及模型的导入与合并等一些与室内设计紧密相关的建模操作。下面根据卧室结构，将本次建模实例分为以下几大环节。

（1）创建墙体：通过矩形的创建及“挤出”、“添加法线”等修改器的使用来创建卧室的墙体。

（2）创建卧室门：利用多边形建模和“挤出”修改器等工具创建多边形门洞，再通过线的“捕捉”、“轮廓”和“挤出”来创建门框。

（3）创建窗户：通过多边形建模中各层级的“连接”、“挤出”、“插入”等操作来创建窗框及玻璃。

（4）创建地脚线：通过多边形建模的“切片平面”功能以及“挤出”修改器来创建地脚线。

（5）创建石膏线：通过“捕捉”功能创建矩形，并利用“轮廓”、“挤出”等功能创建石膏线。

（6）合并模型并放置位置：将已有的其他模型合并到当前场景中，并放置在卧室相应的位置。

▶ **实例步骤**

下面具体介绍室内卧室模型的创建过程。

1. 创建墙体

01 新建场景。在顶视图中创建一个矩形，并将长度设置为"4000"，宽度设置为"4000"，如图10-49所示。

02 选中矩形，在"修改器列表"下拉列表框中选择"挤出"命令，并在修改面板"参数"卷展栏中将"数量"设置为"2800"，如图10-50所示。

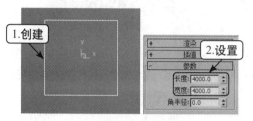

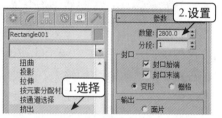

图10-49 创建矩形　　　　　　　　图10-50 挤出多边形

03 选中挤出的对象，在"修改器列表"下拉列表框中选择"法线"命令。并在修改面板"参数"卷展栏中选中"翻转法线"复选框，如图10-51所示。

04 选中对象，在其上单击鼠标右键，在弹出的快捷菜单中选择"对象属性"命令，在打开的"对象属性"对话框的"显示属性"栏中选中"背面消隐"复选框，然后单击 `确定` 按钮，完成墙体的建立，如图10-52所示。

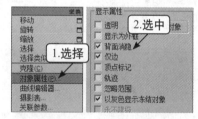

图10-51 选择法线命令　　　　　　图10-52 选中背面消隐

2. 创建卧室门

01 选中对象并单击鼠标右键，在弹出的快捷菜单中选择【转换为】/【转换为可编辑多边形】命令，如图10-53所示。

02 在修改器堆栈中单击"可编辑多边形"左侧的 ＋ 按钮，在展开的列表中选择"边"层级，如图10-54所示。

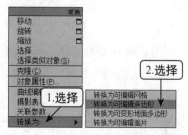

图10-53 转换为可编辑多边形　　　　图10-54 选择边层级

03 在透视图中加选如图10-55所示的边，然后在修改面板"编辑边"卷展栏中单击 连接 按钮右侧的□按钮。

04 在弹出的界面中将"分段"设置为"2"，然后单击☑按钮，如图10-56所示。

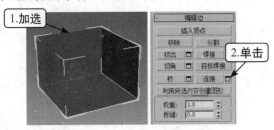
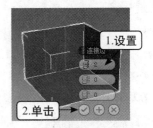

图10-55　选择连接边　　　　　　　　　　图10-56　连接边

05 在透视图中选中如图10-57所示的边，在工具栏的"选择并移动"按钮 ➕ 上单击鼠标右键，在打开的"移动变换输入"对话框的"绝对:世界"栏中将X轴所在的文本框的数值更改为"−2800"，按【Enter】键确定后单击 × 按钮关闭对话框。

06 选中如图10-58所示的边，按相同方法利用"移动变换输入"对话框将"绝对:世界"栏的"X"文本框中的数值更改为"−1900"，按【Enter】键确定后单击 × 按钮关闭对话框。

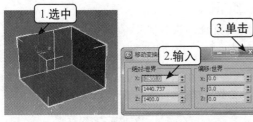
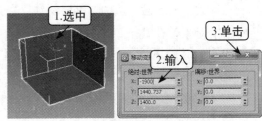

图10-57　移动边　　　　　　　　　　　图10-58　移动边

07 在透视图中加选移动后的两条边，在修改面板"编辑边"卷展栏中单击 连接 按钮右侧的□按钮，如图10-59所示。

08 在弹出的界面中将"分段"设置为"1"，然后单击☑按钮关闭界面，如图10-60所示。

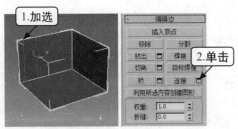

图10-59　选择连接边　　　　　　　　　　图10-60　连接边

09 在透视图中选中上一步连接出的边，再次使用"移动变换输入"对话框，将"绝对:世界"栏的"Z"文本框中的数值更改为"2100"，按【Enter】键确定后单击 × 按钮关闭对话框，如图10-61所示。

10 进入多边形层级，在透视图中选中如图10-62所示的多边形，然后在修改面板"编辑多边形"卷展栏中单击 挤出 按钮右侧的□按钮。

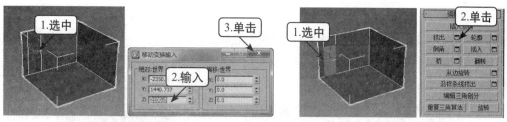

图10-61　移动边 　　　　　　　　　　　　图10-62　选择挤出多边形

⑪　在弹出的界面中将"高度"设置为"－100"，单击⊘按钮，然后按【Delete】键删除挤出的多边形，如图10-63所示。

⑫　打开"2.5D"捕捉工具，在前视图中利用顶点捕捉沿门洞创建出一条线，如图10-64所示。

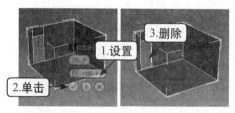

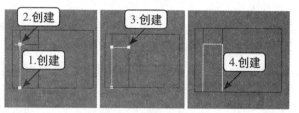

图10-63　挤出删除多边形 　　　　　　　　　　图10-64　捕捉创建线

⑬　关闭"2.5D"捕捉工具，选中创建出的线，在修改器堆栈中单击"Line"左侧的➕按钮，在展开的列表中选择"样条线"层级，如图10-65所示。

⑭　在修改面板"几何体"卷展栏的"轮廓"文本框中输入"－50"，然后单击 轮廓 按钮，如图10-66所示。

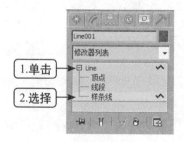

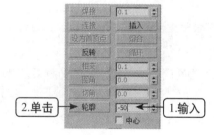

图10-65　选择样条线层级 　　　　　　　　图10-66　轮廓样条线

⑮　选中轮廓出的样条线，在"修改器列表"下拉列表框中选择"挤出"命令，并在修改面板"参数"卷展栏中将"数量"设置为"200"，如图10-67所示。

⑯　将门框在顶视图中放置在如图10-68所示的位置，完成卧室门的创建，如图10-68所示。

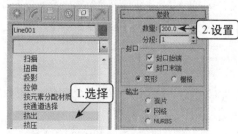

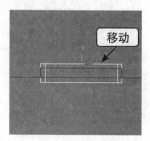

图10-67　选择挤出命令 　　　　　　　　　图10-68　放置位置

3. 创建窗户

01 选中对象，进入边层级，在透视图中加选如图10-69所示的边，然后在修改面板"编辑边"卷展栏中单击 连接 按钮右侧的■按钮。

02 在弹出的界面中将"分段"设置为"2"，然后单击☑按钮，如图10-70所示。

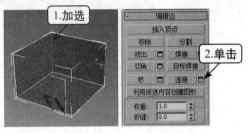
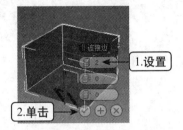

图10-69 选择连接边   图10-70   连接边

03 在透视图中选中如图10-71所示的边，在"选择并移动"按钮 上单击鼠标右键，在打开的"移动变换输入"对话框的"绝对:世界"栏中将"Z"文本框中的数值更改为"2300"，按【Enter】键确定后不关闭对话框。

04 继续选中下面的边，在"移动变换输入"对话框的"绝对:世界"栏中将"Z"文本框中的数值更改为"500"，然后按【Enter】键确定，再单击 x 按钮关闭对话框，如图10-72所示。

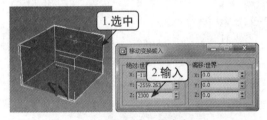
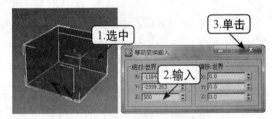

图10-71 移动边   图10-72   移动边

05 加选移动后的两条边，在修改面板"编辑边"卷展栏中单击 连接 按钮右侧的■按钮，如图10-73所示。

06 在弹出的界面中将"分段"设置为"2"，"收缩"设置为"70"，然后单击☑按钮，如图10-74所示。

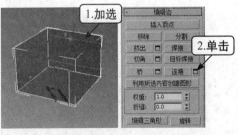
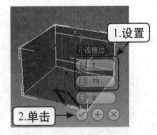

图10-73 选择连接边   图10-74   连接边

07 进入多边形层级，在透视图中选中如图10-75所示的多边形，在修改面板"编辑多边形"卷展栏中单击 挤出 按钮右侧的■按钮。

08 在弹出的界面中将"高度"设置为"-800"，然后单击☑按钮，如图10-76所示。

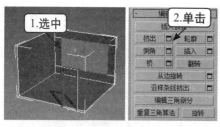

图10-75 选择挤出多边形

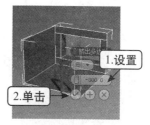

图10-76 挤出多边形

09 进入边层级，在前视图中加选如图10-77所示的边，然后在修改面板"编辑边"卷展栏中单击 连接 按钮右侧的□按钮。

10 在弹出的界面中将"分段"设置为"2"，"收缩"设置为"50"，然后单击☑按钮，如图10-78所示。

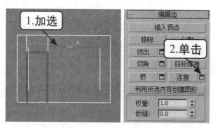

图10-77 选择连接边

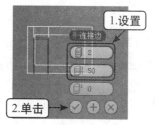

图10-78 连接边

11 进入多边形层级，在透视图中加选如图10-79所示的多边形，然后在修改面板"编辑多边形"卷展栏中单击 插入 按钮右侧的□按钮。

12 在弹出的界面中单击 ⊞ ▾ 按钮，在弹出的下拉列表中选择"按多边形"选项，然后将"数量"设置为"50"，单击☑按钮，如图10-80所示。

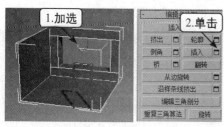

图10-79 选择插入多边形

图10-80 插入多边形

13 继续在修改面板"编辑多边形"卷展栏中单击 挤出 按钮右侧的□按钮，在弹出的界面中将"高度"设置为"－100"，然后单击☑按钮，如图10-81所示。

14 打开"2.5D"捕捉开关，在顶视图中窗台位置捕捉顶点创建矩形，如图10-82所示。

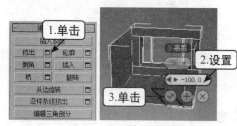

图10-81 挤出多边形

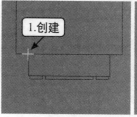
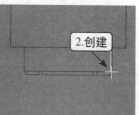

图10-82 捕捉创建矩形

⑮ 在创建的矩形上单击鼠标右键，在弹出的快捷菜单中选择【转换为】/【转换为可编辑样条线】命令，如图18-83所示。

⑯ 在修改器堆栈单击"可编辑样条线"左侧的 按钮，在展开的列表中选择"顶点"层级，如图10-84所示。

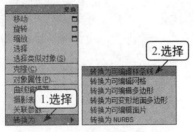
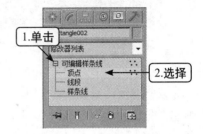

图10-83　转换为可编辑样条线　　　　图10-84　选择顶点层级

⑰ 在顶视图中框选矩形如图10-85所示的顶点。在工具栏的"选择并移动"按钮 上单击鼠标右键，在打开的"移动变换输入"对话框的"偏移:屏幕"栏中将"Y"文本框中的数值更改为"100"，按【Enter】键确定。

⑱ 继续框选矩形左侧的两个顶点，在"移动变换输入"对话框的"偏移:屏幕"栏的"X"文本框中将数值更改为"－50"，按【Enter】键确定，如图10-86所示。

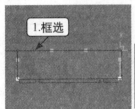

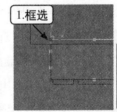

图10-85　移动顶点　　　　　　　　图10-86　移动顶点

⑲ 继续框选矩形右侧的两个顶点，在"移动变换输入"对话框的"偏移:屏幕"栏的"X"文本框中将数值更改为"50"，按【Enter】键确定，再单击 按钮关闭对话框，如图10-87所示。

⑳ 退出顶点层级，选中矩形，在"修改器列表"下拉列表框中选择"挤出"命令，并在修改面板"参数"卷展栏中将"数量"设置为"50"，如图10-88所示。

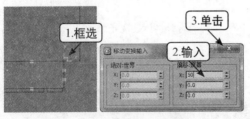
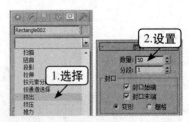

图10-87　移动顶点　　　　　　　　图10-88　选择挤出命令

㉑ 在挤出的模型上单击鼠标右键，在弹出的快捷菜单中选择【转换为】/【转换为可编辑多边形】命令，如图10-89所示。

㉒ 在修改器堆栈中单击"可编辑多边形"左侧的 按钮，在展开的列表中选择"边"层级，如图10-90所示。

23 在顶视图中选中矩形如图10-91所示的边，在修改面板"编辑边"卷展栏中单击 切角 按钮右侧的□按钮。

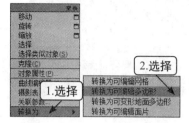

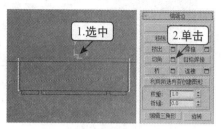

图10-89　转换为可编辑多边形　　　图10-90　选择边层级　　　图10-91　选择边切角

24 在弹出的界面中将"边切角量"设置为"30"，"连接边分段"设置为"1"，然后单击⊕按钮应用设置，如图10-92所示。

25 继续将"边切角量"设置为"15"，"连接边分段"设置为"3"，然后单击☑按钮关闭界面，如图10-93所示。

26 退出边层级，在左视图中将对象放置在窗台上完成窗户的创建，如图10-94所示。

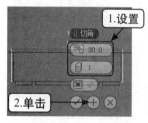
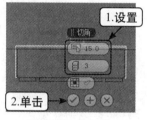
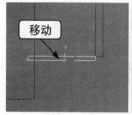

图10-92　边切角　　　　　图10-93　边切角　　　　　图10-94　放置对象

4. 创建地脚线

01 选中墙体，进入边层级，在修改面板"编辑几何体"卷展栏中单击 切片平面 按钮，在工具栏的"选择并移动"按钮上单击鼠标右键，在打开的"移动变换输入"对话框的"绝对:世界"栏中将"Z"文本框中的数值更改为"100"，按【Enter】键确定，然后单击 × 按钮关闭对话框，如图10-95所示。

02 在修改面板"编辑几何体"卷展栏中单击 切片 按钮进行切片，再次单击 切片平面 按钮关闭切片平面，如图10-96所示。

图10-95　移动平面　　　　　图10-96　切片/关闭切片平面

03 进入多边形层级，在透视图中加选切片以下的多边形，在修改面板"编辑多边形"卷展栏中单击 挤出 按钮右侧的□按钮，如图10-97所示。

04 在弹出的界面中单击 ⊞▼ 按钮，在弹出的下拉列表中选择"局部法线"选项，然后将

"高度"设置为"10",单击☑按钮,完成地脚线的创建,如图10-98所示。

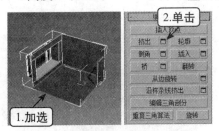

图10-97　选择挤出多边形

图10-98　挤出多边形

5. 创建石膏线

01 打开"2.5D"捕捉开关,在顶视图中捕捉墙体创建相同的矩形,如图10-99所示。

02 关闭"2.5D"捕捉开关,在创建的矩形上单击鼠标右键,在弹出的快捷菜单中选择【转换为】/【转换为可编辑样条线】命令,如图10-100所示。

03 在修改器堆栈中单击"可编辑样条线"左侧的■按钮,在展开的列表中选择"样条线"层级,如图10-101所示。

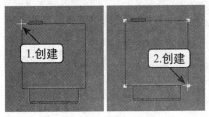

图10-99　捕捉创建矩形

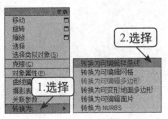

图10-100　转换为可编辑样条线

图10-101　选择样条线层级

04 在修改面板"几何体"卷展栏的"轮廓"文本框中输入"50",然后单击 轮廓 按钮,如图10-102所示。

05 退出样条线层级,在"修改器列表"下拉列表框中选择"挤出"命令,在修改面板"参数"卷展栏中将"数量"设置为"100",如图10-103所示。

06 在前视图中将挤出对象放置在顶部如图10-104所示的位置,完成石膏线的创建。

图10-102　轮廓样条线

图10-103　选择挤出命令

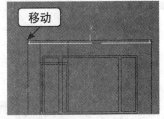

图10-104　放置位置

6. 合并模型并放置位置

01 在菜单栏中单击⑤按钮,在弹出的下拉菜单中选择【导入】/【合并】命令,如图10-105所示,并在打开的对话框中选择光盘提供的"实例199.max"素材文件。

02 打开"合并-实例199.max"对话框,单击 全部(A) 按钮选择素材文件中的所有模型对象,然后单击 确定 按钮导入模型,如图10-106所示。

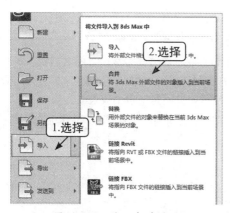

图10-105 导入合并模型　　　　　　　　图10-106 选择需导入模型

03 在顶视图中选中导入的衣柜模型，利用移动工具在顶视图中放置到如图10-107所示的位置。

04 选中床模型，在顶视图中将其放置到如图10-108所示的位置。

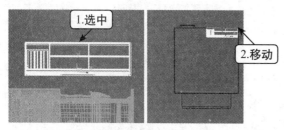

图10-107 放置衣柜　　　　　　　　　　图10-108 放置床

05 选中灯具，在顶视图与前视图中将其放置到如图10-109所示的位置。

06 选中卧室门，在顶视图中将其放置到如图10-110所示的位置。

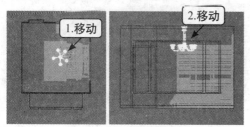

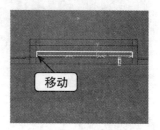

图10-109 放置灯具　　　　　　　　　　图10-110 放置卧室门

07 选中床头柜，在顶视图中将其放置到如图10-111所示的位置。

08 选中妆台，在顶视图中将其放置到如图10-112所示的位置，完成室内卧室的创建。

图10-111 放置床头柜　　　　　　　　　图10-112 放置妆台

专家课堂

如果导入到场景中的某些模型是分散的，建议在移动这些模型之前，将其成组，这样可避免在移动位置时出错。需要注意的是，这里所说的"分散"，是指单个模型中的各个对象处于独立的状态，如电视机模型中的屏幕、外壳、支座等，并不是指多个模型的分散。

Example 实例 200 精致手表模型

素材文件	无
效果文件	光盘/效果/第10章/实例200.max
动画演示	光盘/视频/第10章/200-1.swf、200-2.swf、200-3.swf
操作重点	样条线建模、修改器建模、阵列建模、多边形建模、Graphite工具建模

实例目标

本实例将创建一个精致手表模型，其模型图和参考效果图如下。通过本实例的制作，可进一步训练使用3ds Max创建较为复杂的模型。

模型图

效果图

实例分析

本实例创建的模型看似复杂，实际上通过分析，无论多么复杂的模型，都是由几何体、样条线等简单模型，配合各种建模方法得到的。本次将要制作的手表模型，便可分为以下三大建模环节。

（1）创建表壳：创建圆形，通过"倒角剖面"命令来创建多边形，再"转换为可编辑多边形"，利用"挤出"、"平滑"等修改器来创建表壳。

（2）创建表芯：利用"旋转阵列"来创建手表刻度，通过"文本"来创建数字，利用"多边形"创建时针。

（3）创建表带：使用"可渲染样条线"勾画出表带形状，然后"转换为可编辑多边形"进行"倒角"、"挤出"等修改，最后使用"布尔剪切"创建表带。

下面具体介绍精致手表模型的创建过程。

1. 创建表壳

01 新建场景。在顶视图中创建一个圆，将"半径"设置为"30"，如图10-113所示。

02 在前视图中创建一条线，如图10-114所示。

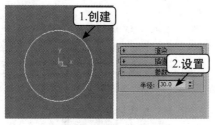

图10-113　创建圆

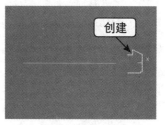

图10-114　创建线

03 选中创建的线，在修改面板中单击"Line"左侧的■按钮，在展开的列表中选择"顶点"层级，如图10-115所示。

04 在前视图中加选如图10-116所示的顶点，在修改面板"几何体"卷展栏的"圆角"文本框中输入"0.5"，然后单击 圆角 按钮。

图10-115　选择顶点层级

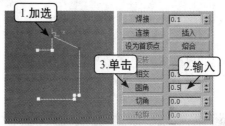

图10-116　顶点圆角

05 在前视图中加选如图10-117所示的顶点，在修改面板"几何体"卷展栏的"圆角"文本框中输入"1"，然后单击 圆角 按钮。

06 在前视图中选中如图10-118所示的顶点，利用移动工具向下移动。

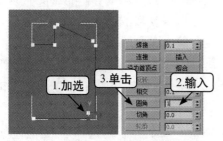

图10-117　顶点圆角

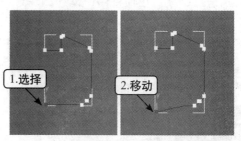

图10-118　移动顶点

07 退出顶点层级，选中圆，在"修改器列表"下拉列表框中选择"倒角剖面"命令，如图10-119所示。

08 在"倒角剖面"修改面板"参数"卷展栏中单击 拾取剖面 按钮，然后单击创建的线，如图10-120所示。

图10-119　选择倒角剖面

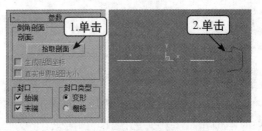
图10-120　拾取剖面

09 选中倒角剖面出的表壳对象，在其上单击鼠标右键，在弹出的快捷菜单中选择【转换为】/【转换为可编辑多边形】命令，如图10-121所示。

10 在修改器堆栈中单击"可编辑多边形"左侧的■按钮，在展开的列表中选择"多边形"层级，如图10-122所示。

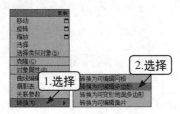
图10-121　转换为可编辑多边形

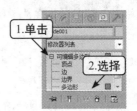
图10-122　选择多边形层级

11 在前视图中加选如图10-123所示的前后对称的4个多边形，在修改面板"编辑多边形"卷展栏中单击 挤出 按钮右侧的□按钮。

12 在弹出的界面中将"高度"设置为"30"，然后单击☑按钮，如图10-124所示。

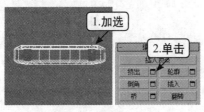
图10-123　选择挤出多边形

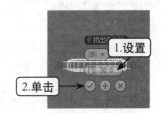
图10-124　挤出多边形

13 进入顶点层级，在顶视图中框选如图10-125所示的顶点，在工具栏的"选择并移动"工具上单击鼠标右键，在打开的"移动变换输入"对话框的"偏移:屏幕"栏中将X轴文本框中的数值更改为"26"，然后按【Enter】键确认。

14 继续在顶视图中框选如图10-126所示的顶点，在"移动变换输入"对话框的"偏移:屏幕"栏中将X轴文本框中的数值更改为"－26"，然后按【Enter】键确认，再单击 ×按钮关闭对话框。

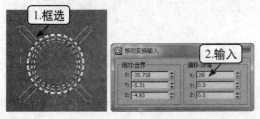
图10-125　向左移动顶点

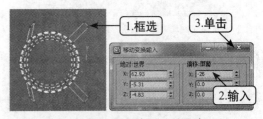
图10-126　向右移动顶点

⑮ 在顶视图中加选如图10-127所示的顶点，在左视图中利用移动工具沿Y轴向下移动。

⑯ 继续在左视图中利用"选择并均匀缩放"工具沿Y轴向下缩放至如图10-128所示的形状。

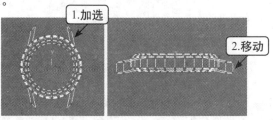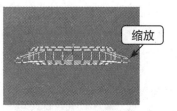

图10-127 向下移动顶点　　　　图10-128 向下缩放顶点

⑰ 进入边层级，在顶视图中框选如图10-129所示的边，在修改面板"编辑边"卷展栏中单击 切角 按钮右侧的□按钮。

⑱ 在弹出的界面中将"边切角量"设置为"0.5"，"连接边分段"设置为"3"，然后单击☑按钮，如图10-130所示。

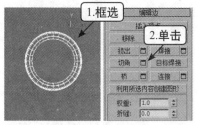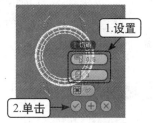

图10-129 选择边切角　　　　图10-130 边切角

⑲ 进入多边形层级，在顶视图中框选如图10-131所示的多边形，在修改面板"多边形:平滑组"卷展栏中单击 7 按钮。

⑳ 进入边层级，在左视图中加选如图10-132所示的边，然后在修改面板"编辑边"卷展栏中单击 连接 按钮右侧的□按钮。

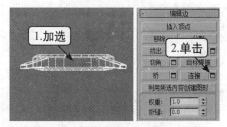

图10-131 平滑多边形　　　　图10-132 选择连接边

㉑ 在弹出的界面中将"分段"设置为"2"，"收缩"设置为"50"，然后单击⊕按钮应用设置，再次单击☑按钮进一步连接分段并关闭对话框，如图10-133所示。

㉒ 在左视图中加选如图10-134所示的边，然后在修改面板"编辑边"卷展栏中

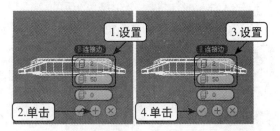

图10-133 连接边

单击 连接 按钮右侧的■按钮。

㉓ 在弹出的界面中将"分段"设置为"4"，然后单击✓按钮关闭界面。用相同的方法将图形连接出如图1-135所示的边。

㉔ 进入多边形层级，在左视图中选中如图10-136所示的多边形，然后按【Delete】键删除。

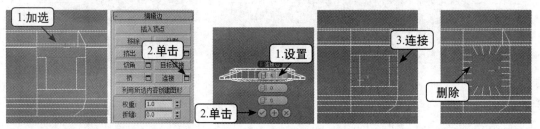

图10-134 选择连接边　　　　图10-135 连接边　　　　图10-136 删除多边形

㉕ 进入边层级，在透视图中加选如图10-137所示的边，然后在工具栏的"Graphite建模工具"选项卡的"循环"选项卡中单击"循环工具"按钮 。

㉖ 在打开的"循环工具"对话框中单击 呈圆形 按钮，然后单击 按钮关闭对话框，如图10-138所示。

专家课堂

选择一条边后，按住【Shift】键不放，单击与该条边成环形分布的任意一条边，可快速选择与之相关的所有环形边；若单击与该条边成循环分布的任意一条边，则可快速选择与之相关的所有循环边。

㉗ 进入边界层级，选中圆形边界，在修改面板"编辑边界"卷展栏中单击 封口 按钮，如图10-139所示。

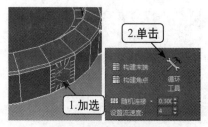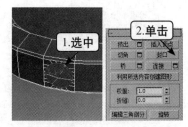

图10-137 单击循环工具　　　图10-138 单击呈圆形　　　图10-139 封口边界

㉘ 进入多边形层级，选中封口后的多边形，在修改面板"编辑多边形"卷展栏中单击 挤出 按钮右侧的■按钮，如图10-140所示。

㉙ 在弹出的界面中将"高度"设置为"5"，然后单击✓按钮，如图10-141所示。

㉚ 在修改面板"编辑多边形"卷展栏中单击 倒角 按钮右侧的■按钮，在弹出的界面中将"高度"设置为"1"，"轮廓"设置为"－1"，单击✓按钮，如图10-142所示。

㉛ 进入边层级，在透视图中加选如图10-143所示的边，然后在修改面板"编辑边"卷展栏中单击 挤出 按钮右侧的■按钮。

㉜ 在弹出的界面中将"高度"设置为"0.5","宽度"设置为"3",然后单击☑按钮,如图10-144所示。

㉝ 在修改面板"编辑边"卷展栏中单击 切角 按钮右侧的▢按钮,在弹出的界面中将"边切角量"设置为"0.5","连接边分段"设置为"4",然后单击☑按钮,完成表壳的创建,如图10-145所示。

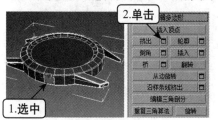

图10-140 选择挤出多边形

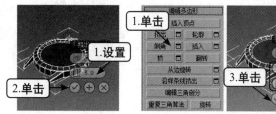

图10-141 挤出多边形　　图10-142 倒角多边形

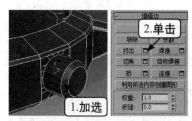

图10-143 选择挤出边

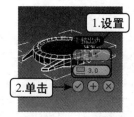

图10-144 挤出边

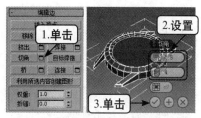

图10-145 边切角

专家课堂

使用多边形建模时,3ds Max会自动保存上一步的设置,因此若需要进行相同的切角、挤出等操作时,可直接单击相应的按钮,而无须重新设置参数。

2. 创建表芯

① 在顶视图中创建一个长方体,将"长度"、"宽度"、"高度"分别设置为"7"、"2"、"1",如图10-146所示。

② 将长方体在顶视图与前视图中放置好位置,如图10-147所示。

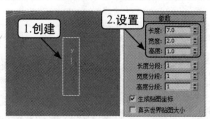

图10-146 创建长方体

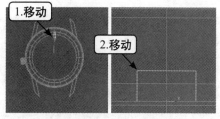

图10-147 放置长方体

③ 在"使用轴点中心"按钮处按住鼠标左键不放,在弹出的下拉列表中选择"使用变换坐标中心"工具,然后选择【工具】/【阵列】命令。如图10-148所示。

④ 在打开的"阵列"对话框中单击"旋转"栏右侧的 > 按钮,在"总计"栏中的"Z"文本框中输入"360",在"阵列维度"栏中选中"1D"单选项,并将数量设置为"12",然后单击 预览 按钮预览阵列结果,根据预览的效果在"增量"栏中调

整"X"和"Y"文本框的数值,如图10-149所示,确认效果合适后单击 确定 按钮关闭对话框。

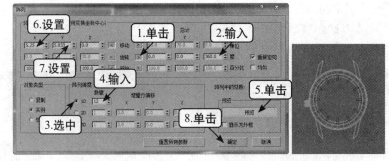

图10-148 选择阵列工具 　　　　　　　　图10-149 旋转阵列

05 在顶视图中创建一个长方体,将"长度"、"宽度"、"高度"分别设置为"3"、"0.5"、"0.5",如图10-150所示。

06 将长方体在顶视图与前视图中放置好位置,如图10-151所示。

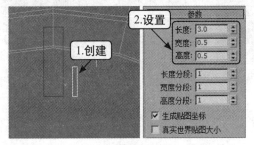

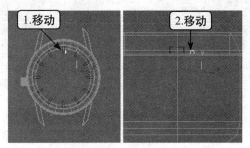

图10-150 创建长方体 　　　　　　　　图10-151 放置长方体

07 选中长方体,选择【工具】/【阵列】命令,如图10-152所示。

08 在打开的"阵列"对话框中单击"旋转"栏右侧的 > 按钮,在"总计"栏的"Z"文本框中输入"360",在"阵列维度"栏中选中"1D"单选项,并将数量设置为"48",按相同方法预览阵列结果,并通过调整"增量"栏的"X"和"Y"文本框的数值使效果呈现为如图10-153所示的形状,确认效果合适后单击 确定 按钮关闭对话框。

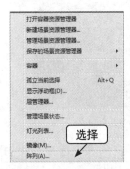

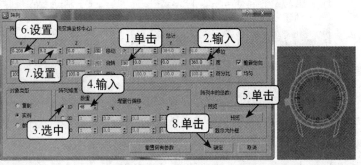

图10-152 选择阵列工具 　　　　　　　　图10-153 旋转阵列

09 在顶视图中创建一个数字为"12"的文本,将大小设置为"8",如图10-154所示。

10 继续在顶视图中创建一个数字为"3"的文本,将大小设置为"6",如图10-155所示。

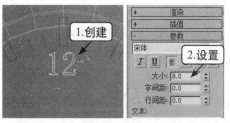

图10-154　创建文本

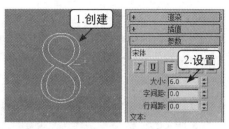

图10-155　创建文本

⑪ 加选两个文本，在"修改器列表"下拉列表框中选择"挤出"命令，并在修改面板"参数"卷展栏中将"数量"设置为"1"，如图1-156所示。

⑫ 在前视图与顶视图中将数字放置好位置，如图1-157所示。

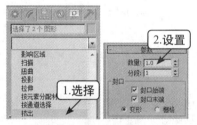

图10-156　选择挤出命令

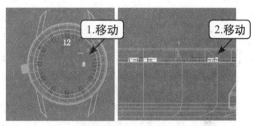

图10-157　放置位置

⑬ 在顶视图中创建一个圆柱体，将"半径"设置为"2"，"高度"设置为"2"，如图10-158所示。

⑭ 选中圆柱体并单击鼠标右键，在弹出的快捷菜单中选择【转换为】/【转换为可编辑多边形】命令，如图10-159所示。

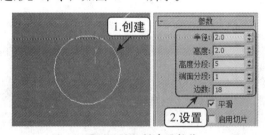

图10-158　创建圆柱体

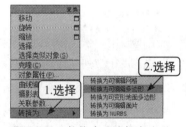

图10-159　转换为可编辑多边形

⑮ 进入多边形层级，在透视图中加选如图10-160所示的多边形，在修改面板"编辑多边形"卷展栏中单击 挤出 按钮右侧的 ⬚ 按钮。

⑯ 在弹出的界面中将"高度"设置为"12"，然后单击☑按钮，如图10-161所示。

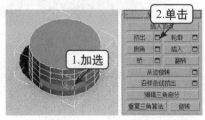

图10-160　选择挤出多边形

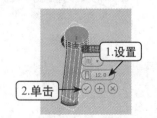

图10-161　挤出多边形

⑰ 在透视图中加选如图10-162所示的多边形，在修改面板"编辑多边形"卷展栏中单击

挤出 按钮右侧的■按钮。

⑱ 在弹出的界面中将"高度"设置为"20"，然后单击☑按钮。继续在透视图中选中如图10-163所示的多边形。

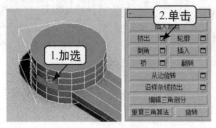

图10-162 选择挤出多边形

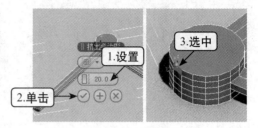

图10-163 挤出多边形

⑲ 在修改面板"编辑多边形"卷展栏中单击 挤出 按钮右侧的■按钮，在弹出的界面中将数量设置为"26"，单击☑按钮，如图10-164所示。

⑳ 退出多边形层级，将模型在顶视图与前视图中放置好位置，完成表芯的创建，如图10-165所示。

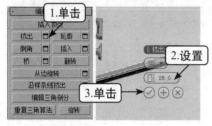

图10-164 挤出多边形

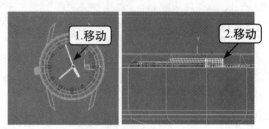

图10-165 放置位置

3. 创建表带

❶ 在左视图中创建一条如图10-166所示的线。在修改器堆栈中单击"Line"左侧的■按钮，在展开的列表中选择"顶点"层级。

❷ 框选线的所有顶点，单击鼠标右键，在弹出的快捷菜单中选择"平滑"命令，如图10-167所示。

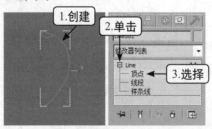

图10-166 选择顶点层级

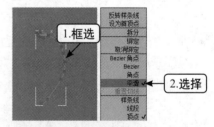

图10-167 选择平滑

❸ 在修改面板"渲染"卷展栏中选中"在渲染中启用"复选框与"在视口中启用"复选框，然后选中"矩形"单选项，并将长度设置为"45"，宽度设置为"2"，如图10-168所示。

❹ 在修改面板"插值"卷展栏中将步数设置为"0"，如图10-169所示。

❺ 在创建的线上单击鼠标右键，在弹出的快捷菜单中选择【转换为】/【转换为可编辑多

边形】命令，如图10-170所示。

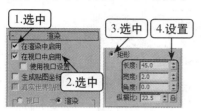
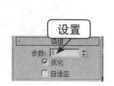
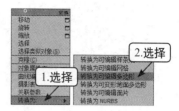

图10-168　可渲染样条线　　　图10-169　设置步数　　　图10-170　转换为可编辑多边形

06 进入顶点层级，在前视图中框选如图10-171所示的顶点，利用"选择并均匀缩放"工具将其沿X轴向内缩放。

07 利用移动工具在顶视图中将其沿Y轴向上移动至如图10-172所示的形状。

08 进入边层级，在透视图中加选整个轮廓的边，在修改面板"编辑边"卷展栏中单击 切角 按钮右侧的□按钮，如图10-173所示。

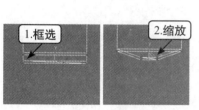
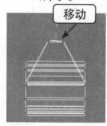
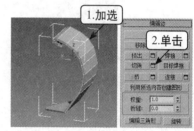

图10-171　缩放顶点　　　图10-172　移动顶点　　　图10-173　选择边切角

09 在弹出的界面中将"边切角量"设置为"0.5"，"连接边分段"设置为"4"，然后单击☑按钮，如图10-174所示。

10 退出边层级，在"修改器列表"下拉列表框中选择"涡轮平滑"命令，并在修改面板"涡轮平滑"卷展栏中将"迭代次数"设置为"2"，如图10-175所示。

11 按相同方法创建出左方的表带，并将两个表带与表壳在顶视图与左视图中放置好对应的位置，如图10-176所示。

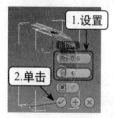

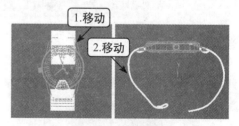

图10-174　边切角　　　图10-175　选择涡轮平滑　　　图10-176　放置表带

12 在顶视图中创建一个矩形，将"长度"设置为"30"，"宽度"设置为"50"，"角半径"设置为"12"，如图10-177所示。

13 在修改面板"渲染"卷展栏中选中"在渲染中启用"复选框与"在视口中启用"复选框，然后选中"径向"单选项，并将厚度设置为"2"，边设置为"12"，如图10-178所示。

14 在该对象上单击鼠标右键，在弹出的快捷菜单中选择【转换为】/【转换为可编辑多边形】命令，如图10-179所示。

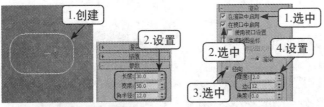
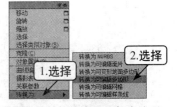

图10-177　创建矩形　　　图10-178　可渲染样条线　　　图10-179　转换为可编辑多边形

⑮ 进入边层级，在透视图中框选如图10-180所示的边，在修改面板"编辑边"卷展栏中单击 连接 按钮右侧的□按钮。

⑯ 在弹出的界面中将"分段"设置为"2"，"收缩"设置为"−70"，然后单击✔按钮，如图10-181所示。

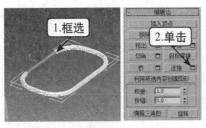
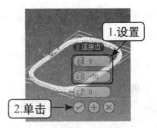

图10-180　选择连接边　　　　　　　　图10-181　连接边

⑰ 进入多边形层级，在透视中选中如图10-182所示的多边形，在修改面板"编辑多边形"卷展栏中单击 挤出 按钮右侧的□按钮。

⑱ 在弹出的界面中将"高度"设置为"30"，然后单击✔按钮，如图10-183所示。

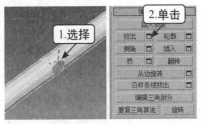
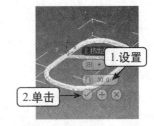

图10-182　选择挤出多边形　　　　　　图10-183　挤出多边形

⑲ 退出多边形层级，利用"选择并旋转"工具在左视图中向上旋转20度，如图10-184所示。

⑳ 将表扣在顶视图与左视图中放置好对应的位置，完成手表模型创建，如图10-185所示。

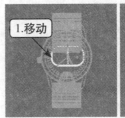
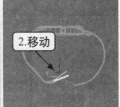

图10-184　旋转　　　　　　　　　图10-185　放置位置

读者回函卡

亲爱的读者:

感谢您对海洋智慧IT图书出版工程的支持! 为了今后能为您及时提供更实用、更精美、更优秀的计算机图书, 请您抽出宝贵时间填写这份读者回函卡, 然后剪下并邮寄或传真给我们, 届时您将享有以下优惠待遇:

● 成为"读者俱乐部"会员, 我们将赠送您会员卡, 享有购书优惠折扣。
● 不定期抽取幸运读者参加我社举办的技术座谈研讨会。
● 意见中肯的热心读者能及时收到我社最新的免费图书资讯和赠送的图书。

姓 名: _____ 性 别:□男 □女 年 龄: _____

职 业: _____ 爱 好: _____

联络电话: _____ 电子邮件: _____

通讯地址: _____ 邮编: _____

1 您所购买的图书名: _____ 购买地点: _____

2 您现在对本书所介绍的软件的运用程度是在:□初学阶段 □进阶/专业

3 本书吸引您的地方是:□封面 □内容易读 □作者 价格 □印刷精美

　　　　□内容实用 □配套光盘内容 其他 _____

4 您从何处得知本书:□逛书店 □宣传海报 □网页 □朋友介绍

　　　　□出版书目 □书市 □其他 _____

5 您经常阅读哪类图书:

□平面设计 □网页设计 □工业设计 □Flash动画 □3D动画 □视频编辑

□DIY □Linux □Office □Windows □计算机编程 其他 _____

6 您认为什么样的价位最合适: _____

7 请推荐一本您最近见过的最好的计算机图书: _____

8 书名: _____ 出版社: _____

9 您对本书的评价: _____

_____

您还需要哪方面的计算机图书, 对所需的图书有哪些要求: _____

_____

社址:北京市海淀区大慧寺路8号　网址:www.wisbook.com　技术支持:www.wisbook.com/bbs

编辑热线:010-62100088　010-62100023　传真:010-62173569

邮局汇款地址:北京市海淀区大慧寺路8号海洋出版社教材出版中心 邮编:100081

海洋出版社